COMANDOS ELÉTRICOS
FUNDAMENTOS PARA O ENSINO TÉCNICO

Editora Appris Ltda.
1.ª Edição - Copyright© 2024 do autor
Direitos de Edição Reservados à Editora Appris Ltda.

Catalogação na Fonte
Elaborado por: Dayanne Leal Souza
Bibliotecária CRB 9/2162

O488c
2024
	Oliveira, André Barros de Mello
	    Comandos elétricos: fundamentos para o ensino técnico / André Barros de Mello Oliveira. – 1. ed. – Curitiba: Appris, 2024.
	    293 p. : il. color. ; 23 cm. – (Geral).
	
	    Inclui referências.
	    ISBN 978-65-250-6561-8
	
	    1. Circuitos elétricos. 2. Chaves de partida. 3. Motores elétricos de indução. I. Oliveira, André Barros de Mello. II. Título. III. Série.
	
	                                                                    CDD – 537

Livro de acordo com a normalização técnica da ABNT

Appris editora

Editora e Livraria Appris Ltda.
Av. Manoel Ribas, 2265 – Mercês
Curitiba/PR – CEP: 80810-002
Tel. (41) 3156 - 4731
www.editoraappris.com.br

Printed in Brazil
Impresso no Brasil

André Barros de Mello Oliveira

COMANDOS ELÉTRICOS
FUNDAMENTOS PARA O ENSINO TÉCNICO

Appris
editora

Curitiba, PR

2024

FICHA TÉCNICA

EDITORIAL	Augusto Coelho
	Sara C. de Andrade Coelho
COMITÊ EDITORIAL	Ana El Achkar (Universo/RJ)
	Andréa Barbosa Gouveia (UFPR)
	Antonio Evangelista de Souza Netto (PUC-SP)
	Belinda Cunha (UFPB)
	Délton Winter de Carvalho (FMP)
	Edson da Silva (UFVJM)
	Eliete Correia dos Santos (UEPB)
	Erineu Foerste (UFES)
	Fabiano Santos (UERJ-IESP)
	Francinete Fernandes de Sousa (UEPB)
	Francisco Carlos Duarte (PUCPR)
	Francisco de Assis (Fiam-Faam-SP-Brasil)
	Gláucia Figueiredo (UNIPAMPA/ UDELAR)
	Jacques de Lima Ferreira (UNOESC)
	Jean Carlos Gonçalves (UFPR)
	José Wálter Nunes (UnB)
	Junia de Vilhena (PUC-RIO)
	Lucas Mesquita (UNILA)
	Márcia Gonçalves (Unitau)
	Maria Aparecida Barbosa (USP)
	Maria Margarida de Andrade (Umack)
	Marilda A. Behrens (PUCPR)
	Marília Andrade Torales Campos (UFPR)
	Marli Caetano
	Patrícia L. Torres (PUCPR)
	Paula Costa Mosca Macedo (UNIFESP)
	Ramon Blanco (UNILA)
	Roberta Ecleide Kelly (NEPE)
	Roque Ismael da Costa Güllich (UFFS)
	Sergio Gomes (UFRJ)
	Tiago Gagliano Pinto Alberto (PUCPR)
	Toni Reis (UP)
	Valdomiro de Oliveira (UFPR)
SUPERVISOR DA PRODUÇÃO	Renata Cristina Lopes Miccelli
PRODUÇÃO EDITORIAL	Sabrina Costa
REVISÃO	Monalisa Morais Gobetti
	Stephanie Ferreira Lima
DIAGRAMAÇÃO	Andrezza Libel
CAPA	Carlos Pereira
REVISÃO DE PROVA	Jibril Keddeh

A Deus, à minha esposa, Raquel, e a todos que acreditaram neste trabalho.
Aos meus pais, in memoriam, Joaquim e Luiza, pelo amor e cuidado,
educação e doação, desde os tempos da mais tenra infância. Ao meu querido
irmão, Humberto, também colega de profissão, como professor no CEFET-MG.
Aos parentes e amigos (não vou citar nomes, estão em meu coração),
que me ajudaram e torceram para que eu chegasse até aqui!
Aos leitores, dispostos a aprender e compartilhar os conhecimentos
e fundamentos de Comandos Elétricos, uma das áreas mais
importantes para o desenvolvimento tecnológico de nosso país.

AGRADECIMENTOS

Expresso os meus mais sinceros agradecimentos a todos que contribuíram e para o desenvolvimento deste livro, acreditaram em minhas ideias... enfim, ajudaram, direta ou indiretamente, transmitindo apoio moral e espiritual. Aos professores Daniel Soares de Alcântara (CEFET-MG, *campus* Varginha), Cleidson da Silva Oliveira, Weslei Patrick Teodósio Sousa, Aderci de Freitas Filho, Renan Campos Segantini, Sandro Magalhães Malta, Tiago de Freitas Paulino, Pedro Alexandrino Bispo Neto, Allan Fagner Cupertino, Rachel Mary Osthues, Fátima Oliveira Takenaka, Enilce Santos Eufrásio e demais colegas do DEMAT – Departamento de Engenharia de Materiais (CEFET-MG, *campus* Nova Suíça). Ao professor e amigo Marco Aurélio de Oliveira Schroeder (UFSJ, Departamento de Engenharia Elétrica), que me orientou nos caminhos da pesquisa e docência, desde os tempos do Uni-BH, em 2002/2003.

Às empresas e às pessoas que apostaram neste livro, contribuindo com fotos e cessão de direitos autorais de imagens e de marca registrada: WEG, SIEMENS, SCHMERSAL. Ao Reinaldo Cassiano da Silva, da DENSO Sistemas Térmicos (Betim-MG), e ao Rodrigo Avelar, da Loja Elétrica (filial de Contagem-MG). Ao aluno de Engenharia Mecânica do CEFET-MG em Belo Horizonte, Pedro Henrique Pires Pereira, pelos excelentes desenhos de uma ponte rolante e seus dispositivos.

À Maria Cristina Lacerda Mayer, pela orientação de como usar bem o tempo e organizar as estratégias para escrever este livro.

A Deus, pelos dons da saúde, da inteligência e da paciência, para construir os textos e desenhos, pelas inspirações nas escolhas felizes das fotos de dispositivos e dos links interessantes para vídeos do YouTube, via QR Code.

À Raquel Cristina, minha esposa, principal incentivadora e minha companheira fiel durante todos estes anos de caminhada como professor.

À Editora Appris, pelo constante apoio e suporte na construção e edição deste livro.

A beleza salvará o mundo.

(Fiódor Dostoiévski)

APRESENTAÇÃO

Esta obra tem por objetivo principal oferecer um material básico de referência para a área de Comandos Elétricos, presente em cursos técnicos de Eletromecânica, Eletrotécnica, Automação Industrial, Mecatrônica e Mecânica, dentre outros. Com os fundamentos aqui apresentados, os leitores estarão capacitados a interpretar e elaborar projetos de circuitos de comando e de carga em diversos contextos de aplicação, sejam residenciais, comerciais ou industriais.

Neste livro, são apresentados inicialmente os conceitos básicos de motores elétricos, especialmente os de corrente alternada de indução, monofásicos e trifásicos. Além das partes constituintes, são estudados os seus parâmetros, as suas aplicações e o seu princípio de funcionamento, através do campo magnético girante, com uma abordagem fasorial e matemática.

Os capítulos seguintes, 2, 3 e 4, trazem os fundamentos e aplicações de dispositivos de comando, sinalização, proteção e temporização. Nos Capítulos 5 e 6, são apresentados circuitos de comando dos motores monofásico e trifásico, respectivamente. Vários exemplos de circuitos de comando são estudados, com uma abordagem inicial de interpretação do circuito e, posteriormente, de sua simulação. Para finalizar, o Capítulo 7 apresenta exemplos de comandos elétricos em baixa tensão, com destaque para um projeto de acionamento de uma ponte rolante. No Apêndice I, são sugeridos 10 roteiros de aulas práticas.

O aprendizado de Comandos Elétricos, além do texto e inúmeras ilustrações, conta com outros instrumentos como exercícios de fixação e simulações, com o uso do aplicativo CADe Simu, bastante difundido na área de Comandos Elétricos. Uma observação importante sobre as aulas práticas: os diagramas de comando são apresentados com diferentes tensões de alimentação, em CA: 220 V e 127 V. Deve-se atentar para o tipo de contator disponível em bancada, com relação à sua tensão nominal — atualmente são encontrados, por exemplo, contatores alimentados na tensão de 24 V, contínua.

Pelos erros encontrados no texto, peço a compreensão dos leitores — alunos, professores, técnicos ou engenheiros... Sugestões e observações serão muito bem-vindas e contribuirão certamente para a melhoria constante deste material didático.

O autor.

SUMÁRIO

Capítulo 1

MOTORES ELÉTRICOS

1.1 Introdução

O motor elétrico é uma máquina elétrica onde ocorre a transformação da energia elétrica, associada com tensão e corrente, em energia mecânica, associada com torque e rotação[1]. No gerador elétrico, temos o oposto: a conversão de energia mecânica em elétrica. Na Figura 1.1, observamos que a máquina elétrica opera de modo reversível, como motor elétrico e como gerador.

Figura 1.1 – Conversão eletromecânica da energia: ações motora e geradora

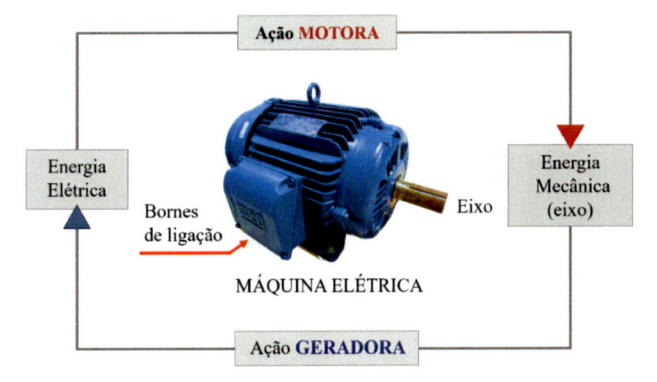

Fonte: o autor

A maior parte das aplicações de comandos elétricos está relacionada ao acionamento de motores elétricos. Neste capítulo, veremos os principais tipos e características básicas de motores elétricos, especificamente os de corrente alternada. Os tipos de acionamento de um motor elétrico podem ser[2]: chave de partida manual, comando elétrico (diagramas de carga e comando), chave de partida eletrônica e inversor de frequência.

[1] SEIXAS, F. J. M. de; FERNANDES, R. C. *Máquinas Elétricas II*. 3. ed. Ilha Solteira: UNESP – Departamento de Engenharia Elétrica, 2016. p. 3. Disponível em: https://www.feis.unesp.br/Home/departamentos/engenhariaeletrica/maquinas-eletricas--ii---3a-ed---2016.pdf. Acesso em: 19 abr. 2022.

[2] NASCIMENTO JÚNIOR, G. C. D. *Comandos Elétricos*: Teoria e Atividades. 1. ed. São Paulo: Érica, 2011. p. 15.

No campo de acionamentos industriais, avalia-se que de 70 a 80% da energia elétrica consumida seja transformada em energia mecânica por meio de motores elétricos[3], os quais possuem diversas aplicações nas áreas residenciais, comerciais e industriais. Um exemplo bastante comum é a aplicação do motor elétrico em sistemas de elevadores e no acionamento de portões de garagem.

1.2 Motores elétricos de corrente contínua e de corrente alternada

Em função da fonte de alimentação utilizada, os motores elétricos são classificados em motores elétricos de corrente contínua (CC) e motores elétricos de corrente alternada (CA).

Os motores CC foram os pioneiros em geração de energia elétrica e em uso industrial, destacando-se pela simplicidade e precisão no controle da velocidade de rotação e de torque. Com a evolução das técnicas de Eletrônica de Potência, esses motores continuam sendo utilizados, alimentados por fontes estáticas de CC confiáveis e de baixo custo. Assim, apesar de desvantagens como a demanda de maior manutenção e menor densidade de potência, os motores CC são uma alternativa interessante nos casos de necessidade de ajuste fino de velocidade[4].

Os motores CA se destacam em diversas aplicações industriais, comerciais e residenciais hoje em dia. Podemos citar, por exemplo, o acionamento de elevadores, escadas rolantes etc. São disponíveis nas configurações monofásica e trifásica. Na Figura 1.2, temos o aspecto de um motor CA trifásico.

Figura 1.2 – Aspecto de um motor de corrente alternada trifásico

Cortesia WEG

Fonte: o autor

---

3 FRANCHI, C. M. *Sistemas de Acionamento Elétrico*. 1. ed. São Paulo: Érica, 2014. p. 11.

4 *Ibidem*, p. 12.

Os motores CA são classificados, além do número de fases (monofásicos e trifásicos) em função de outro critério: a velocidade de rotação de seu eixo. Com esse parâmetro, os motores CA são classificados em:

(1) Motores *síncronos*: operam com frequência fixa, igual à da rede de alimentação CA e são utilizados para faixas de grandes potências (devido ao custo alto para tamanhos menores). Exemplo de aplicação: gerador de uma usina hidrelétrica, operando na frequência fixa de 60 Hz.

(2) Motores *assíncronos*: operam com velocidade que varia ligeiramente com a carga mecânica aplicada ao eixo.

Motores CC´ motores CA

Os motores CC se caracterizam pela simplicidade no controle da velocidade de rotação de seu eixo, em função da tensão aplicada aos seus terminais. Os motores CA dependem da frequência da fonte CA para o ajuste da velocidade e da corrente, sendo necessário o uso específico de um equipamento da Eletrônica de Potência, o *inversor de frequência* (ver a Figura 1.3), o que resulta em significativas vantagens de custo e de desempenho.

O inversor de frequência é uma "chave eletrônica" que proporciona o ajuste da velocidade de motores CA, além de realizar outras funções como proteção contra sobrecargas e de inverter a rotação de seu eixo. Dentre as suas diversas aplicações hoje em dia, podemos destacar o acionamento de elevadores prediais.

Figura 1.3 – Vista do conjunto motor de indução e inversor de frequência

Fonte: o autor

O uso de motores CA em velocidade e torque variável vem ganhando espaço, segundo Franchi:

> O constante desenvolvimento da Eletrônica de Potência deve levar a um progressivo abandono dos motores de corrente contínua. Isso porque fontes de tensão e frequência controladas, que alimentam motores de corrente alternada, principalmente os de indução de gaiola, já estão se transformando em opções mais atraentes quanto ao ajuste e ao controle de velocidade[5].

Os motores elétricos CA disponíveis no mercado podem ser divididos em três grupos[6], como mostra a Figura 1.4: monofásicos, trifásicos e universal.

Figura 1.4 – Tipos de motores CA disponíveis comercialmente

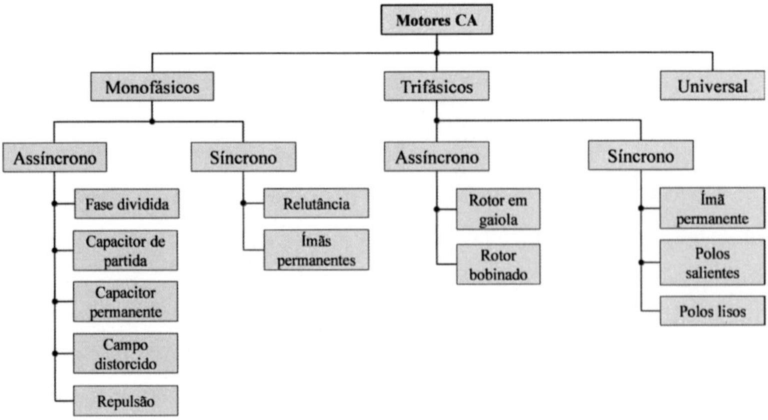

Fonte: o autor

De acordo com Nascimento Júnior,

> Cada motor possui características que o favorecem para determinado tipo de aplicação. Por exemplo, não seria vantajoso utilizar um motor trifásico como propulsor da bomba d'água de uma máquina de lavar. Por outro lado, um motor monofásico de campo distorcido utilizado como bomba d'água de uma máquina de lavar jamais poderia substituir um motor de indução trifásico devido ao seu baixíssimo torque. A partir de uma necessidade especial, ocorrem modificações em projeto

---

5   *Ibidem*, p. 12.
6   NASCIMENTO JÚNIOR, 2011, p. 16.

de motores e surge um novo motor, com o qual pode surgir um novo tipo de acionamento. Por exemplo, o motor trifásico de ímã permanente, conhecido como servomotor, empregado como propulsor de dosadores em indústrias alimentícias, necessita de um sistema eletrônico de acionamento. Os motores de passo necessitam de circuitos lógicos para o seu acionamento[7].

O motor universal (Figura 1.5) é um tipo específico de motor elétrico, que pode ser alimentado em CC ou em CA, em velocidade variável. É utilizado em equipamentos eletrodomésticos como aspiradores de pó, liquidificadores, ventiladores, máquinas portáteis como furadeiras etc.

Figura 1.5 – Aspecto de um motor elétrico universal

Fonte: o autor

Neste texto, será apresentado em maior profundidade o motor CA de indução assíncrono, especialmente o trifásico. Esse motor se destaca nos comandos elétricos industriais, devido à sua configuração mais eficiente, nos aspectos construtivos e de custo.

1.3 Motores de Indução

Os motores de indução constituem a maioria das aplicações industriais, comerciais e residenciais, principalmente porque a distribuição de energia elétrica é feita em CA. Estima-se que esses dispositivos constituem atualmente 90% da capacidade de motores instalados, representando mundialmente a tecnologia de motores elétricos dominante[8].

---

7 *Ibidem*, p. 16.
8 FRANCHI, 2014, p. 12.

1.3.1 Partes constituintes

Na Figura 1.6, é apresentado um motor de indução trifásico (MIT) em corte, e as suas principais partes constituintes, numeradas e localizadas em dois setores: estator (parte fixa) e rotor (parte girante)[9]. O espaço entre o estator e o rotor é denominado de entreferro.

Figura 1.6 – Vista do motor de indução (MI): partes constituintes do estator e do rotor

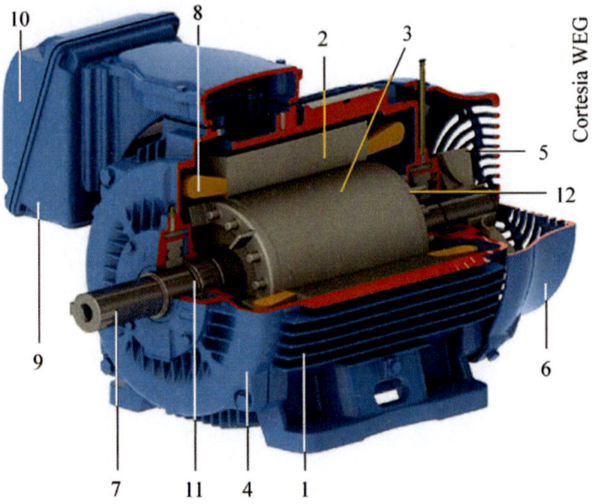

Cortesia WEG

Fonte: WEG Motors[10]

O estator é um circuito magnético estático, constituído de chapas ferromagnéticas empilhadas e isoladas entre si, que contêm as seguintes partes:

(1) Carcaça - estrutura em ferro fundido, aço ou alumínio injetado, que dá suporte ao conjunto do motor. A sua construção, robusta, apresenta resistência à corrosão. Possui aletas de refrigeração.

(2) Núcleo de chapas, de aço magnético, com tratamento térmico.

(8) Enrolamento trifásico - contêm três conjuntos de bobinas idênticas, uma para cada fase do motor, constituindo um sistema trifásico equilibrado conectado à rede CA trifásica de alimentação.

---

[9] GUIA de Especificação – Motores Elétricos. Jaraguá do Sul: WEG Motors, 2023. p. 13. Disponível em: https://static2.weg.net/medias/downloadcenter/h32/hc5/WEG-motores-eletricos-guia-de-especificacao-50032749-brochure-portuguese-web.pdf. Acesso em: 13 maio 2023.

[10] *Ibidem*, p. 13.

O rotor é constituído essencialmente das seguintes partes:

(7) Eixo - é onde ocorre a transmissão da potência mecânica desenvolvida pelo motor. Possui tratamento térmico, o que evita problemas como fadiga e empenamento.

(3) Núcleo de chapas - possui características idênticas das chapas do estator.

(12) Barras e anéis de curto-circuito, de alumínio injetado sob pressão numa única peça.

Outras partes do motor de indução podem ser verificadas na Figura 1.6: tampa (4), ventilador (5), tampa defletora (6), caixa de ligação (9), terminais (10) e rolamentos (11).

1.3.2 Tipos de motores elétricos de indução

O motor de indução assíncrono, na configuração trifásica, ocupa um lugar de destaque na indústria moderna, possuindo as configurações:

(1) motor de indução com rotor bobinado;

(2) motor de indução com rotor gaiola de esquilo;

(3) motor de indução de duplo enrolamento;

(4) motor Dahlander.

A fim de se obter o campo girante no estator, os enrolamentos do motor são conectados de acordo com as recomendações do fabricante (níveis de tensão). Podemos ter, por exemplo, duas tensões diferentes para os motores de seis e nove terminais e quatro tensões diferentes para os motores de 12 terminais.

Com relação ao rotor, existem dois tipos de rotor para o motor de indução: o rotor bobinado e o rotor gaiola de esquilo, também denominado rotor de gaiola ou em curto-circuito.

1.3.2.1 Motor de indução com rotor bobinado

O motor assíncrono construído com o rotor bobinado é conhecido como motor de anéis. O rotor bobinado (Figura 1.7) apresenta uma estrutura semelhante ao enrolamento do estator, sendo constituído por um núcleo de chapas de aço Silício (isoladas entre si), sobre o qual são alojadas as espiras que constituem o seu enrolamento.

Na Figura 1.8, é apresentado o esquema de ligação das bobinas do enrolamento trifásico do rotor, normalmente conectadas em estrela[11]. Os seus terminais disponíveis *a*, *b* e *c* são conectados aos anéis deslizantes localizados no eixo, os quais são conectados a um reostato de partida por meio de escovas. O reostato contém três resistências variáveis, ligadas em estrela no ponto 0 (zero), de resistência mínima.

Figura 1.7 – Aspecto do rotor bobinado, com os anéis deslizantes, dispostos no eixo

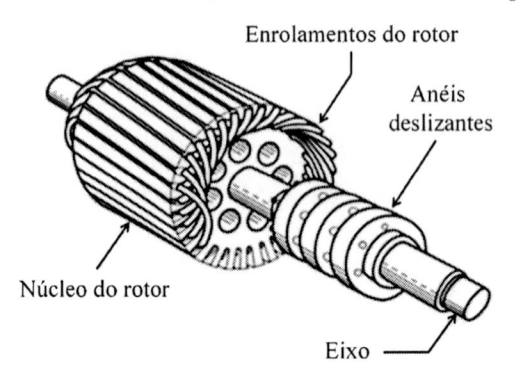

Fonte: Onwuka *et al.*[12]

Figura 1.8 – Conexões do motor de rotor bobinado

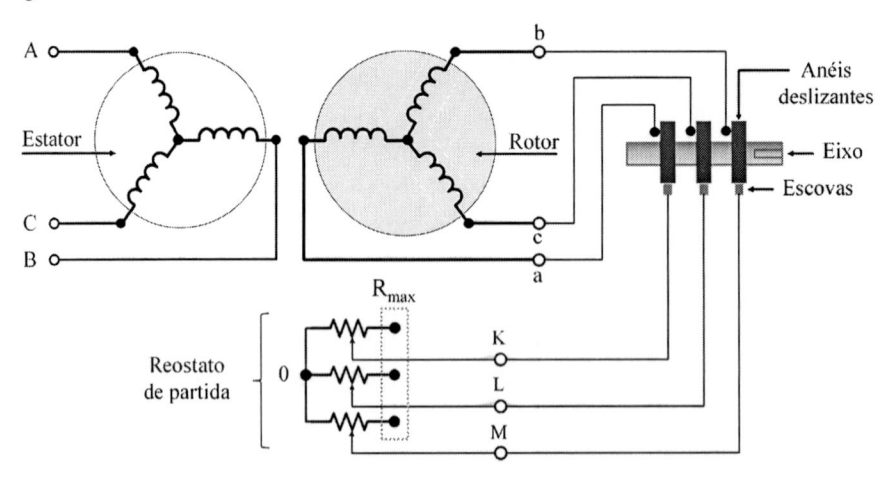

Fonte: o autor

---

[11] FRANCHI, 2014, p. 16.

[12] ONWUKA, I. *et al.* Performance Analysis of Induction Motor with Variable Air-Gaps using Finit Element Method. *NIPES*: Journal of Science and Technology Research, v. 5, n. 1, p. 112-124, 2023. ISSN-2682-5821. Disponível em: https://www.researchgate.net/publication/369261427. Acesso em: 19 dez. 2023.

O ajuste dessas resistências permite controlar as correntes e a velocidade do rotor. Se o valor ajustado é alto, tendendo para R_{max}, a partida do motor ocorre com valores reduzidos de corrente e velocidade. Variando o reostato em direção ao ponto 0 (zero, resistência mínima), obtêm-se maiores valores de corrente, campo magnético e rotação do rotor. Com o reostato fixado no ponto 0, os terminais K, L e M ficam curto-circuitados e o motor opera na rotação nominal, de modo similar a um motor de rotor de gaiola de esquilo convencional.

Qual é a função do reostato de partida nesse tipo de rotor?

- O reostato de partida possui a função de controlar o conjugado e limitar o valor de correntes de partida, quando da utilização de motores elétricos de maior potência.

- Em resumo, o uso do reostato assegura uma partida mais suave e proporciona o ajuste da velocidade do motor

1.3.2.2 Motor de indução com rotor de gaiola de esquilo

O rotor do tipo gaiola de esquilo tem o seu aspecto apresentado na Figura 1.9. Como se observa nessa figura, o rotor possui o aspecto de uma "gaiola", onde as barras de Alumínio, os anéis e as chapas magnéticas formam uma única peça.

Figura 1.9 – Aspecto do rotor de gaiola de esquilo

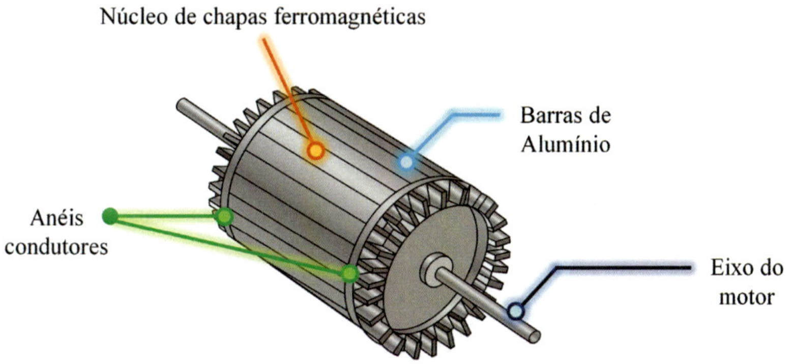

Fonte: Petruzella[13]

---

[13] PETRUZELLA, Frank D. *Motores Elétricos e Acionamentos*. Porto Alegre: AMGH, 2013. p. 35.

As suas partes constituintes são: (1) núcleo de chapas ferromagnéticas, com isolamento entre si, (2) barras de Alumínio (condutores), dispostas de forma paralela e (3) anéis coletores, de Alumínio, que fazem um curto-circuito nas barras condutoras.

Na Figura 1.10, é apresentada uma comparação entre o rotor bobinado e o rotor de gaiola de esquilo. O rotor de gaiola possui vantagens como: robustez, fabricação otimizada, facilidade de conexão à rede elétrica e menores custos de manutenção, pois dispensa o uso de coletores e anéis coletores, componentes sensíveis e caros. Suas desvantagens: partida com correntes de pico elevadas, da ordem de até 10 vezes a corrente nominal e redução de torque[14].

Figura 1.10 – Comparação entre: (a) rotor bobinado e (b) rotor de gaiola de esquilo

(a)   (b)

Fonte: Diniz e Araújo[15]

1.3.2.3 Motor Dahlander

O motor *Dahlander* é um motor de indução trifásico com seis bobinas, que podem ser ligadas de modo que a quantidade de polos seja alterada. Com isso, o motor opera com duas velocidades distintas, v_1 e v_2, uma o dobro da outra ($v_2 = 2v_1$). Esse motor é aplicado em equipamentos como tornos, máquinas de processos de fabricação, correias transportadoras e furadeiras.

---

[14] *Ibidem*, p. 14.

[15] DINIZ, A. M. F.; ARAÚJO, R. D. Uma abordagem prática para o ensino do eletromagnetismo usando um motor de indução de baixo custo. *Revista Brasileira de Ensino de Física*, [s. l.], v. 41, n. 1, jan. 2019. p. 7. Disponível em: https://www.scielo.br/j/rbef/a/rH9kz3bYHW5mC4XpWqfhP9R/#. Acesso em: 11 mar. 2023.

A rotação desse motor é diretamente proporcional à frequência (f) da rede CA trifásica e inversamente proporcional ao número de polos (P), segundo a relação n = (120 f)/P. Para um motor trifásico de 4 polos, operando em 60 Hz, obtém-se:

$$n = \frac{120 \times 60}{4} = 1.800 \ rpm$$

Para uma frequência constante da rede CA (60 Hz) e alterando no motor Dahlander o número de polos, obtêm-se, por exemplo, as combinações:

- 4 para 2 polos: 1800 RPM para 3600 RPM;
- 8 para 4 polos: 900 RPM para 1800 RPM etc.

Essas e outras combinações são apresentadas na Tabela 1.1.

Tabela 1.1 – Velocidade síncrona de um motor Dahlander em RPM em função do número de polos

Frequência (Hz)	Número de polos	Velocidade síncrona (RPM)
	2	3.600
	4	1.800
60	6	1.200
	8	900
	12	600

Fonte: o autor

A Figura 1.11a mostra as bobinas do motor Dahlander, cujos bornes são identificados por:

- Série 1: *U1, V1 e W1 ou 1U, 1V e 1W* e
- *Série 2: U2, V2 e W2 ou 2U, 2V e 2W.*

Figura 1.11 – (a) Bobinas do motor Dahlander. (b) e (c) Painel com conexões para baixa rotação (v1) e alta rotação (v$_2$), respectivamente

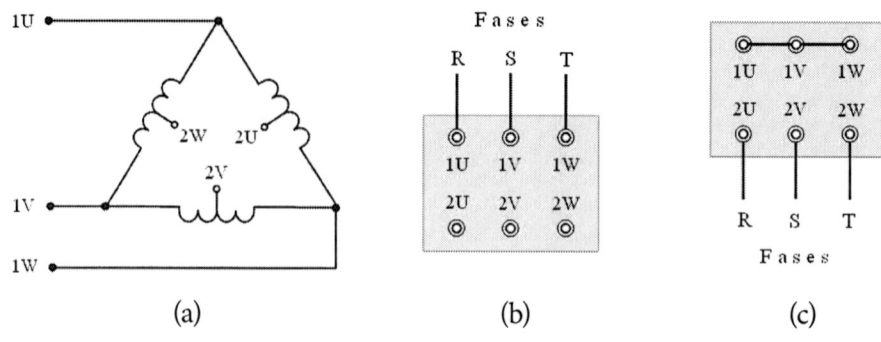

(a)   (b)   (c)

Fonte: o autor

Em baixa velocidade (v$_1$), são alimentados somente os bornes 1U, 1V e 1W do painel de ligações (Figura 1.11b). Na operação em alta velocidade (v$_2$), são alimentados os terminais 2U, 2V e 2W e são conectados em curto--circuito 1U, 1V e 1W (Figura 1.11c).

1.3.2.4 Motor de enrolamentos independentes

O motor de enrolamentos independentes, de dois enrolamentos, ou ainda de enrolamentos separados é construído de tal forma que tenha dois estatores. Normalmente, esses enrolamentos são conectados em estrela, como se verifica na Figura 1.12, e a cada um é associada uma velocidade distinta. Esses enrolamentos devem ser alimentados separadamente, ou seja, estando um enrolamento alimentado, o outro deverá estar desligado da rede de alimentação CA.

Esse motor possui a vantagem da combinação de enrolamentos, independentemente do número de polos. Como desvantagem apresenta maiores dimensões do núcleo eletromagnético (conjunto estator/rotor) e da carcaça, em comparação ao motor de uma velocidade.

Figura 1.12 – Enrolamentos separados de um motor de 2 velocidades

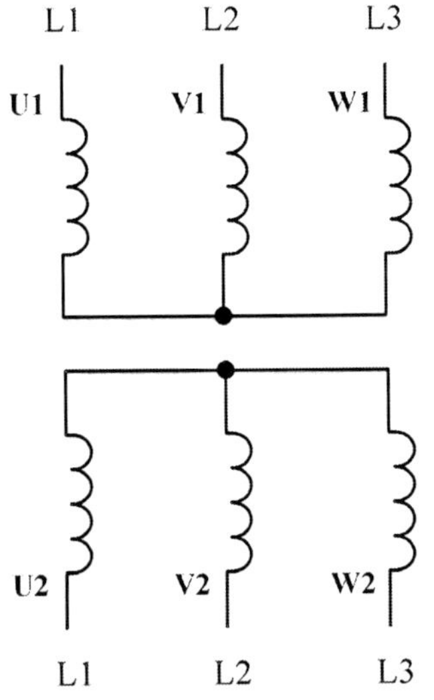

Fonte: o autor

1.3.3 Aplicações dos motores assíncronos de indução

O motor assíncrono de indução é o motor CA com maior número de aplicações, tanto na indústria como em uso doméstico, devido às seguintes vantagens: grande robustez, baixo preço e simplicidade na partida. De acordo com o seu aspecto construtivo, encontra-se esse motor em:

- acionamentos com variação da resistência rotórica, em motores com rotor bobinado, para cargas com alto conjugado resistente (alta inércia na partida);

- acionamentos para ambientes agressivos, como indústrias químicas e petroquímicas;

- acionamentos em duas velocidades (motor Dahlander);

- acionamentos com variação de velocidade a partir da alimentação do motor com um inversor de frequência. Este equipamento possibilita o controle da velocidade do motor por meio de programação e pela alteração da frequência da rede CA, proporcionando aceleração e frenagem suaves.

1.3.4 Motor de Indução Monofásico

Os motores monofásicos constituem uma alternativa quando não se dispõe da rede elétrica trifásica. Esse é um contexto presente em pequenas comunidades rurais ou urbanas, onde só existe a rede monofásica em 110 V. Esses motores são recomendados para acionamentos em baixas potências. Acima de 10 CV, o motor de indução trifásico é mais indicado. Na Figura 1.13, é apresentado o seu aspecto.

Figura 1.13 – Motores monofásicos

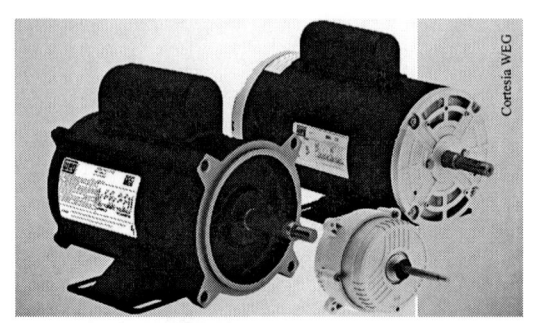

Fonte: Fabricante WEG Motores[16]

1.3.4.1 Características

Os motores monofásicos são de baixa potência, operando em redes CA de 50 Hz ou 60 Hz. Destacam-se, dentre os diversos tipos de motores elétricos dessa categoria, os motores monofásicos com rotor em gaiola de esquilo, devido às seguintes vantagens: simplicidade de seu projeto de fabricação, robustez, confiabilidade e menor necessidade de manutenção. Esses motores possuem somente uma fase de alimentação, e, portanto, não apresentam um campo magnético girante e conjugado de partida, como ocorre nos motores trifásicos. No enrolamento do rotor, são induzidos campos magnéticos alinhados ao campo magnético do enrolamento do estator. Ao invés de girar, o campo magnético apenas *pulsa* e varia em intensidade, em uma mesma direção[17].

O motor monofásico mais utilizado é o de seis terminais, que contém um enrolamento auxiliar, em série com um capacitor e uma chave centrífuga,

---

[16] MOTORES para aplicações comerciais e residenciais. Jaraguá do Sul: WEG Motores, 2021. Disponível em: https://static.weg.net/medias/downloadcenter/h71/h31/WEG-WMO-motores-aplicacoes-comerciais-e-residenciais-50041418-catalogo-portugues-web.pdf. Acesso em: 17 abr. 2022.

[17] CHAPMAN, S. J. *Fundamentos de Máquinas Elétricas*. 5. ed. Porto Alegre: AMGH, 2013. p. 569.

utilizado somente na sua partida. Isto possibilita a criação de uma segunda fase fictícia e a formação do campo girante para a partida.

Enrolamentos do motor monofásico

A Figura 1.14 mostra o circuito equivalente de um motor monofásico de seis terminais, constituído de um enrolamento principal (bobinas L_1 e L_2 em paralelo) e um enrolamento secundário (bobina L_3, em série com um capacitor auxiliar C_1 e um interruptor centrífugo S_1, simbolizado na figura por uma chave mecânica).

Figura 1.14 – Enrolamentos do circuito equivalente de um motor monofásico

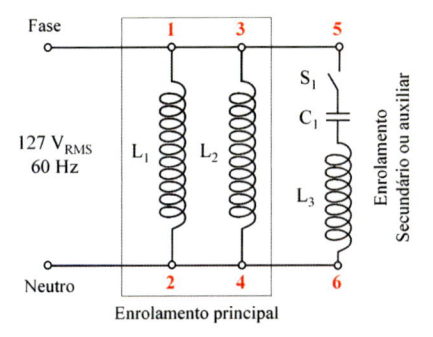

Fonte: o autor

O circuito equivalente desse motor monofásico pode ser representado na forma simplificada, como mostra a Figura 1.15.

Figura 1.15 – Enrolamentos de um motor monofásico – esquema simplificado

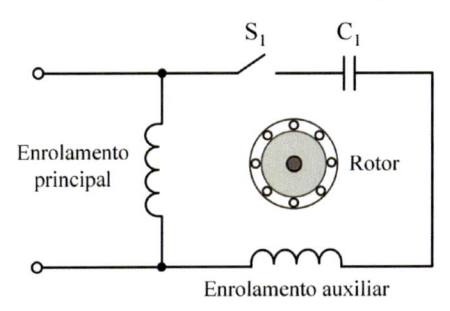

Fonte: o autor

Componentes do enrolamento auxiliar

No enrolamento auxiliar ou secundário, o interruptor ou chave centrífuga S_1 é uma chave mecânica que desliga o enrolamento auxiliar após o motor ter atingido uma certa velocidade (próxima de 80% da nominal), como se verifica na Figura 1.16.

Figura 1.16 – Curva conjugado ´ rotação de um motor monofásico com capacitor de partida

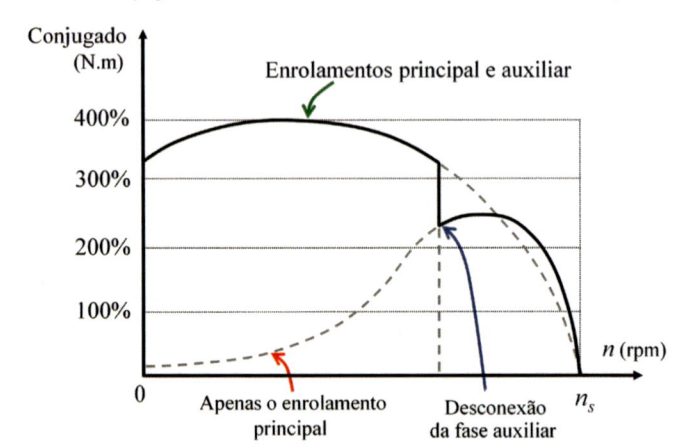

Fonte: adaptada de Chapman[18]

O capacitor C_1 cria um ângulo de defasagem entre as correntes dos enrolamentos principal e auxiliar, elevando o torque de partida, o qual pode atingir até quatro vezes o valor do conjugado nominal.

1.3.4.2 Motor monofásico - conexões e níveis de tensão

O número de terminais do motor monofásico se relaciona com os níveis de tensão de alimentação e com a possibilidade de reversão de rotação. Cada enrolamento é projetado para a tensão de alimentação monofásica de 110 V ou 127 V eficazes. Se as suas bobinas de tensão nominal de 110 V forem conectadas em série, por exemplo, o motor deverá ser alimentado em 220 V. Neste item, serão apresentados os motores monofásicos de 2, 4 e 6 terminais, de acordo com o número de bobinas que formam o seu circuito equivalente.

---

[18] CHAPMAN, 2013, p. 582.

Motor monofásico de 2 terminais

O motor monofásico de 2 terminais é alimentado em 110 V, tensão fase-neutro, obtida da conexão de *tap* central de um transformador monofásico, ou em 127 V, da conexão fase-neutro de um transformador trifásico conectado em estrela. Logo, a tensão aplicada na placa do motor deve ser a mesma da rede de alimentação. Nessa configuração, não se obtém a reversão de rotação com a inversão dos cabos de alimentação.

Motor monofásico de 4 terminais

Os motores de 4 terminais operam com dois valores de tensão. Em 110 V (ou 127 V), as bobinas são conectadas em paralelo (Figura 1.17a). Na Figura 1.17b, são apresentados o seu painel frontal, os bornes de ligação e a conexão dos cabos de alimentação.

Figura 1.17 – (a) Ligação das bobinas em paralelo (em 110 V). (b) Esquema de conexões de cabos

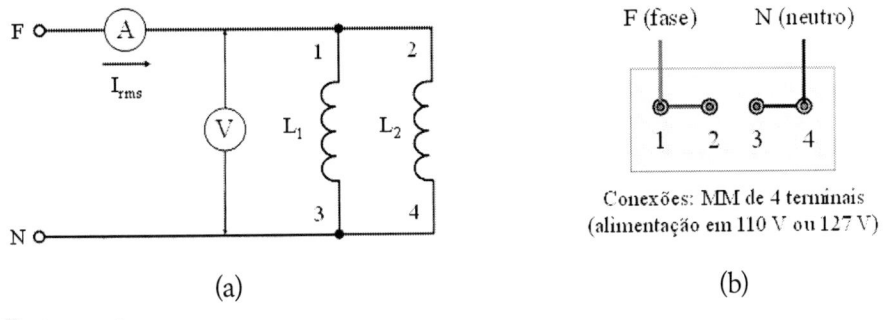

(a)　　　　　　　　　　　　(b)

Fonte: o autor

Na tensão de 220 V, as bobinas L_1 e L_2 estão conectadas em série (Figura 1.18a). A Figura 1.18b mostra a conexão dos cabos no painel frontal do motor para essa situação. Nos circuitos das Figuras 1.17 e 1.18, estão presentes os instrumentos de medida dos valores eficazes de corrente e tensão do motor. Nesse tipo de motor também não é possível inverter o sentido de rotação.

Figura 1.18 – (a) Ligação das bobinas em 220 V (em série). (b) Esquema de conexões de cabos

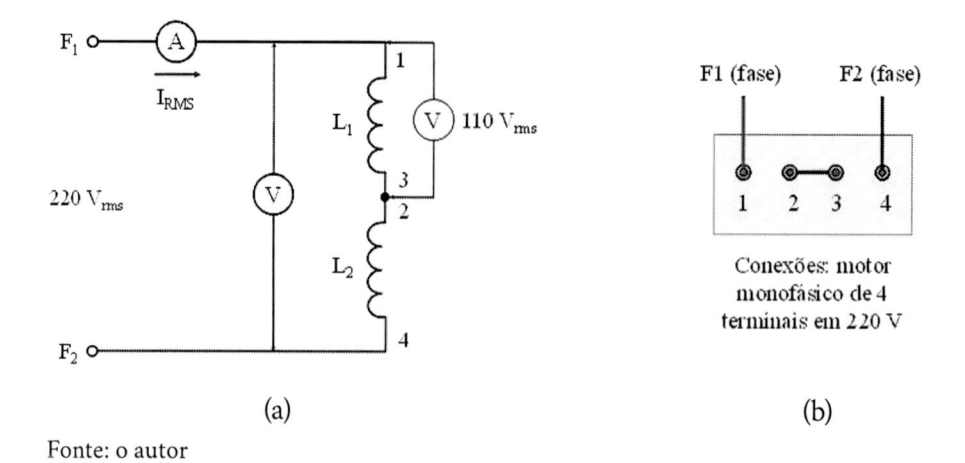

(a)

(b)

Conexões: motor
monofásico de 4
terminais em 220 V

Fonte: o autor

Motor monofásico de 6 terminais

A Figura 1.19 mostra o circuito equivalente de um motor monofásico de 6 terminais, constituído pelos enrolamentos principal (bobinas L_1 e L_2) e secundário (bobina L_3 em série com um capacitor auxiliar C_1 e um interruptor centrífugo S_1). A sequência de numeração das bobinas deste motor é 1-3-5 e 2-4-6, podendo variar, de acordo com o fabricante — pode ser encontrada, por exemplo, a sequência 1-2-5 e 3-4-6. Nessa figura, o motor é alimentado por uma tensão fase-neutro, que pode ser em 110 V ou em 127 V eficazes. O enrolamento principal é conectado em paralelo com o enrolamento auxiliar ou secundário, que contém a bobina L_3.

Figura 1.19 – Circuito equivalente de um motor monofásico de seis terminais

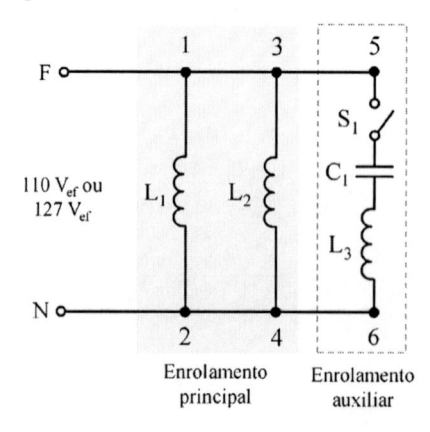

Fonte: o autor

Na configuração da Figura 1.20, o motor monofásico é alimentado em 220 V. A bobina L_1 está em série com a combinação paralela da bobina L_2 com o enrolamento auxiliar. Portanto, a tensão eficaz em cada bobina deste motor é de 110 V.

Figura 1.20 – Circuito do motor monofásico e conexões das bobinas em 220 V

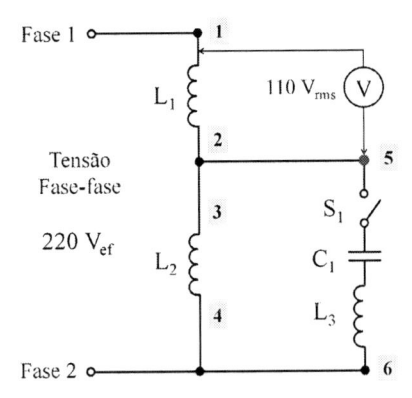

Fonte: o autor

1.3.4.3 Reversão de rotação

Para a reversão de rotação do motor monofásico, basta inverter a ligação dos bornes 5 e 6 do enrolamento auxiliar para os terminais 1-3 e 2-4 do enrolamento principal, o que garante a inversão do sentido da corrente e, obviamente, do campo magnético. A mudança nessa ligação deve ser feita com o motor parado ou em uma rotação baixa o suficiente para que a chave centrífuga seja novamente fechada, para um novo evento de partida[19].

Neste texto, serão apresentadas as etapas para a reversão de rotação do motor monofásico alimentado em 127 V. A reversão com alimentação em 220 V fica proposta como exercício — sugestão: efetuar esse acionamento em simulação.

Motor monofásico × motor trifásico

Para melhor empregar o motor monofásico, é importante conhecer as suas desvantagens e limitações, em comparação com o motor de indução trifásico[20]:

---

[19] NASCIMENTO JÚNIOR, 2011, p. 18.

[20] FRANCHI, 2014, p. 30.

- é sempre maior e mais caro, para uma mesma potência;

- apresenta maior volume e peso para potências e velocidades iguais (em média 4 vezes);

- necessita de manutenção mais apurada devido ao circuito de partida e seus acessórios;

- possui menor conjugado de partida;

- é difícil de se encontrar comercialmente para potências mais elevadas (acima de 10 CV);

- apresenta menor densidade de potência (alcança apenas 60 a 70% da potência do motor trifásico do mesmo tamanho);

- apresenta rendimento e fator de potência menores e, em razão disso, apresenta maior consumo de energia elétrica (em média 20% a mais);

- não é possível inverter diretamente o sentido de rotação de seu eixo;

- não é recomendável o seu uso para potências maiores que 3 CV, pois provocam um considerável desbalanceamento de carga na rede elétrica, uma vez que são conectados apenas a uma fase;

- apresenta desgaste mecânico do contato centrífugo utilizado na partida (platinado).

Exercícios de Fixação – *Série 1*

EF 1.1 – O que caracteriza os motores elétricos de CC? Qual a influência da Eletrônica de Potência no seu acionamento?

EF 1.2 – Como são classificados os motores CA, além do número de fases, em função da velocidade de rotação de seu eixo?

EF 1.3 – Onde é utilizado o motor elétrico universal e qual é a sua característica, com relação à tensão de alimentação?

EF 1.4 – Qual é a função do reostato de partida no motor de indução com rotor bobinado?

EF 1.5 – Quais são as vantagens e desvantagens do motor de indução com rotor de gaiola de esquilo?

EF 1.6 – Defina o motor Dahlander e cite algumas de suas aplicações.

EF 1.7 – Cite pelo menos cinco desvantagens e limitações do motor monofásico em comparação com o motor de indução trifásico.

EF 1.8 – Represente o esquema dos enrolamentos do motor monofásico de 6 terminais, para as conexões em 110 V e em 220 V.

EF 1.9 – A respeito dos motores monofásicos, é correto afirmar, EXCETO:

a. ( ) Pelo fato de possuírem apenas uma fase de alimentação, não há a formação do campo magnético girante, característica principal dos motores trifásicos.

b. ( ) Devido ao baixo torque de partida, além do enrolamento principal, utiliza-se um enrolamento auxiliar (que defasa corrente em 90º).

c. ( ) Os motores monofásicos de 4 terminais operam somente com um valor de tensão.

d. ( ) Para a operação em 220 V, as bobinas do enrolamento principal são ligadas em série.

EF 1.10 – Assinalar a opção INCORRETA, dentre as opções a seguir, sobre o motor elétrico monofásico de 6 terminais com capacitor de partida.

a. ( ) Esse tipo de motor monofásico permite dois tipos de alimentação diferentes, uma o dobro da outra (110 V e 220 V), como no motor de 4 terminais.

b. ( ) Pode-se inverter o sentido de giro do motor, por meio do terceiro ramo (terminais 5 e 6), que contém uma chave centrífuga e um capacitor auxiliar de partida.

c. ( ) A alimentação em 220 V ocorre com as bobinas L_1 e L_2 em paralelo e com o enrolamento auxiliar desconectado.

d. ( ) A chave centrífuga deve estar fechada, para um novo evento de partida, após a inversão de rotação desse motor. Logo, é aconselhável a reversão de rotação com o motor parado.

1.4 Motor de indução trifásico – operação e parâmetros

O motor de indução trifásico é alimentado por um sistema de alimentação em CA contendo três fases defasadas entre si de 120 graus, como mostra a Figura 1.21a. Essa sequência de fases é dita positiva ou direta. As tensões de fase senoidais v_a, v_b e v_c são obtidas de um gerador CA trifásico. Na Figura 1.21b, essas tensões estão representadas na forma fasorial.

Figura 1.21 – (a) Sequência de fase *abc*. (b) Representação fasorial

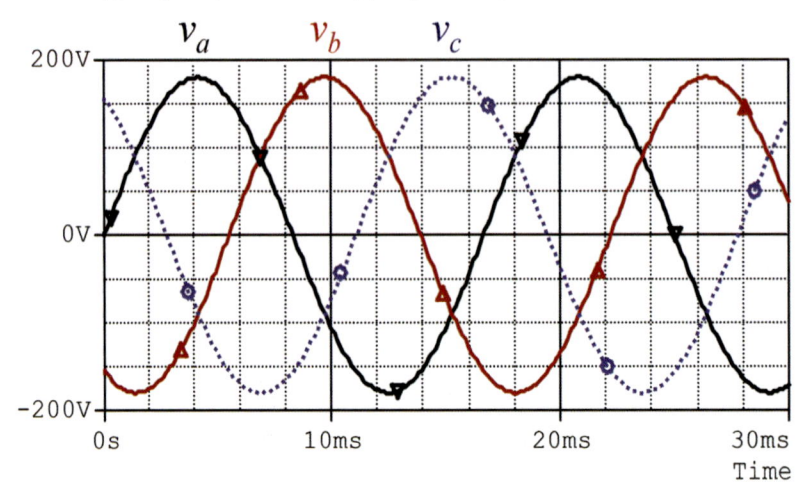

(a)

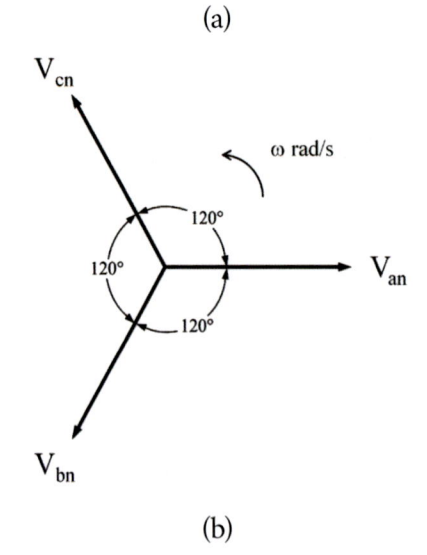

(b)

Fonte: o autor

1.4.1 O sistema trifásico

A geração de um único sinal de tensão alternado ocorre em um gerador monofásico, onde uma tensão senoidal é obtida sempre que o eixo do rotor desenvolve uma rotação completa. No gerador trifásico, temos três enrolamentos posicionados no seu rotor de uma determinada forma e obtemos três tensões senoidais alternadas em cada giro completo de seu rotor, defasadas entre si de 120 graus.

As Figuras 1.22a e 1.22b mostram, respectivamente, um gerador trifásico (símbolo) e suas bobinas, defasadas de 120 graus umas das outras. Se conectadas com o ponto neutro (N) em comum, tem-se a ligação estrela ou Y (Figura 1.22c).

Figura 1.22 – (a) Gerador CA trifásico; (b) e (c) Bobinas defasadas entre si de 120^0, conectadas em Y

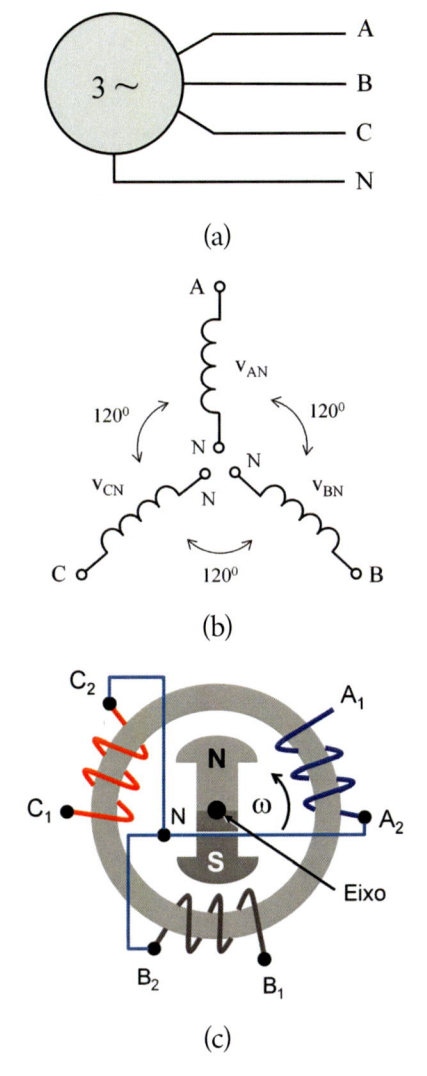

(a)

(b)

(c)

Notação de duplo índice nos sistemas trifásicos

Em Circuitos Elétricos, é bastante utilizada a notação de duplo índice inferior (subscrito), em que o primeiro índice corresponde ao ponto de maior potencial. Por exemplo, para a tensão V_{AB} (Figura 1.23), o ponto A (1º índice) possui potencial elétrico maior que o ponto B (2º índice). Nos sistemas trifásicos, essa notação é muito útil para indicar a referência tomada para a tensão elétrica entre dois pontos de um circuito e o caminho da corrente elétrica.

Na Figura 1.23, V_{AN} indica a tensão na fase A, em relação ao ponto N (neutro, referência do circuito) e I_{AN} indica a corrente que flui do ponto A para o ponto N.

Figura 1.23 – Notação de duplo índice em uma conexão trifásica em estrela

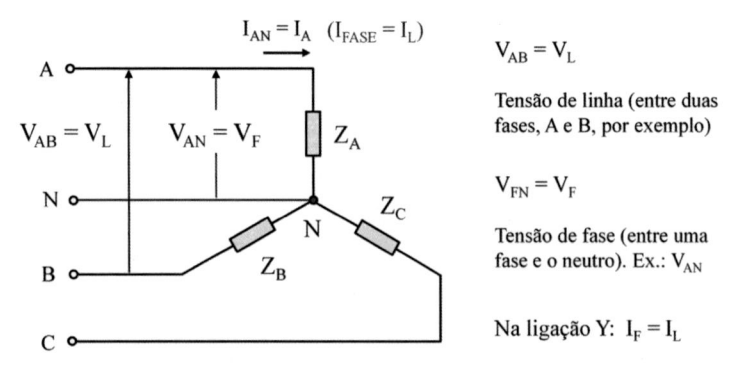

Fonte: o autor

Mas essas grandezas poderiam ser escritas com apenas um subscrito. Em que situação?

Se o terminal de neutro estiver conectado ao de terra (GND, de *ground*), o seu potencial é nulo. Se o neutro constitui o segundo subscrito para a tensão ou corrente, então na Figura 1.23 a tensão V_{AN} poderá ser escrita como V_A e a corrente I_{AN} apenas como I_A.

Outro tipo de conexão em sistemas trifásicos é a ligação em triângulo ou delta. A Figura 1.24 mostra um gerador trifásico com as fases denominadas de *a*, *b* e *c* na conexão triângulo (Δ) alimentando uma carga conectada em estrela (Y).

Figura 1.24 – Gerador trifásico conectado em triângulo alimentando uma carga conectada em estrela

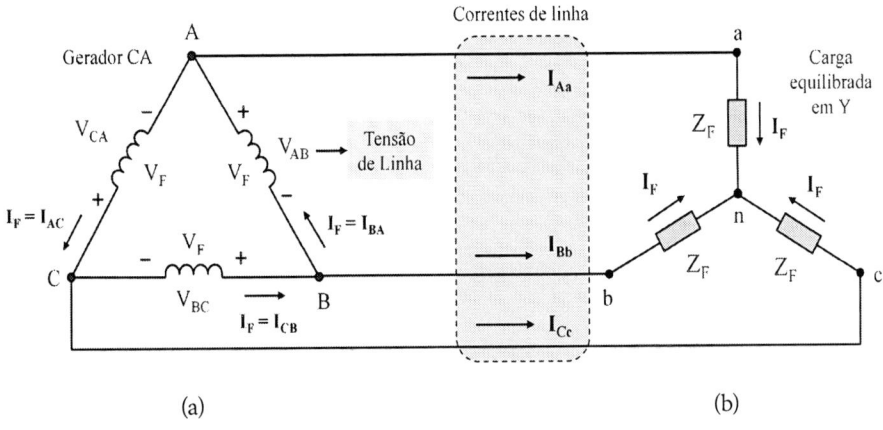

(a)   (b)

Fonte: o autor

Tensão de linha nos terminais do gerador e nos terminais da carga

A tensão de linha em um sistema trifásico ocorre entre duas fases, sendo utilizada, na sua identificação, a notação de duplo índice subscrito ou de um único índice. Essa notação pode ser utilizada para correntes também.

$$V_L \text{ (tensão de linha)} = V_{FF} \text{ (tensão fase-fase)}$$

Na Figura 1.24, por exemplo:

V_{AB} é a tensão entre as fases A e B do gerador trifásico, cujas bobinas estão na conexão em triângulo e V_{bc} é a tensão entre as fases b e c da carga trifásica, com bobinas na conexão em estrela. V_{an} é a tensão entre a fase a e o neutro (n) da carga conectada em estrela, também denominada de *tensão de fase*.

Corrente de linha: dos terminais do gerador aos terminais da carga

- I_{Aa} é a corrente que percorre a "linha de transmissão", do terminal A do gerador e ou condutor até o terminal a da carga.

Relação entre parâmetros de linha e de fase

No sistema trifásico, a relação entre os valores fase-fase (ou de linha) e de fase (ou fase-neutro para a conexão estrela a 4 fios) para tensão e corrente é determinada pelas relações (1.1) e (1.2), válidas para as ligações Y e D, respectivamente.

$$V_L = \sqrt{3} \times V_F \text{ (conexão estrela)} \qquad (1.1)$$

$$I_L = \sqrt{3} \times I_F \text{ (conexão triângulo)} \qquad (1.2)$$

As Tabelas 1.2 e 1.3 sintetizam respectivamente as relações entre os valores de linha e de fase para as tensões e correntes nas conexões estrela (Y) e triângulo (D).

Tabela 1.2 – Relações entre as correntes de linha e de fase na conexão estrela

Conexão em Y (estrela)	Tensões	Correntes
Figura 1.25 – Conexão estrela Fonte: o autor	**Tensão de fase:** V_F É a tensão em cada bobina ou impedância da conexão estrela. Com o fio de neutro, é denominada de V_{FN} (tensão fase-neutro). **Tensão fase-fase:** V_{FF} ou tensão de linha (V_L) $$V_L = \sqrt{3}\, V_F$$	**Corrente de fase:** I_F É a corrente que circula em cada bobina da fonte CA ou impedância da conexão Y. **Corrente de linha:** I_L É igual à corrente de fase ($I_L = I_F$). Está no mesmo caminho da fonte CA para a carga.

Fonte: o autor

Tabela 1.3 – Relações entre as correntes de linha e de fase na conexão triângulo

Conexão em triângulo (Δ)	Tensões	Correntes
Figura 1.26 – Conexão triângulo Fonte: o autor	**Tensão de fase:** V_F Tensão presente em cada bobina (da fonte CA) ou em cada impedância por fase da conexão triângulo. Não existe o fio de neutro nessa conexão. **Tensão fase-fase:** V_{FF} ou tensão de linha, é igual à tensão de fase $$V_L = V_F$$	**Corrente de fase:** I_F Corrente que circula em cada bobina (da fonte CA) ou em cada impedância por fase da conexão Δ. **Corrente de linha:** é a soma fasorial das correntes de fase, em cada vértice do Δ. Para o nó A: $$I_{BA} = I_{AC} + I_L$$ $$I_L = \sqrt{3}\, I_F$$

Fonte: o autor

Sequência de fase

Em um sistema trifásico, a *sequência de fases* indica a ordem com que as tensões de fase passam, por exemplo, pelo valor máximo. Se uma sequência de fases é escrita como ABC, temos o valor máximo dessas tensões de fase na seguinte ordem: primeiro, a tensão v_{AN}, em seguida, v_{BN} e, após esta, v_{CN}, como visto na Figura 1.21.

Essa sequência de fases é denominada direta ou positiva. Ocorrendo uma alteração na sequência ABC, de modo que tenhamos uma sequência ACB, por exemplo, podemos denominá-la de sequência de fase inversa ou indireta ou negativa.

A sequência de fases determina, por exemplo, o sentido de rotação de um motor conectado à rede elétrica.

Embora a sequência de fases de uma instalação trifásica não pareça ter importância, é fundamental que seja sempre mantida com relação ao seu projeto. Por exemplo, se necessitamos interligar duas redes trifásicas, é imprescindível que a sequência de fases em ambas seja a mesma.

Exemplo 1.1 – *Reversão de rotação de um motor de indução trifásico*

O efeito da sequência de fases ocorre na operação de um motor elétrico, por exemplo. Em uma sequência preestabelecida, o motor gira no sentido horário, como indicado na Figura 1.27a, sequência RST. Inverten-do-se a sequência de duas das três fases, o sentido de rotação do motor se inverte, como se verifica na Figura 1.27b, onde as fases S e T são trocadas (a sequência agora é RTS, sentido anti-horário).

Figura 1.27 – Rotação de um motor trifásico; (a) Sequência direta, RST; (b) Sequência reversa, RTS

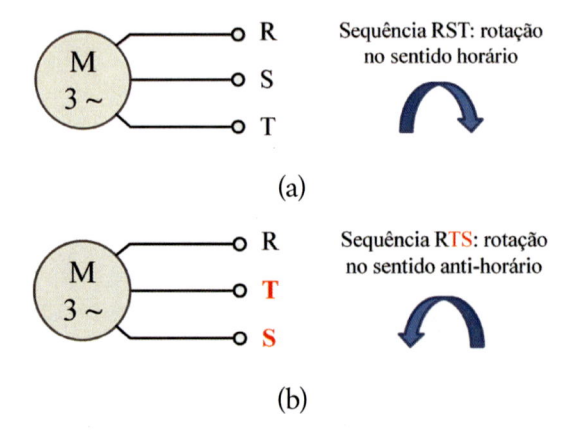

Fonte: o autor

Exemplo 1.2 – *Relé de sequência de fases*

A inversão do sentido da sequência de fases pode indicar uma falha em um sistema elétrico, detectada por um relé eletrônico de sequência de fases, dispositivo destinado à proteção de sistemas trifásicos contra inversão da sequência direta das fases (R-S-T), sendo conectado diretamente à rede elétrica trifásica a ser monitorada.

Tensões monofásicas - de onde vem a tensão monofásica de 110 V?

Para um sistema monofásico como o da Figura 1.28, a tensão de linha é a tensão entre as fases 1 e 2 do secundário do transformador com *tap* central, onde está o condutor de neutro.

Figura 1.28 – Tensões de fase e de linha em um transformador com *tap* central

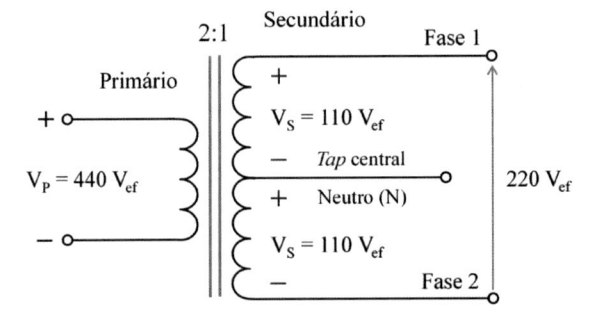

Fonte: o autor

Nesse circuito, a tensão eficaz de linha do secundário é igual à tensão entre as duas fases: $V_{Fase-Fase} = V_{FF} = 220\,V_{RMS}$. A tensão de fase no secundário desse transformador é a tensão entre cada fase em relação ao neutro (v_S). O condutor neutro divide o secundário ao meio, logo, a tensão v_S será de $110\,V_{RMS}$.

Tensão monofásica vigente no Brasil

A tensão monofásica vigente no Brasil é de 127 V eficazes, desde que o sistema elétrico brasileiro passou a ser interligado. A partir de 1999, as concessionárias de energia elétrica não fornecem mais a tensão monofásica de 110 V, substituída por 127 V, obtida da conexão do secundário de um transformador trifásico em estrela, onde a tensão de linha é $220\,V_{RMS}$.

$$V_F = \frac{V_L}{\sqrt{3}} \quad \text{(conexão estrela)}$$

De acordo com a Associação Brasileira dos Distribuidores de Energia Elétrica (ABRADEE), a tensão monofásica instalada na maioria dos estados do Sudeste, Norte e parte do Centro-Oeste é de 127 V e nas regiões Sul e Nordeste, no Distrito Federal e em Goiás, a tensão monofásica é de 220 V.

Em vista disso, alguns fabricantes desenvolvem *equipamentos bivolt*, que apresentam a opção de operar em duas tensões diferentes, em 110 V ou em

220 V. Neles, existe um pino que permite escolher a tensão de alimentação, o que possibilita o seu uso na tensão de 110 V, na Região Sudeste do Brasil, por exemplo, e operar em outra região onde a tensão monofásica é de 220 V.

Exemplo 1.3

A Figura 1.29 mostra um sistema de distribuição de energia elétrica, nas formas primária, em média tensão (13,8 kV) e secundária, em baixa tensão (220 V). O equipamento que reduz o nível de 13,8 kV para 220 V é o transformador trifásico.

Figura 1.29 – Redes de média e baixa tensão e o transformador

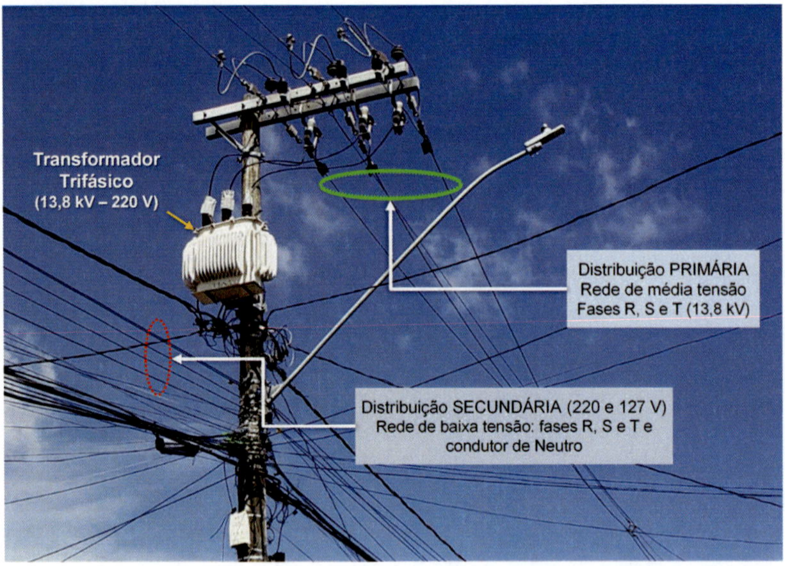

Fonte: o autor

1.4.2 Campo girante

O motor de indução trifásico tem como princípio de operação a presença de um campo magnético girante, que provoca a rotação do rotor da máquina. Como se verifica na Figura 1.30, o campo magnético individual de cada bobina do motor trifásico é pulsante e a sua intensidade é determinada pelo módulo de sua corrente elétrica[21]. A corrente na fase *a*, por

---

[21] CHAPMAN, 2013, p. 160.

exemplo, determina o módulo e a direção do campo magnético $h_a(t)$, que varia na direção norte-sul dessa bobina.

Figura 1.30 – Campo magnético pulsante em cada bobina do MIT

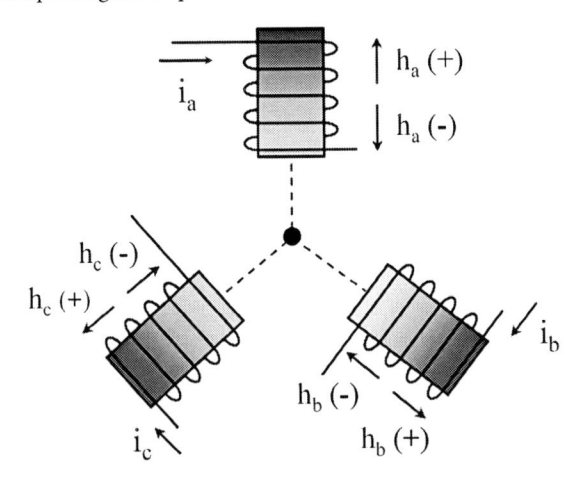

Fonte: o autor

As três bobinas independentes do estator deste motor, conectadas em estrela, são alimentadas pelas tensões de fase v_a, v_b e v_c trifásicas e senoidais, defasadas eletricamente de $120°$ (ver novamente na Figura 1.21). Em uma sequência direta *abc*, temos os fasores $\boldsymbol{v}_a$, $\boldsymbol{v}_b$ e $\boldsymbol{v}_c$ girando no sentido anti-horário. São produzidas as correntes $i_a(t)$, $i_b(t)$ e $i_c(t)$ e seus respectivos campos magnéticos, em variação senoidal, em cada bobina do estator. Na Tabela 1.4, estão as equações do campo magnético de cada fase.

Tabela 1.4 – Correntes de fase do MIT e campos magnéticos correspondentes

Correntes de fase i_a, i_b e i_c	Campos magnéticos as fases *a*, *b* e *c*
$i_a(\omega t) = I_{max} \operatorname{sen} \omega t$	$h_a(\omega t) = H_{max} \operatorname{sen} \omega t$
$i_b(\omega t) = I_{max} \operatorname{sen} (\omega t - 120°)$	$h_b(\omega t) = H_{max} \operatorname{sen} (\omega t - 120°)$
$i_c(\omega t) = I_{max} \operatorname{sen} (\omega t + 120°)$	$h_c(\omega t) = H_{max} \operatorname{sen} (\omega t + 120°)$

Fonte: o autor

Exemplo 1.4

Utilizando como base a sequência *abc*, encontre a orientação e o módulo da resultante da composição vetorial dos campos magnéticos das fases *a*, *b* e *c* do enrolamento trifásico mostrado na Figura 1.30, para os instantes correspondentes aos ângulos:

(a) $\omega t = 0^0$; (b) $\omega t = 90^0$ e (c) $\omega t = 120^0$.

Solução:

Os cálculos deverão ser realizados em função do ângulo q = wt (rad), transformado em graus. Assim, escreve-se, por exemplo, $h_a(t)$ como $h_a(q)$. Pela sequência direta *abc*, temos as equações das tensões de fase:

$$v_a(\theta) = V_{max} \text{ sen } \omega t$$

$$v_b(\theta) = V_{max} \text{ sen } (\omega t - 120^o)$$

$$v_c(\theta) = V_{max} \text{ sen } (\omega t + 120^o)$$

Para $\theta = \omega t = 0^0$ (verifique na da Figura 1.21):

- a tensão v_a é nula;
- a tensão v_b é negativa;
- a tensão v_c é positiva.

Orientação dos fasores dos campos magnéticos nas fases

A corrente na fase *a* é nula e, assim, $h_a(0^0) = 0$. Os fasores dos campos magnéticos h_b e h_c têm a sua orientação apresentada nas Figuras 1.31a e 1.31b, em função dos sentidos de suas respectivas correntes.

Esses fasores têm as suas polaridades indicadas com os sinais negativo (-) e positivo (+) respectivamente, de acordo com a convenção adotada para cada bobina, como apresentado na Figura 1.30.

Figura 1.31 – (a) e (b) Orientação dos campos magnéticos h_a, h_b e h_c para wt = 0^0

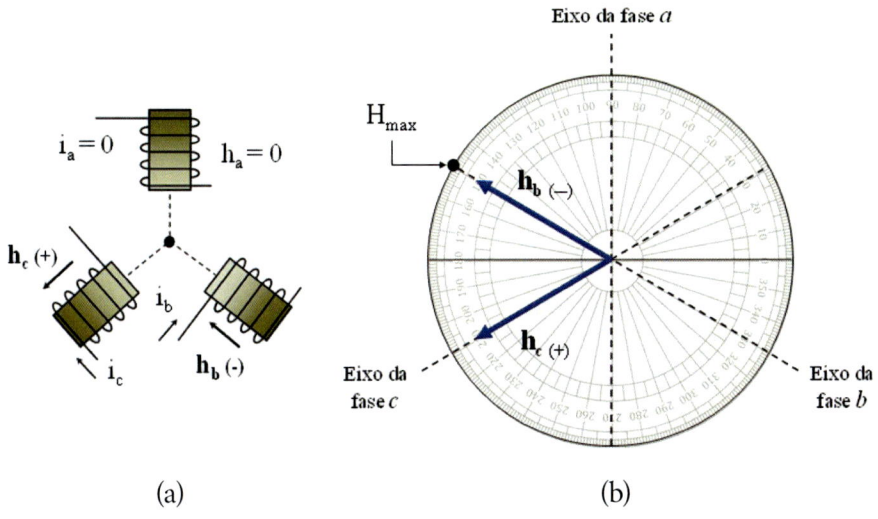

(a)   (b)

Fonte: o autor

Operando com $\theta = \omega t = 0^0$ para as equações de $h_a(\omega t)$, $h_b(\omega t)$ e $h_c(\omega t)$ da Tabela 1.4, obtêm-se:

$$h_a(0^0) = H_{max}\ \text{sen}\ (0^0) = 0$$

$$h_b(0^0) = H_{max}\ \text{sen}\ (0^0 - 120^o)$$
$$= H_{max}\ \text{sen}\ (-120^o) = -\left(\sqrt{3}/2\right)H_{max} = -0{,}87\ H_{max}$$

$$h_c(0^0) = H_{max}\ \text{sen}\ (0^0 + 120^o)$$
$$= H_{max}\ \text{sen}\ 120^o = \left(\sqrt{3}/2\right)H_{max} = 0{,}87\ H_{max}$$

Da Figura 1.31b, observa-se que o fasor resultante $\boldsymbol{h}_r$ dos fasores $\boldsymbol{h}_{b(-)}$ e $\boldsymbol{h}_{c(+)}$ será direcionado para a esquerda, como mostra a Figura 1.32.

Renomeando os fasores $\boldsymbol{h}_{b(-)}$ e $\boldsymbol{h}_{c(+)}$ para $\boldsymbol{h}_b$ e $\boldsymbol{h}_c$, respectivamente, obtém-se o triângulo ABC formado pelos fasores $\boldsymbol{h}_r$, $\boldsymbol{h}_b$ e $\boldsymbol{h}_c$, visto na Figura 1.33.

Cálculo do módulo do fasor resultante

Aplicando a Lei dos Cossenos ao triângulo ABC, através de (1.3), encontramos o módulo do fasor resultante h_r do triângulo ABC da Figura

1.33. Basta utilizar nessa equação os módulos dos componentes (h_b e h_c) e o ângulo a entre eles, o qual é de 120^0.

Figura 1.32 – Campo magnético h_{bc} ou h_r, resultante das fases dos componentes h_b e h_c

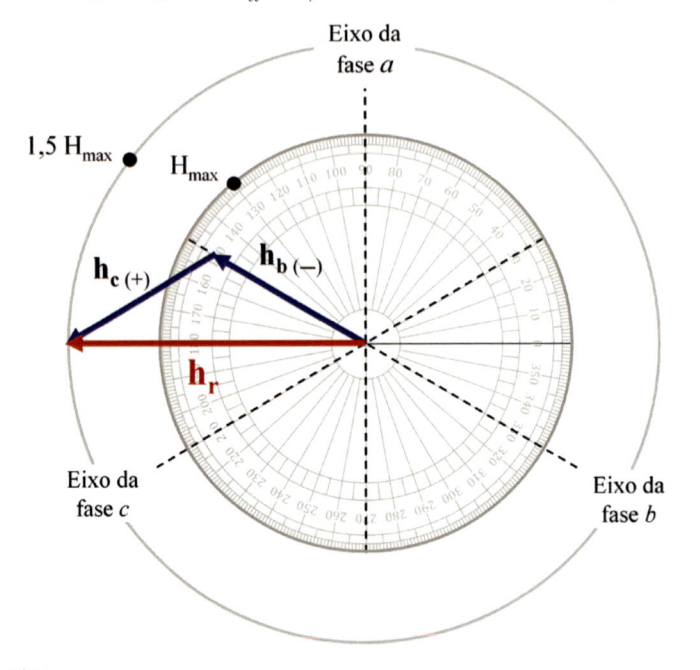

Fonte: o autor

Figura 1.33 – Triângulo ABC formado pelos fasores h_r, h_b e h_c

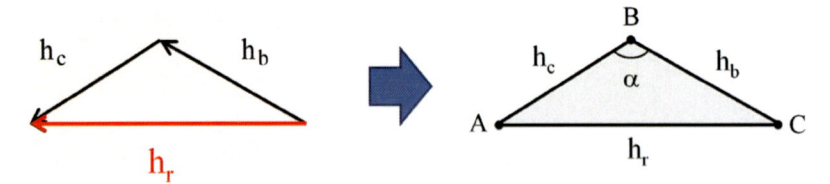

Fonte: o autor

$$h_r^2 = h_b^2 + h_c^2 - 2h_b h_c \cos \alpha \qquad (1.3)$$

$$h_r^2 = (\sqrt{3}/2)\,H_{max})^2 + (\sqrt{3}/2)\,H_{max})^2 - 2 \times (\sqrt{3}/2)H_{max} \times (\sqrt{3}/2)H_{max} \times cos\,120^0$$

$$h_r = \frac{3}{2}\,H_{max} = 1,5\,H_{max}$$

b. Para $\theta = 90^0$, os cálculos são:

$$h_a(90^0) = H_{max}\,sen\,(90^0) = H_{max}$$

$$h_b(90^0) = H_{max}\,sen\,(90^0 - 120^o) = H_{max}\,sen\,(-30^o) = -0,5H_{max}$$

$$h_c(90^0) = H_{max}\,sen\,(90^0 + 120^o) = H_{max}\,sen\,210^o = -0,5H_{max}$$

A Figura 1.34 mostra, para o ângulo $\theta = 90^0$, a disposição dos fasores $\boldsymbol{h}_{a\,(+)}$, $\boldsymbol{h}_{b\,(-)}$ e $\boldsymbol{h}_{c\,(-)}$. Observa-se que $\boldsymbol{h}_r$, o fasor resultante desses fasores, aponta verticalmente para cima.

Figura 1.34 – Composição dos fasores de $h_b(t)$ e $h_c(t)$ para wt = 90^0

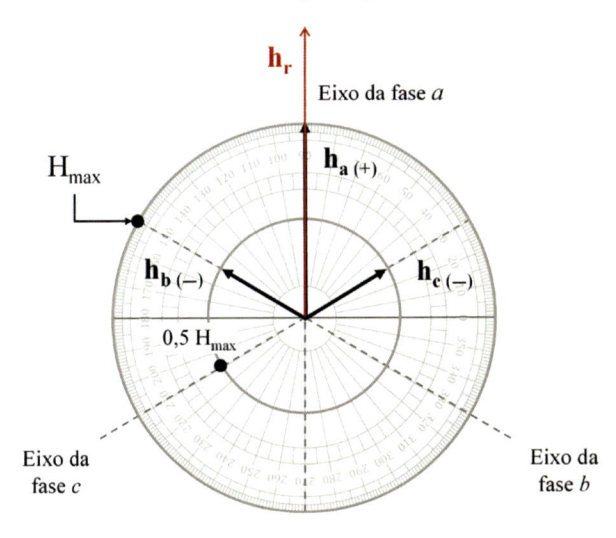

Fonte: o autor

- Cálculo do módulo de $\boldsymbol{h}_r$

Inicialmente, efetua-se o cálculo da resultante dos fasores $\boldsymbol{h}_b$ e $\boldsymbol{h}_c$. Aplica-se à composição desses fasores (Figura 1.35a) a Lei dos cossenos.

Na Figura 1.35b, os fasores $h_{b(-)}$ e $h_{c(-)}$ são renomeados para h_b e h_c, respectivamente, no triângulo DEF.

Figura 1.35 – (a) Fasores h_b, h_c e h_{bc}, para q = 90⁰ e (b) triângulo DEF resultante

(a)   (b)

Fonte: o autor

O ângulo entre os fasores h_b e h_c é de 60⁰ e o módulo do fasor resultante, h_{bc}, é encontrado por:

$$h_{bc}^2 = h_b^2 + h_c^2 - 2h_b h_c \, cos \, \alpha$$

$$h_{bc}^2 = (0{,}5 \, H_{max})^2 + (0{,}5 \, H_{max})^2 - 2 \times (0{,}5 \, H_{max}) \times (0{,}5 \, H_{max}) \times cos \, 60^0$$

$$h_{bc}^2 = 0{,}5 \, H_{max}^2 - 2 \times 0{,}25 \, H_{max}^2 \times 0{,}5 = 0{,}25 \, H_{max}^2$$

$$h_{bc} = \sqrt{0{,}25 \, H_{max}^2} = 0{,}5 \, H_{max}$$

Como os fasores h_a e h_{bc} têm a mesma direção (orientação para cima, em 90 graus), o módulo do fasor resultante $\vec{h}_r$ é encontrado por:

$$h_r = h_a + h_{bc}$$

$$h_r = H_{max} + 0{,}5 \, H_{max} = \frac{3}{2} \, H_{max} = 1{,}5 \, H_{max}$$

f. Finalmente, para $\theta = \mathbf{120^0}$:

$$h_a(120^0) = H_{max}\ sen\ (120^0) = \left(\sqrt{3}/2\right)H_{max} = 0{,}87\ H_{max}$$

$$h_b(120^0) = H_{max}\ sen\ (120^0 - 120^o) = H_{max}\ sen\ (0^o) = 0$$

$$h_c(120^0) = H_{max}\ sen\ (120^0 + 120^o) = -\left(\sqrt{3}/2\right)H_{max} = -\ 0{,}87\ H_{max}$$

Por esses cálculos, o campo magnético resultante é devido somente ao campo de duas fases, *a* e *c*, e o diagrama fasorial para esse contexto é apresentado na Figura 1.36.

Figura 1.36 – Composição dos fasores de $h_a(t)$ e $h_c(t)$ para wt = 120^0

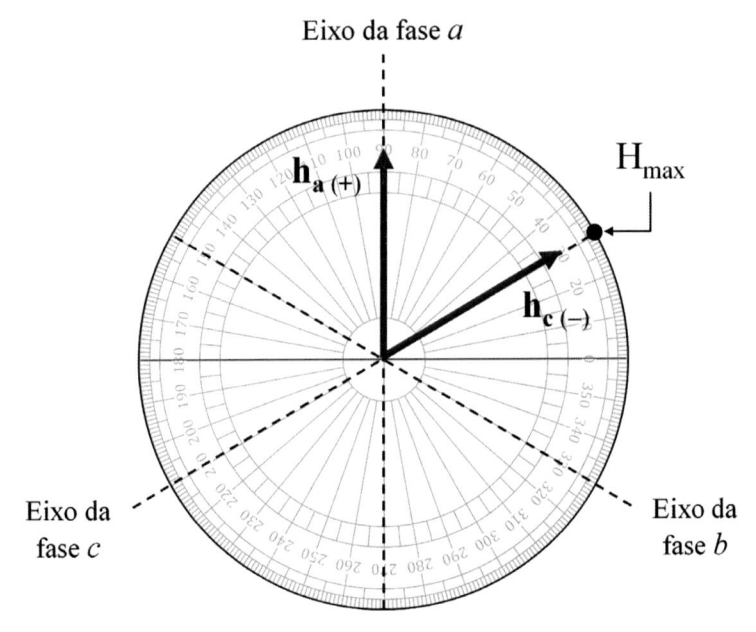

Fonte: o autor

A resultante dos fasores de $h_a(t)$ e $h_c(t)$ para $\theta = 120^0$ é mostrada na Figura 1.37a. Obtém-se o triângulo XYZ, na Figura 1.37b, o qual será utilizado para o cálculo de h_r, pela Lei dos cossenos.

Figura 1.37 – (a) Resultante de $h_a(t)$ e $h_c(t)$ para q = 120°. (b) Triângulo XYZ utilizado no cálculo de h_r

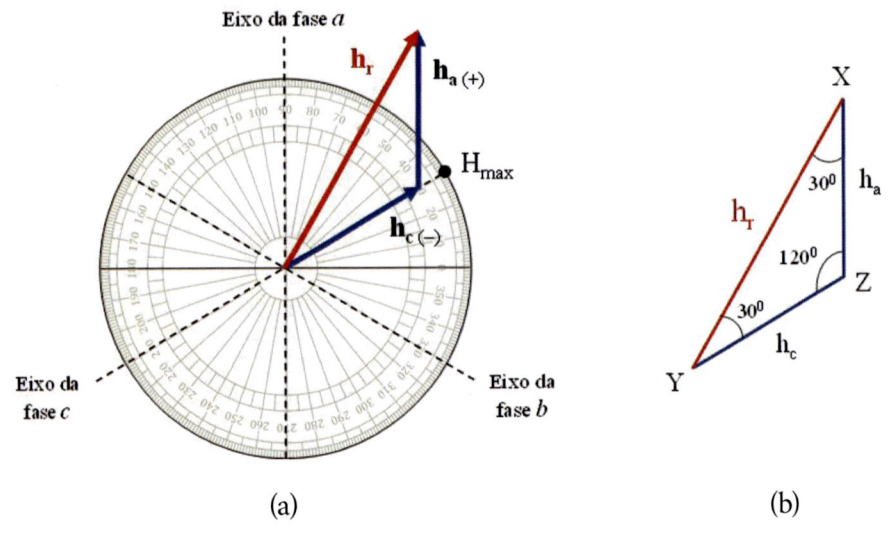

(a)   (b)

Fonte: o autor

Cálculo do campo magnético resultante

$$h_r^2 = h_a^2 + h_c^2 - 2h_a h_c \cos \alpha$$

$$h_r^2 = \left(\frac{\sqrt{3}}{2} H_{max}\right)^2 + \left(\frac{\sqrt{3}}{2} H_{max}\right)^2 - 2 \times \left(\frac{\sqrt{3}}{2} H_{max}\right) \times \left(\frac{\sqrt{3}}{2} H_{max}\right) \times \cos 120^0$$

$$h_r^2 = \frac{3}{4}H_{max}^2 + \frac{3}{4}H_{max}^2 - 2 \times \frac{3}{4}H_{max}^2 \times \left(-\frac{1}{2}\right) = \frac{9}{4}H_{max}^2$$

Obtém-se, finalmente:

$$h_r = \sqrt{\frac{9}{4} H_{max}^2} = \frac{3}{2} H_{max}$$

$$h_r = 1,5 \, H_{max}$$

Comentários

- o campo girante em qualquer instante é a resultante dos campos h_a, h_b e h_c;

- como o sistema de alimentação do motor é equilibrado, obtém-se o mesmo módulo para qualquer instante, como demonstrado para os ângulos de 0^0, 90^0 e 120^0: $h_r = 1,5\ H_{max}$;

- portanto, sempre que os enrolamentos do estator do MIT são alimentados por tensões trifásicas equilibradas, produz-se um campo magnético girante, de módulo constante, o qual faz girar o rotor em uma determinada velocidade em RPM (rotações por minuto).

Sentido de giro do campo magnético no MIT

A Figura 1.38 apresenta as tensões de fase de um MIT, na sequência direta *abc* e o giro do fasor campo magnético $\boldsymbol{h_r}$ para os valores calculados em função dos ângulos $0°$, 90^0 e 120^0. Isso confere ao rotor uma rotação no sentido horário.

Figura 1.38 – Tensões trifásicas e a posição do fasor campo magnético resultante, h_r (t), para q = $0°$, 90^0 e 120^0

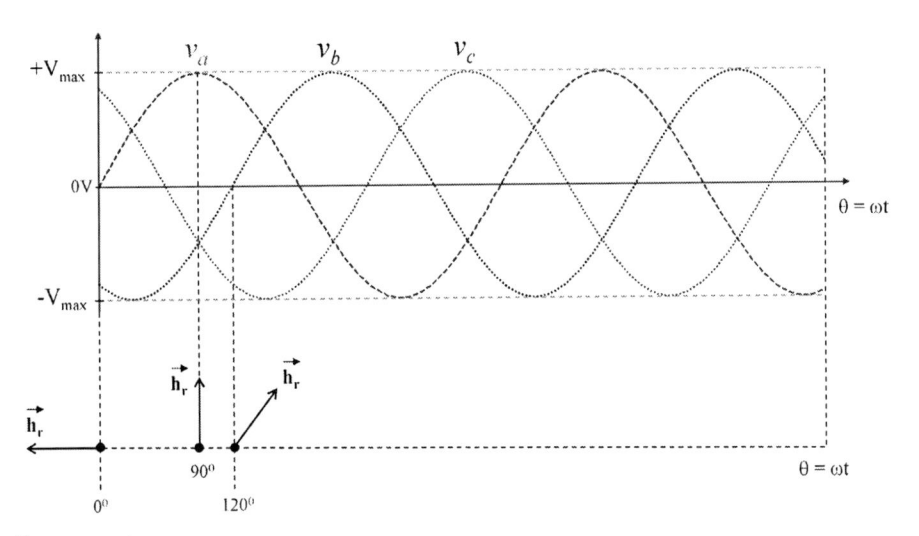

Fonte: o autor

Para a reversão de rotação de $\boldsymbol{h_r}$, basta inverter duas das três fases do motor. Com isso, ocorre a reversão de rotação do campo girante e, consequentemente, do sentido de giro do rotor. Para calcular novamente o módulo de $\boldsymbol{h_r}$, troca-se o sinal do ângulo de fase (ϕ) em duas das equações do campo magnético h(ωt), como mostra a Tabela 1.5 (2ª. e 3ª. equações). Podemos, por exemplo, trocar o sinal de ϕ nas equações de $h_b(t)$ e $h_c(t)$, o que resulta na sequência de fases *acb*, de acordo com as novas equações e fasores, nas fases *b* e *c*.

Tabela 1.5 – Campos magnéticos correspondentes às tensões de um MIT (sequências *abc* e *acb*)

Campos magnéticos – Sequência *abc*	Campos magnéticos – Sequência *acb*
$h_a(\omega t) = H_{max}$ sen ωt	$h_a(\omega t) = H_{max}$ sen ωt
$h_b(\omega t) = H_{max}$ sen $(\omega t - 120°)$	$h_c(\omega t) = H_{max}$ sen $(\omega t + 120°)$
$h_c(\omega t) = H_{max}$ sen $(\omega t + 120°)$	$h_b(\omega t) = H_{max}$ sen $(\omega t - 120°)$

Fonte: o autor

» *Desafio – Reversão de rotação do campo girante.* Utilizando as equações de h(wt) na sequência de fases *acb*, repita o desenho dos fasores h_a, h_b, h_c e h_r e o cálculo do módulo de campo magnético resultante, para os mesmos ângulos de fase utilizados anteriormente: $0°$, $90°$ e $120°$ (nessa sequência). Será constatado, após o desenho dos diagramas fasoriais, que o campo magnético resultante gira no sentido anti-horário.

1.4.3 Rotação do motor

A velocidade de rotação de um motor de indução trifásico em RPM, como vimos anteriormente, é relacionada aos seguintes parâmetros, de acordo com (1.4):

f = frequência da rede elétrica CA em Hertz (Hz);
P = número de polos do motor, os "P" polos girantes ao longo do entreferro.

$$n[RPM] = \frac{120 \times f}{P} \qquad (1.4)$$

Se o motor á alimentado por um sistema trifásico de frequência constante, ele opera em sincronismo com a rede CA e identificamos a sua velocidade como síncrona, n_s. Os motores elétricos que operam com essa velocidade são denominados *motores síncronos*, os quais constituem as peças mais importantes nas usinas de geração de energia elétrica.

O número de polos de um motor de indução é considerado constante, exceto para os motores *Dahlander* ou de enrolamentos separados, nos quais encontramos dois, três ou quatro polos diferentes[22]. Por meio de comandos elétricos específicos, conseguimos com que esses motores operem com duas velocidades distintas.

Exemplo 1.5

A rotação em RPM de um MIT de 6 polos, alimentado por uma rede trifásica onde f = 50 Hz é encontrada pela equação (1.4):

$$n[RPM] = \frac{120 \times 50}{6} = 1000 \text{ RPM}$$

Exemplo 1.6

Um motor síncrono é alimentado por uma tensão em 60 Hz. A rotação de seu campo girante de 3.600 RPM. Calcular o número de polos do motor.

$$P = \frac{120f}{n_s} = \frac{120 \times 60}{3.600} = 2 \, polos$$

1.4.4 Escorregamento

Em um motor de indução, o eixo gira a uma velocidade diferente da velocidade síncrona (velocidade do campo girante). O enrolamento do rotor intercepta as linhas de força magnética do campo magnético do estator e aparecem então correntes induzidas no enrolamento do rotor da máquina, pelas leis do Eletromagnetismo[23].

O escorregamento é a diferença entre a velocidade medida no eixo do motor (n) e a velocidade síncrona do campo girante (n_s), como em (1.5)[24].

---

[22] FRANCHI, 2014, p. 57.

[23] *Ibidem*, p. 49.

[24] UMANS, S. D. *Máquinas elétricas de Fitzgerald e Kingsley*. 7. ed. Porto Alegre: AMGH, 2014.

$$s = n - n_s \qquad (1.5)$$

Podemos escrever também o escorregamento como um percentual da velocidade síncrona, como em (1.6), com valores práticos entre 1% e 7%. Na prática, verifica-se que a rotação do eixo do motor é sempre um pouco menor que a rotação síncrona do campo girante. A rotação do eixo pode ser verificada com o uso de um instrumento, o tacômetro.

$$s = \frac{n_s - n}{n_s} \qquad \text{[adimensional]}$$

$$s = \frac{(n_s - n)}{n_s} \times 100\% \qquad (1.6)$$

Exemplo 1.7

Seja um MIT de 4 polos, alimentado com tensão de 220 V em 60 Hz, girando a 1720 RPM, medida obtida por um tacômetro digital. Calcular o seu escorregamento em RPM e em valores percentuais.

Solução: a velocidade síncrona é dada por

$$n_s[\text{RPM}] = (120 \times 60)/4 = 1800 \text{ RPM}$$

O escorregamento com o motor em 1720 RPM é obtido por:

$$s_\% = \frac{1800 - 1720}{1800} \times 100 = 4{,}44\,\%$$

1.4.5 Conjugado

Em um motor elétrico, quanto maior a carga, maior será o torque necessário para o seu acionamento. O torque é definido como o esforço necessário para se girar um eixo ou, em linhas gerais, é *uma força atuante sobre uma alavanca, dando origem a um conjugado ou momento de força.* Esse "esforço" é medido pela intensidade da força (em Newtons) empregada para girar o eixo e pela distância (em metros) de sua aplicação ao centro desse eixo.

Na Figura 1.39, por experiência prática, o "esforço" para se erguer o balde é realizado em função da força **F** aplicada à manivela e de seu comprimento, distância *d* ao eixo do tambor[25]. O módulo desse "esforço" em N.m é encontrado por (1.7). Por exemplo, se dobrarmos o tamanho *d* da manivela, a força F para erguer a carga será reduzida à metade.

$$T = F \times d \qquad\qquad (1.7)$$

A curva de conjugado × velocidade de um motor CA apresenta a variação de torque em função das diferentes fases de sua operação, como mostra a Figura 1.40.

Figura 1.39 – Definição de conjugado

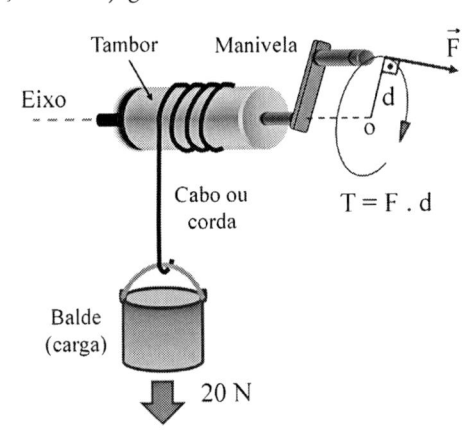

Fonte: o autor

[25] MOTORES Elétricos WEG. Jaraguá do Sul: WEG Equipamentos Elétricos S. A., 2009. p. D4. Disponível em: https://www.feis.unesp.br/Home/departamentos/engenhariaeletrica/catalogo_weg_motores-eletricos_4-44.pdf. Acesso em: 23 out. 2022.

Figura 1.40 – Curva conjugado × velocidade de um motor CA

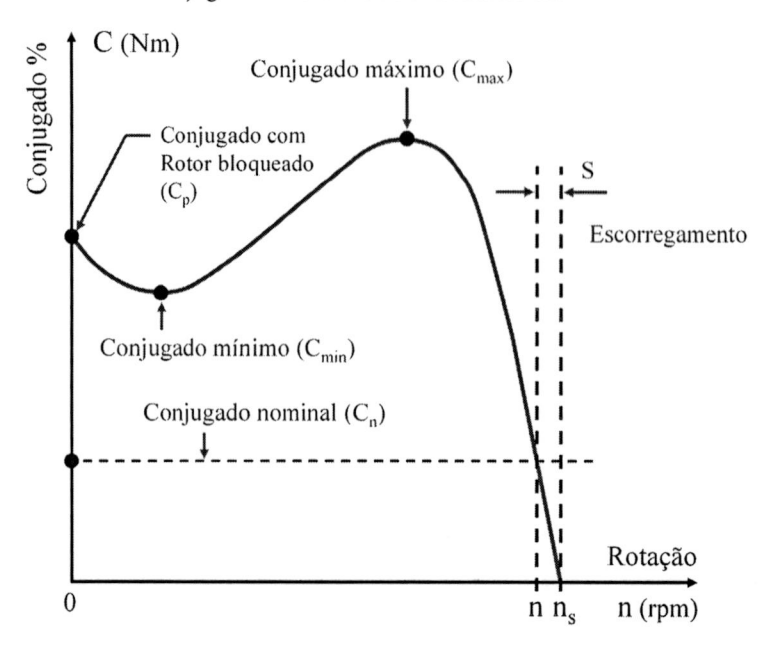

Fonte: o autor

Nessa curva, temos[26]:

- *Conjugado de partida ou conjugado com rotor bloqueado* (C_p): menor valor de conjugado desenvolvido pelo motor bloqueado, nas condições de tensão e frequência nominais, em todas as posições angulares que o rotor possa apresentar;

- *Conjugado nominal ou de plena carga* (C_n): é o conjugado que o motor elétrico desenvolve nas condições de potência, tensão e frequência nominais;

- *Conjugado mínimo* (C_{min}): corresponde ao mínimo valor de conjugado desenvolvido na aceleração do motor a partir do ponto em que a sua velocidade é nula até a velocidade onde o conjugado é máximo;

- *Conjugado máximo* (C_{max}): é o maior conjugado entregue pelo motor, nas condições nominais de tensão e frequência, sem diminuição brusca de rotação.

---

[26] *Ibidem*, p. D18.

Relação entre carga e conjugado

Por meio da Figura 1.40, verifica-se que à medida que se aumenta a carga aplicada ao eixo do motor, tem-se uma diminuição na sua rotação (n), uma vez que com o aumento da carga, é necessário um maior conjugado para o seu acionamento. Isso requer que a diferença entre a velocidade do eixo do rotor e do campo girante (escorregamento) seja grande para que ocorram maiores valores de campos e correntes induzidas. Com carga nula, situação descrita como *motor a vazio*, ocorre uma rotação do eixo do motor muito próxima da rotação síncrona.

A partir do ponto de conjugado máximo, vemos na curva da Figura 1.40 da direita para esquerda que a rotação do motor cai rapidamente, até o ponto em que o rotor trave, no ponto onde temos n = 0. O conjugado mínimo do motor não deve apresentar-se muito baixo, pois a curva de conjugado poderia apresentar uma depressão acentuada na aceleração, retardando a partida do motor e consequentemente sobreaquecendo os seus enrolamentos, em casos de partida com tensão reduzida ou de inércia elevada.

1.4.6 Características nominais de um motor elétrico

Para especificar um motor elétrico CA, consideramos inicialmente os parâmetros nominais da rede de alimentação: número de fases, potência, tensão, frequência e corrente. Em segundo lugar, devem ser conhecidas as suas características nominais.

Serão destacados neste texto alguns parâmetros nominais de um MIT de 6 terminais, tomando como base os dados de placa de identificação da Figura 1.41. Essa placa informa as características construtivas e de desempenho dos motores elétricos, segundo as normas NBR-17094.

Figura 1.41 – Placa de identificação de um MIT

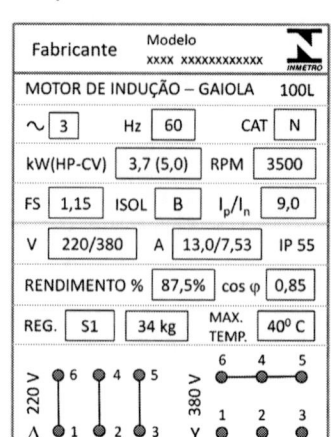

Fonte: o autor

a. Potência mecânica do motor

Dada em HP ou CV é a capacidade do motor de executar o trabalho desejado. A potência mecânica (disponível no eixo) de motores elétricos pode ser expressa em HP (horse-power) ou em CV (cavalo-vapor).

Como possuem valores muito próximos em W (watts) - 1 CV = 735,5 W e 1 HP = 745,7 W, alguns fabricantes especificam na placa do motor esse parâmetro no formato kW(HP-CV). Assim, poderemos escrever:

$$1\ CV = 0,9863\ HP\ e\ 1\ HP = 1,0139\ CV$$

Para um motor elétrico de 5 CV, teremos, como indicado na placa da Figura 1.41:

$$P(kW) = 5 \times 735,5 = 3,68\ kW$$

b. Tensão nominal múltipla

É a tensão de alimentação do motor (220 ou 380 V). A grande maioria dos motores elétricos é fornecida com terminais das bobinas religáveis, de modo que possam ser conectados em redes de pelo menos duas tensões diferentes.

c. Frequência

Constitui a frequência nominal da rede de alimentação CA, em Hz, a qual influencia diretamente na rotação do eixo do motor.

d. Categoria do conjugado

Os motores de indução trifásicos com rotor em gaiola de esquilo são classificados em categorias, de acordo com o tipo de carga que acionam. Tais categorias, denominadas N, H e D, são especificadas nas normas NBR 17094-1, de abril de 2018 são destacadas na Figura 1.42[27].

Categoria N - A categoria N indica o conjugado de partida e a corrente de partida normais, em condições de baixo escorregamento, abrangendo grande parte dos motores elétricos disponíveis no mercado. Os motores dessa categoria são utilizados no acionamento de cargas normais como máquinas operatrizes, bombas e ventiladores.

Figura 1.42 – Curvas conjugado x velocidade de um motor CA

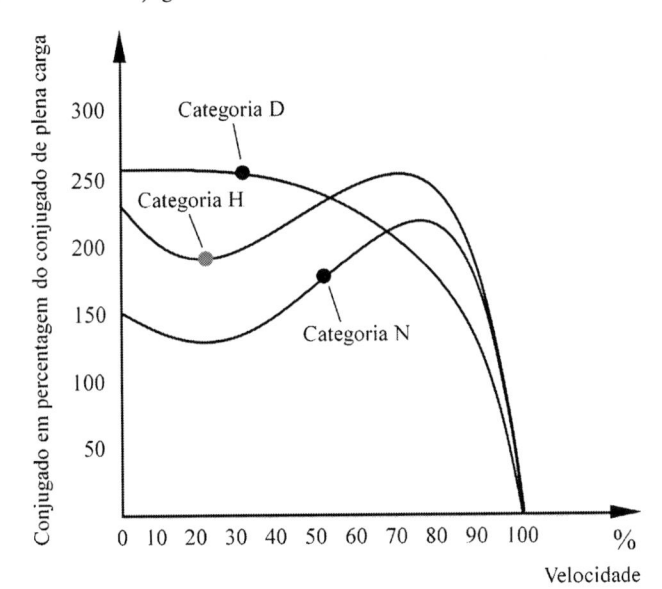

Fonte: o autor

---

27 ABNT – ASSOCIAÇÃO BRASILEIRA DE NORMAS TÉCNICAS. *NBR 17094-1*: Máquinas elétricas girantes - Parte 1: Motores de indução trifásicos. Rio de Janeiro: ABNT, 2018. Disponível em: https://www.normas.com. br/autorizar/visualizacao-nbr/27568/. Acesso em: 11 ago. 2022.

Categoria H - apresenta as características: elevado conjugado de partida, baixo escorregamento e corrente de partida normal. Utilização: em cargas que demandam maiores conjugados na partida (inércia elevada), por exemplo: peneiras, transportadores, britadores, carregadores etc.

Categoria D - esses motores apresentam corrente de partida normal e altos valores de conjugado de partida e de escorregamento (acima de 5%). O seu uso se aplica em elevadores e cargas que demandam de elevados conjugados de partida e de corrente de partida limitada, além de cargas que apresentam picos periódicos, como em prensas excêntricas.

e. Corrente de partida

A corrente de partida é um múltiplo da corrente nominal, com valores típicos na faixa de 6 a 8 vezes. Na placa do MIT, tem-se a indicação I_p/I_n, indicando quantas vezes a corrente de partida é maior que a nominal. Para os dados nominais indicados na Figura 1.43, temos $I_p/I_n = 9,0$.

Figura 1.43 - Placa de identificação de um MIT – destaque para a corrente nominal

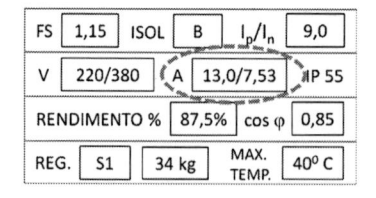

Fonte: o autor

f. Corrente nominal

É a corrente nominal que o motor absorve. Na Figura 1.43, temos as correntes nominais de 13,0 e 7,53 A, dependendo da tensão de alimentação e da ligação das bobinas do motor (em estrela ou em triângulo).

Com essa corrente definida, são dimensionados corretamente os condutores de alimentação bem como os dispositivos de proteção. Com a relação $I_p/I_n = 9,0$ e $I_n = 7,53$ A, a corrente de partida será:

$$I_{partida} = \frac{I_p}{I_n} \times I_{nominal}$$

$$I_{partida} = (9,0) \times I_n = 9,0 \times 7,53 = 67,8 \text{ A}.$$

g. Regime de serviço

É a regularidade de carga a que o motor elétrico é submetido. Normalmente, os motores normais operam com carga constante, em regime contínuo e por tempo indefinido, em função da potência nominal do motor. Na placa da Figura 1.43, o regime é S1, que significa regime contínuo.

h. Rotação nominal

É a rotação do eixo do motor em RPM, sob carga, tensão e frequências nominais. A rotação nominal indicada na placa da Figura 1.41, por exemplo, é de 3500 RPM.

i. Esquema de ligação

Define como os terminais devem ser ligados entre si e com a rede de alimentação. Na placa do MIT da Figura 1.41, temos as opções: (1) ligação em triângulo, com tensões de linha em 220 V e (2) ligação em estrela, com tensões de linha atingindo até 380 V. A maioria dos motores elétricos contém terminais dos enrolamentos religáveis, o que permite a operação em redes de alimentação de pelo menos dois níveis de tensão diferentes.

j. Classe de isolamento

O isolamento do enrolamento do motor elétrico impacta bastante na sua vida útil e na confiabilidade. São adotados limites de temperatura para os seus materiais isolantes e sistemas de isolamento, agrupados em Classes de Isolamento, cada uma estabelecendo um limite de temperatura que o material isolante suporte de forma contínua sem degradação de sua vida útil.

Atualmente temos definidas em normas as classes de isolamento A, B, E, F e H, apresentadas na Tabela 1.6, em função dos limites estabelecidos para temperaturas específicas de operação de um motor elétrico[28].

Tabela 1.6 – Classes de isolamento e limites estabelecidos para temperaturas específicas

	Classes de isolamento				
Temperatura	A	B	E	F	H
Temperatura suportada pelo isolamento em (°C)	105	130	120	155	180
Temperatura ambiente (°C)	40	40	40	40	40
Diferença de temperatura ao longo dos enrolamentos (°C)	5	10	5	15	15
Elevação de temperatura máxima em operação (DT, em °C)	60	80	75	100	125

Fonte: o autor

---

[28] ELETROBRÁS *et al. Motor elétrico*: guia básico. Brasília: IEL/NC, 2009. p. 127.

Para a placa-exemplo da Figura 1.41, a classe de isolamento é B (parâmetro ISOL/INSL). Logo, o isolante utilizado na construção do motor deve suportar um limite de até 130 °C na temperatura ambiente de 40 °C.

k. Fator de serviço, FS

É a máxima sobrecarga aplicada continuamente ao motor sobre condições específicas (com limite de elevação de temperatura do enrolamento e com tensão e frequência nominais). Um FS de 1,25, por exemplo, indica que o motor suporta continuamente até o limite de 25% de sobrecarga acima de sua potência nominal.

1. Grau de Proteção IP (Intrinsec Protection)

Constitui um padrão internacional estabelecido pela IEC, Comissão Eletrotécnica Internacional, International Electrotechnical Commission, com o objetivo de classificação e avaliação do grau de proteção de produtos elétricos/eletrônicos contra a entrada de água e poeira.

Portanto, os equipamentos elétricos devem ser especificados com um determinado grau de proteção IP, conforme as características do local onde serão instalados e de sua acessibilidade. Um motor elétrico instalado em um local sujeito a jatos de água, por exemplo, deve contar com invólucros capazes de suportar esses jatos com pressão e ângulo de inclinação sem que ocorra penetração de água em sua carcaça.

Segundo Franchi[29], um motor instalado em um local desprotegido de sol e chuva, por exemplo, exige um grau de IP mais severo do que o de um motor instalado em um local limpo e seco. Para um motor elétrico, ambientes considerados agressivos são aqueles onde há presença de pó, poeira, fibras, particulados etc. Os ambientes molhados ou sujeitos a jatos d'água também são considerados agressivos.

As normas NBR 6146 definem os graus de proteção dos equipamentos elétricos por meio das letras características IP seguidas por dois dígitos. As Tabelas 1.7 e 1.8 indicam os graus de proteção por meio de dois dígitos e a sua descrição. O primeiro dígito indica proteção contra corpos sólidos, enquanto o segundo dígito indica proteção contra água.

---

[29] FRANCHI, 2014, p. 57.

Tabela 1.7 – Descrição do primeiro dígito do grau de proteção de motores elétricos

1º dígito	Descrição da proteção
0	Não protegido
1	Protegido contra objetos sólidos de Ø (diâmetro) 50 mm e maior
2	Protegido contra objetos sólidos de Ø 12 mm e maior
3	Protegido contra objetos sólidos de Ø 2,5 mm e maior
4	Protegido contra objetos sólidos de Ø 1,0 mm e maior
5	Protegido contra poeira prejudicial ao motor
6	Totalmente protegido contra poeira

Fonte: Franchi[30]

Tabela 1.8 – Descrição do segundo dígito do grau de proteção de motores elétricos

2º dígito	Descrição da proteção
0	Não protegido
1	Protegido contra gotas d'água caindo verticalmente
2	Protegido contra queda de gotas d'água caindo verticalmente com invólucro inclinado até 15°
3	Protegido contra aspersão d'água
4	Protegido contra projeção d'água
5	Protegido contra jatos d'água
6	Protegido contra jatos potentes d'água
7	Protegido contra efeitos de imersão temporária em água
8	Protegido contra efeitos de imersão contínua em água

Fonte: Franchi[31]

Os MIT totalmente fechados, em geral, são fabricados com os seguintes graus de proteção (para aplicação normal)[32]:

- IP54: apresenta proteção completa contra toque e contra acúmulo de poeira e proteção contra respingos de todas as direções. Logo, os motores com esse IP são empregados em ambientes com bastante poeira.

---

[30] FRANCHI, 2014, p. 59.

[31] *Ibidem*, p. 59.

[32] *Ibidem*, p. 58.

- IP55: proteção plena contra toque e acúmulo de poeiras nocivas e contra jatos de água em todas as direções. Onde utilizamos motores desse tipo? Nas situações em que eles sejam constantemente lavados com o uso de mangueiras.

- IP(W)55: proteção similar ao grau IP 55, mas acrescentando situações de intempéries, chuva e maresia, pois motores com esse IP são empregados ao ar livre (motores de uso naval, por exemplo).

m. **Rendimento (h)**

É o parâmetro que especifica a eficiência da transformação da energia elétrica absorvida da rede de alimentação em energia mecânica, disponível no seu eixo.

Conhecendo a potência útil ou potência de saída (P_o) disponível no eixo, em CV ou HP[33] e a potência elétrica de entrada (P_{in}) absorvida da rede CA, encontra-se o rendimento, que é a relação entre essas duas potências.

Para a potência mecânica em CV, por exemplo, teremos, de acordo com (1.8):

$$\eta = \frac{P_{Saida}}{P_{Entrada}} = \frac{P_o}{P_{in}} = \frac{736 \times P(CV)}{\sqrt{3}\,V_L I_L \cos\theta} = \frac{1000 \times P(kW)}{\sqrt{3}\cdot V_L \cdot I_L \cdot \cos\theta} \qquad (1.8)$$

Em termos percentuais, calculamos o rendimento através de (1.9). Para o MIT, cuja placa está descrita na Figura 1.41, o rendimento é de 87,5 %, o que indica que há 12,5 % de perdas.

$$\eta_{\%} = \frac{P_o}{P_{in}} \times 100 \qquad (1.9)$$

1.5 Cálculo da corrente nominal de um MIT

Para o cálculo da corrente nominal de um MIT em (1.10), são necessários os seguintes parâmetros, encontrados em sua placa: CV - potência mecânica disponível no eixo em cavalo-vapor; V_n - tensão nominal do

---

[33] 1 CV (cavalo-vapor) é igual a aproximadamente 736 W e 1 HP (horse-power) é igual a aproximadamente 746 W.

motor (tensão de linha da fonte de alimentação); cos f - fator de potência do motor e h - rendimento.

A equação para o cálculo dessa corrente é obtida por meio da equação de rendimento do motor, na qual isola-se a corrente e encontra-se em (1.10) a corrente nominal do motor.

$$I_n = \frac{CV \times 736}{\sqrt{3} \times V_L \times \cos\phi \times \eta} \tag{1.10}$$

Exemplo 1.8

Um MIT de 1 HP é alimentado por uma tensão de 220 V na conexão triângulo. Os seus dados de placa estão na Figura 1.44, dentre os quais destacamos: (1) tensão de linha (conexão triângulo), 220 V; (2) rendimento de 83% e (3) FP de 0,82.

Figura 1.44 – Placa de identificação de um MIT

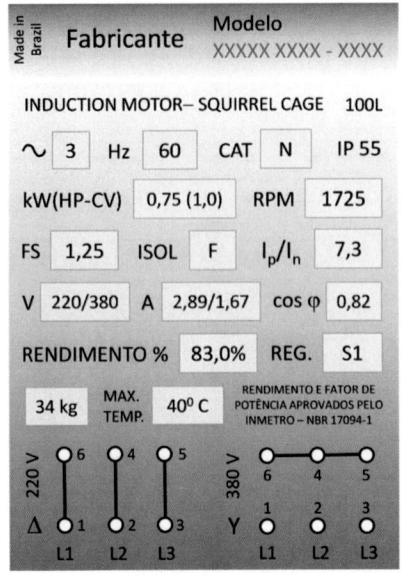

Fonte: o autor

Através de (1.10), obtém-se a sua corrente nominal:

$$I_n = \frac{HP \times 746}{\sqrt{3} \times V_L \times \cos\phi \times \eta} = \frac{1,0 \times 746}{\sqrt{3} \times 220 \times 0,82 \times 0,83} = 2,88 \text{ A}.$$

Exemplo 1.9

Na Figura 1.45, é apresentada uma placa com os dados nominais de um MIT de 12 terminais (Figura 1.46), sendo destacados os seguintes parâmetros:

Tensões: 220/280/440V, de acordo com as possibilidades de conexões de seus terminais, como mostra a Figura 1.47.

Obs.: a ligação Y somente é realizada para a partida do motor.

Potência: 22 kW (30 CV)	$\frac{I_p}{I_n} = 8,0$	Rendimento: 93,6%	Categoria: N

Figura 1.45 – Placa de identificação de um MIT de 12 terminais. Fabricante: WEG

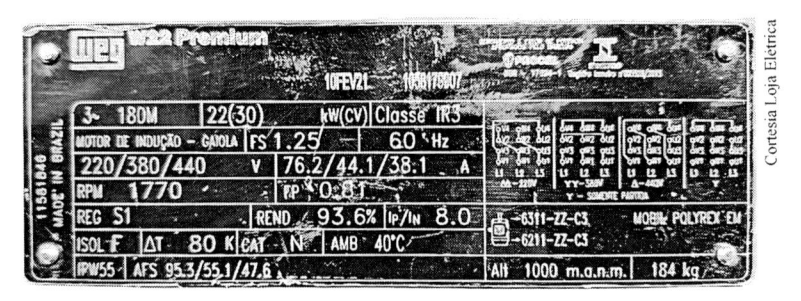

Fonte: o autor

Figura 1.46 – MIT de 12 terminais

Fonte: o autor

Figura 1.47 – Conexões de um motor CA de 12 pontas para 4 níveis de tensão

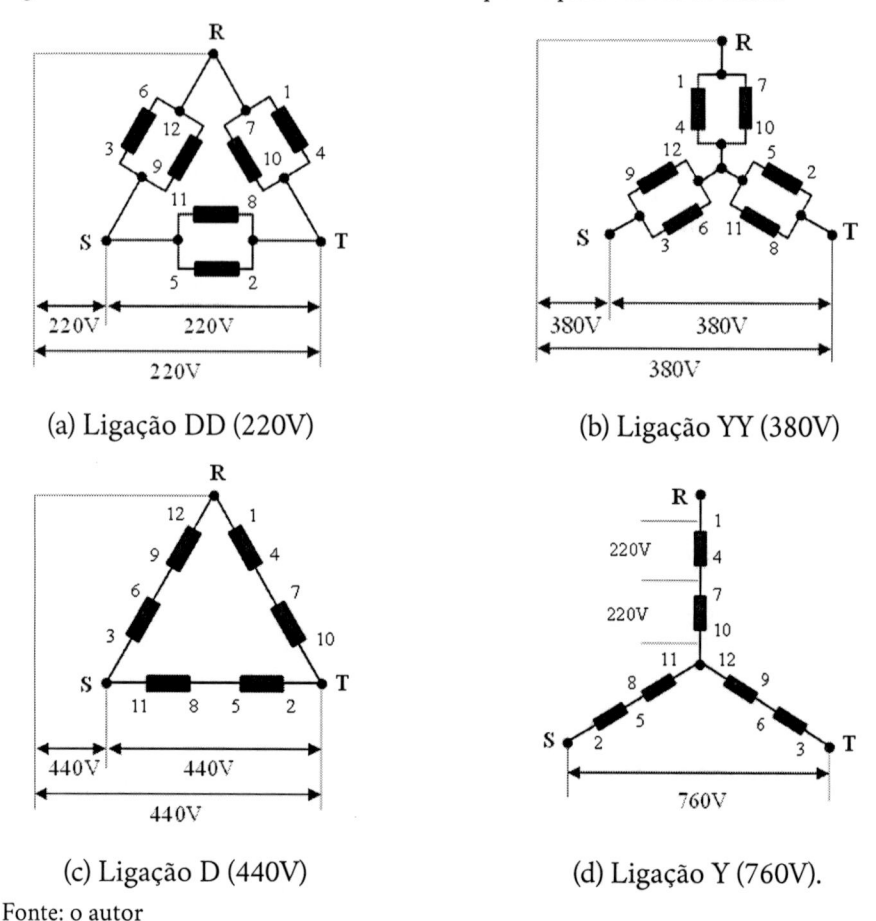

(a) Ligação DD (220V)

(b) Ligação YY (380V)

(c) Ligação D (440V)

(d) Ligação Y (760V).

Fonte: o autor

1.6 Motores trifásicos – vantagens em relação aos monofásicos

Na sua configuração trifásica, o motor de indução apresenta, em relação aos motores monofásicos, uma superioridade: é mais econômico tanto na construção como na utilização. Geralmente, é o mais utilizado em acionamentos industriais, em equipamentos como tornos, fresadoras, compressores, bombas e ventiladores. O uso de MIT se justifica a partir de 2 kW. Para potências menores, indica-se o motor de indução monofásico.

Os motores monofásicos são mais comuns em aplicações residenciais — são encontrados em eletrodomésticos, como ferramentas elétricas (furadeiras, por exemplo), aspiradores de pó etc., pois esses equipamentos não demandam um nível grande de energia. Portanto uma instalação elétrica monofásica ou bifásica é suficiente (tomadas de 127 V ou de 220 V).

Como vantagens em relação ao motor monofásico, o MIT apresenta: partida mais simples, ruído menor e menor custo. A sua configuração mais econômica é obtida com o motor de indução de gaiola de esquilo (por volta de 90% dos motores CA fabricados são desse tipo).

Nos Capítulos 5 e 6, serão apresentados os fundamentos de circuitos de comando dos motores monofásicos de 6 terminais e dos motores trifásicos.

Exercícios de Fixação – *Série 2*

EF 2.1 – Seja o sistema trifásico da Figura 1.48, onde as cargas 1 e 2 são motores de indução trifásicos, conectados em estrela e em triângulo, respectivamente. As suas impedâncias por fase são identificadas por Z_{F1} e Z_{F2}. Qual é a corrente na bobina 1-4 do motor M1? E na bobina 3-6 do motor M2? Encontra-se, respectivamente:

    a. (   ) 0,11 e 0,08 A.

    b. (   ) 5,08 A e 4,78 A.

    c. (   ) 8,51 A e 7,84 A.

    d. (   ) 10,58 A e 8,47 A.

Figura 1.48 – Sistema trifásico com dois MIT, alimentados em estrela e em triângulo

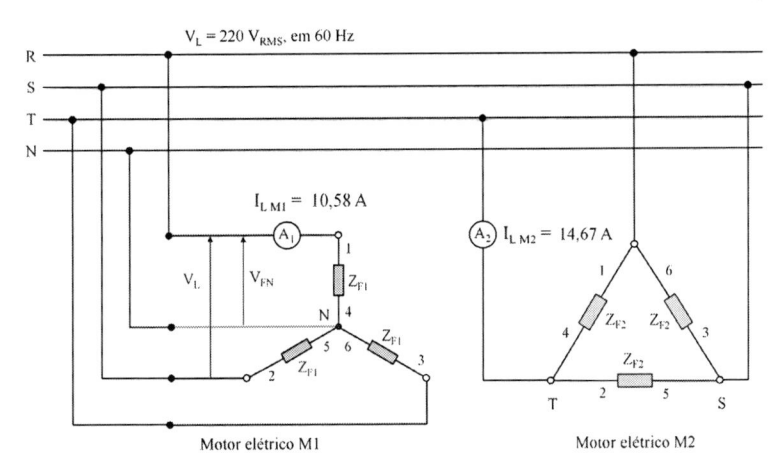

Fonte: o autor

EF 2.2 – Um MIT com tensões nominais de 127 V/220 V (60 Hz) está conectado em estrela a uma rede trifásica de 220 V_{RMS}. Desenhar o esquema dessa conexão e determinar a tensão em cada fase desse motor.

EF 2.3 – Para o mesmo motor elétrico da questão 2.2, determine a sua velocidade síncrona se a rotação nominal (dado de placa) é de 1732 *RPM*. Encontre também o número de polos.

EF 2.4 – Calcular a corrente nominal (valor aproximado) para um MIT com os seguintes parâmetros nominais, apresentados na Tabela 1.9.

Tabela 1.9 – Parâmetros nominas de um MIT

Tensão nominal: 220 V / 380 V	Frequência: 60 Hz	I_p/I_n : 8,2
Potência: 3 CV	FP: 0,85	Rendimento: 87,5 %

Fonte: o autor

Aprendendo comandos elétricos com vídeos

Utilize o QR Code na Figura 1.50 para acessar um vídeo no canal do You-Tube, *Sala da Elétrica*, sobre as 7 partes constituintes do motor elétrico trifásico.

Figura 1.49 – As 7 partes do MIT

Fonte: Sala da Elétrica[34]

---

[34] AS 7 PARTES do Motor Trifásico - Entenda na prática o que é o Motor elétrico trifásico. [*S. l.: s. n.*], 2017. 1 vídeo (16 min 57s). Publicado pelo canal Sala da Elétrica. Disponível em: https://www.youtube.com/watch?v=dPKzVcfjL_o. Acesso em: 17 jul. 2020.

Capítulo 2

DISPOSITIVOS DE COMANDO E DE SINALIZAÇÃO

2.1 Introdução

Este capítulo apresenta os principais dispositivos de comando e de sinalização utilizados em comandos elétricos. Esses dispositivos são organizados em um painel de comando, como mostra a Figura 2.1, muito utilizado no acionamento de motores elétricos. Na sua parte frontal, podem ser dispostos, por exemplo, vários botões e sinalizadores que indicam ao operador as diversas funções e comandos projetados para um determinado sistema. No seu interior, a disposição dos dispositivos é realizada de forma organizada para permitir fácil acesso às tarefas de manutenção.

Figura 2.1 – Painel de comando. (a) Aspecto frontal. (b) parte interna

(a)   (b)

Fonte: Reinaldo Cassiano Silva[35]

---

[35] SILVA, 2023, acervo pessoal.

Dentre os dispositivos de comando, destacam-se: chaves botoeiras, chaves impulso, chaves ou interruptores fim-de-curso (muito utilizadas em acionamentos de portões eletrônicos) e contatores magnéticos, que contêm um conjunto de interruptores ou chaves utilizado nos circuitos de comando e de carga, de um motor elétrico, por exemplo.

Os dispositivos utilizados em eventos de sinalização são classificados em visuais ou sonoros[36]. As lâmpadas de sinalização, bastante utilizadas em painéis de comando, podem ser incandescentes, de neon ou constituí-das de LED.

Neste capítulo, serão apresentados circuitos básicos de comandos, para a compreensão inicial de como os dispositivos operam. Nos capítulos 5 e 6 serão apresentados os circuitos de comando de motores elétricos monofásicos e trifásicos, conhecidos como "chaves de partida", dos quais podemos destacar a partida direta/reversora (ligação direta do motor à rede CA com a opção de reversão de rotação) e a partida estrela-triângulo.

Na Figura 2.2, é apresentado o circuito denominado de *Partida Direta*, um acionamento simples que permite ligar e desligar um MIT com o uso de botoeiras, contatores, fusíveis e relés térmicos, dentre outros dispositivos.

Esse circuito é dividido em dois diagramas:

Diagrama de carga, principal ou de potência (Figura 2.2a) e

Diagrama de comando ou auxiliar (Figura 2.2b).

O motor elétrico, identificado pelo símbolo (5) na Figura 2.2 pode ser ligado diretamente à rede trifásica, por meio de um disjuntor ou de uma chave seccionadora manual. Entretanto o modo mais seguro de acionamento desse motor ocorre com o uso dos circuitos de comando, Figura 2.2b (que é a "inteligência do acionamento"). O operador do circuito, portanto, não contacta diretamente o circuito de carga, o qual fornece as fases R, S e T ao motor; as suas ações são realizadas somente no circuito de comando, ligar, desligar, temporizar a operação e outras.

Além do motor elétrico em (5), os dispositivos e componentes do sistema de partida direta apresentado na Figura 2.2, com seus respectivos símbolos, são descritos a seguir:

---

[36] FILIPPO FILHO, G.; DIAS, R. A. *Comandos Elétricos:* Componentes Discretos, Elementos de Manobra e Aplicações. 1. ed. São Paulo: Érica, 2014. p. 23.

Figura 2.2 – Partida direta de um MIT; (a) Diagrama de Carga; (b) Diagrama de Comando

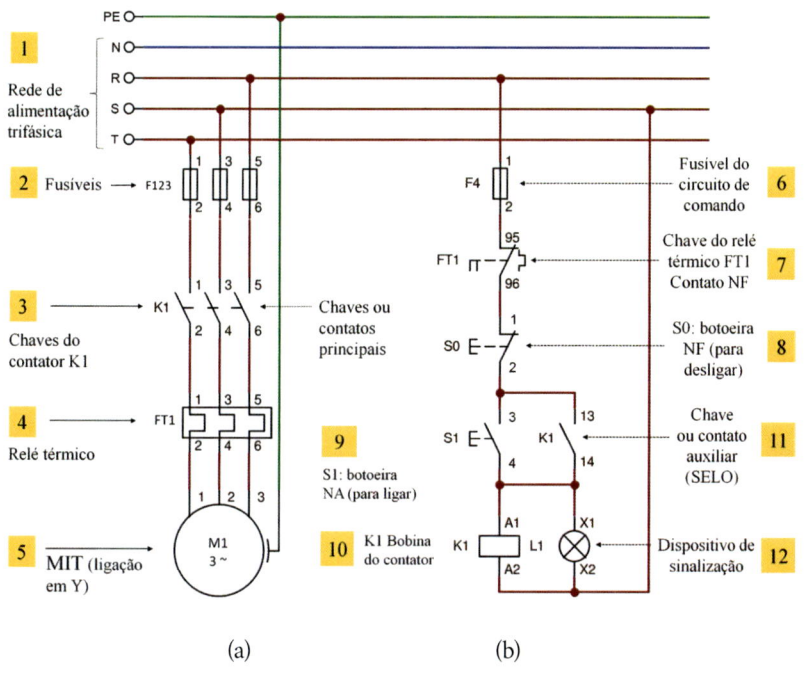

(a)   (b)

Fonte: o autor

(1) Sistema trifásico: contém as 3 fases R, S e T e opcionalmente os fios de neutro (N) e de terra;

(2) e (6): fusíveis, dispositivos de proteção, nos circuitos de carga e de comando;

(3) Chaves ou contatos principais, normalmente abertas (NA) do contator K1;

(4) e (7) Relé térmico ou de sobrecarga (designado por FT_1), dispositivo de proteção e sua respectiva chave de atuação FT_1 (no caso, uma chave NF, normalmente fechada);

(8) Botoeira para desligar o circuito (S_0), NF (normalmente fechada);

(9) Botoeira para ligar o circuito (S_1), NA (normalmente aberta);

(10) Bobina do contator K_1 e sua chave auxiliar NA em (11) e

(12) Lâmpada de sinalização, nesse circuito indicando que o motor M_1 está ligado.

2.2 Dispositivos de comando

2.2.1 Botão de comando ou botoeira

Um *botão de comando* ou *botoeira* (ver aspectos na Figura 2.3) é o dispositivo que aciona um interruptor ou chave, denominada de *contato* em um circuito de comando. As botoeiras são comandadas em modo manual e utilizadas para ligar, comandar, desligar ou interromper um processo de automação com cargas do tipo motor elétrico, por exemplo[37]. Podem ser do tipo[38] sem retenção e com retenção.

Figura 2.3 – Aspectos de alguns tipos de botoeiras: (a) sem retenção; (b) liga-desliga

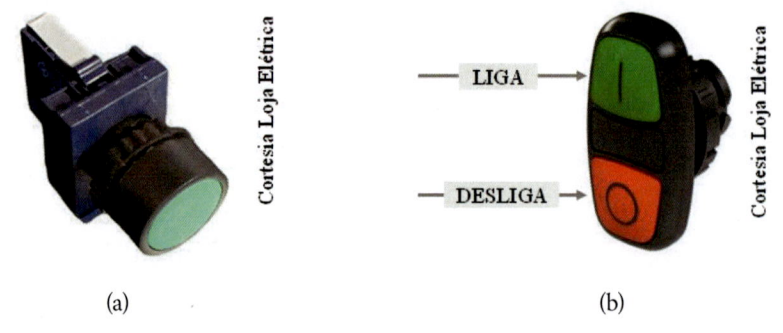

(a)   (b)

Fonte: o autor

Botoeiras sem retenção (ou de impulso): são aquelas que só permanecem acionadas por meio de uma força externa, voltando à posição de repouso após a sua atuação.

Como apresentado na Figura 2.2, existem dois tipos de chaves impulso:

- as de contato NA (normalmente aberta) ou NO (do inglês *normally open*) e
- as de contato NF (normalmente fechado) ou NC (do inglês *normally closed*).

Botoeiras com retenção (ou trava): são aquelas que, uma vez acionadas, retornam à posição de repouso somente com um novo acionamento.

---

[37] FRANCHI, 2014, p. 69.

[38] *Ibidem*, p. 70.

Contatos principais e auxiliares

Os **contatos** ou **chaves principais** são de maior capacidade de corrente, sendo denominados também de contatos de carga ou de força. São utilizados, como vimos na Figura 2.2, nos circuitos de carga (motores elétricos e cargas de alta intensidade de corrente). Geralmente, são do tipo NA.

Os **contatos auxiliares** são aqueles utilizados nos próprios circuitos de comando. Operam com correntes de menor intensidade, não podendo ser utilizadas nos circuitos de carga e podem ser dos tipos NA e NF.

A Tabela 2.1 mostra os símbolos usuais e o significado físico de atuação para os contatos NA e NF, com e sem retenção.

Existe mais de um símbolo para identificar uma botoeira e o seu estado. A *International Electrotechnical Commission* (IEC), por exemplo, estabelece a simbologia vista na Tabela 2.2, para diversos tipos de botoeiras ou botões (acionamento manual)[39].

Tabela 2.1 – Símbolos para os contatos NA e NF sem retenção e significado físico

Tipo de Chave de impulso	Simbologia e significado físico				Com retenção (não acionada)
	Sem retenção				
	Não acionada (em repouso)		Acionada		
NA	⌐-˹	circuito desligado ou aberto	⌐	circuito ligado	F-˹
NF	⌐--ᔭ	circuito ligado	⌐-ᔭ	circuito desligado ou aberto	F--ᔭ

Fonte: adaptado de Filippo Filho e Dias[40] e Franchi[41]

---

[39] FILIPPO FILHO; DIAS, 2014, p. 24.

[40] FILIPPO FILHO; DIAS, 2014.

[41] FRANCHI, 2014.

Tabela 2.2 – Simbologia IEC para botoeiras - tipos de acionamento e de contatos (operação manual)

Tipos de acionamento para botoeiras ou botões				
Operação manual (uso geral)	Compressão	Tração	Giro	Chave
Tipos de botoeiras (operação manual)				
NA	NF	NA e NF	NA com retenção	NF com retenção Operado por batida (emergência)

Fonte: adaptado de Filippo Filho e Dias[42] e Franchi[43]

As Normas estabelecem também uma definição de cores para as botoeiras e lâmpadas piloto, em conformidade com a função que executam em um circuito de comando. Na Tabela 2.3, temos os seus significados. Outros símbolos utilizados para os contatos NA e NF são vistos na Figura 2.4, dependendo de normas vigentes em determinados países.

Tabela 2.3 – Cor e função para uso em botoeiras e lâmpadas piloto, segundo as normas IEC

Cor	operação
Vermelho	Parada e situações de emergência. Para botão significa "desligar".
Amarelo	Condição perigosa ou anormal. Para botão: iniciar um retorno, por ex.
Verde	Para situações normais e partida. Para botão significa o ato de "ligar".
Azul	Situações em que a ação de comando é obrigatória.
Branco	Sem significado específico. Para lâmpada significa monitoramento e para botão usada para comando de "ligar".

---

42 FILIPPO FILHO; DIAS, 2014.

43 FRANCHI, 2014.

Cor	operação
Preto	Sem significado específico, não utilizado em lâmpada. Para botão indicada para a ação de "desligar".

Fonte: adaptado de Franchi[44]

Figura 2.4 – Simbologia usual para chaves do tipo (a) NA e (b) NF

(a) (b)

Fonte: o autor

Na Figura 2.5, são apresentados alguns exemplos de símbolos para botões em comandos elétricos, alguns familiares para nós, como no caso de equipamentos como elevadores (subir/descer), em comandos de pontes rolantes etc.

Figura 2.5 – Sugestão de simbologia de botões para comandos elétricos

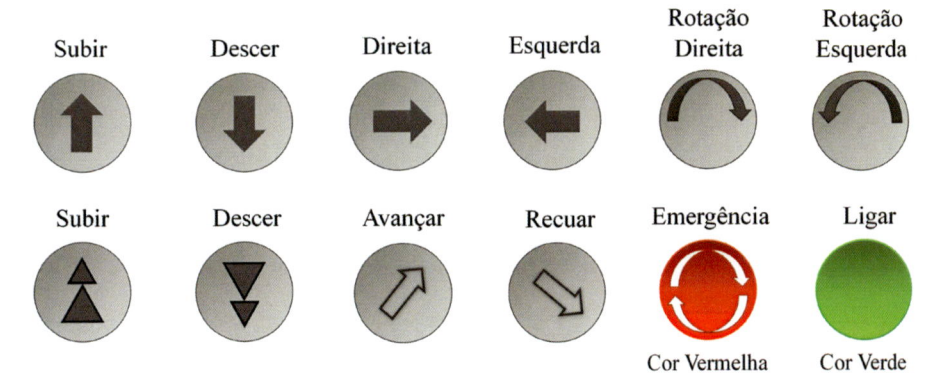

Fonte: o autor

---

44 FRANCHI, 2014.

Exemplo 2.1 - Botão de comando de emergência (cor vermelha).

Como visto na Tabela 2.3, a cor utilizada nas botoeiras tem o seu significado. Na Figura 2.6, é apresentado um botão de comando para emergência (cor vermelha). Esse tipo de botoeira, instalada em painéis de comandos, deve ser acionada em situações perigosas, efetuando a parada de um motor elétrico em sobrecarga, por exemplo.

Figura 2.6 – Botoeira de comando para emergência

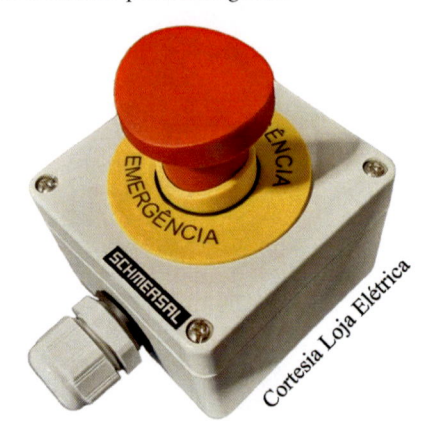

Fonte: o autor

2.2.1.1 Intertravamento elétrico

O intertravamento elétrico é um recurso bastante utilizado em comandos elétricos, como na reversão de rotação de um MIT, por exemplo. Por meio dele, alterna-se a operação de dispositivos, evitando-se que atuem juntos. Nesse processo, existe uma dependência entre as posições dos contatos dos dispositivos intertravados.

Os tipos de intertravamento elétrico utilizados são: intertravamento por botoeira e intertravamento por contatos de contatores, que será apresentado na seção 2.3.

Na Figura 2.7a, é apresentado um esquema elétrico para verificação da atuação de um par de botoeiras, S1 e S2, nas quais os contatos NA e NF são intertravados. Acionando-se a botoeira S1 e mantendo-a pressionada (contato NA, Figura 2.7a), temos as etapas e características:

- o circuito assume a configuração da Figura 2.7b;

- a lâmpada L1 é acesa;

- a lâmpada L2, no outro ramo do circuito, não poderá ser ligada, mesmo com o acionamento de S2, pois o contato NF de S1 está ativo (aberto);

- não há caminho para a corrente elétrica da fase para o neutro, pelo ramo da lâmpada L2;

- o mesmo ocorre se acionarmos a botoeira S2: a lâmpada L2 será acesa e a lâmpada L1 não, mesmo S1 seja acionada (verifique esta situação através de uma simulação).

Figura 2.7 – Intertravamento por botoeira: (a) Botoeira S1 em repouso; (b) Botoeira S1 acionada

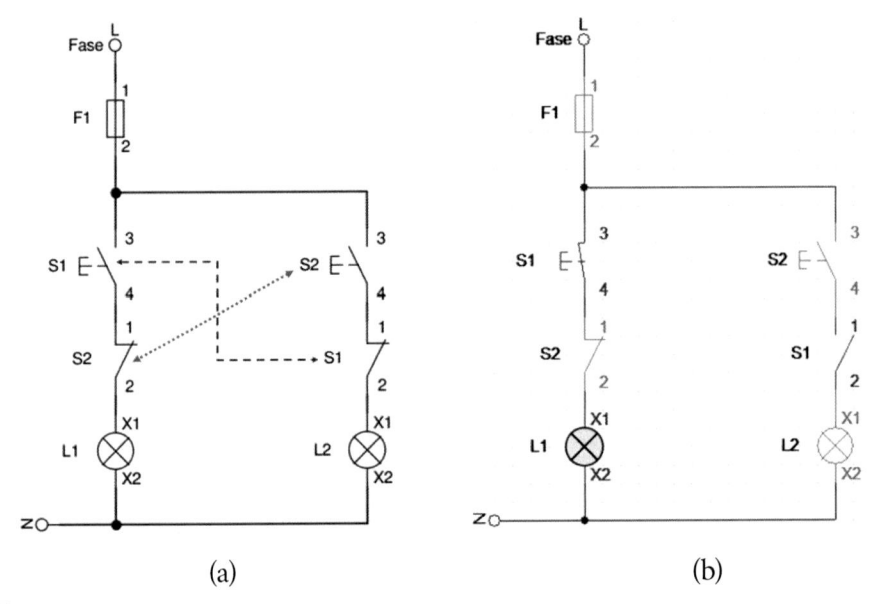

(a)   (b)

Fonte: o autor

Exemplo 2.2 – *Botoeiras de comando com trava por chave.*

Na Figura 2.8, temos dois exemplos de botão de comando com trava por meio de chave. Os dois modelos apresentados eram bastante comuns nos comandos de portões de garagem antigos, quando não existia o acionamento via controle remoto.

Figura 2.8 – (a) e (b): exemplos de botão de comando com trava

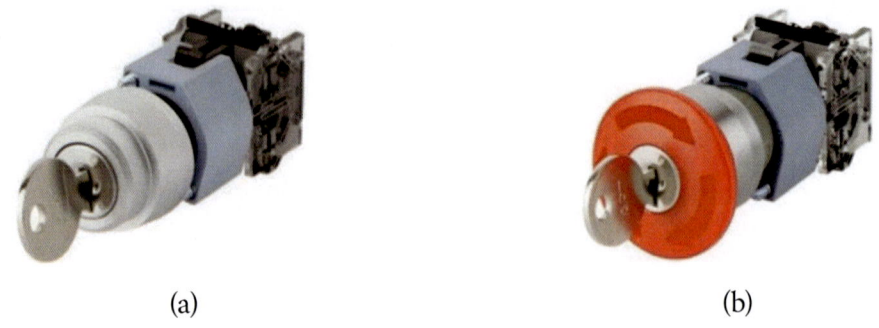

(a)   (b)

Fonte: SIEMENS Infraestrutura e Indústria Ltda

Exemplo 2.3 – *Conjuntos de botoeiras para múltiplas funções.*

As Figuras 2.9 e 2.10 mostram aspectos de botoeiras de duas funções integradas em um mesmo conjunto. Na Figura 2.9, o conjunto apresenta as opções para ligar ou desligar um equipamento. O botão de DESLIGA é saliente, para a opção de interromper uma operação em caso de EMERGÊNCIA.

Figura 2.9 – Botoeira de 2 funções. Fabricante: SIEMENS

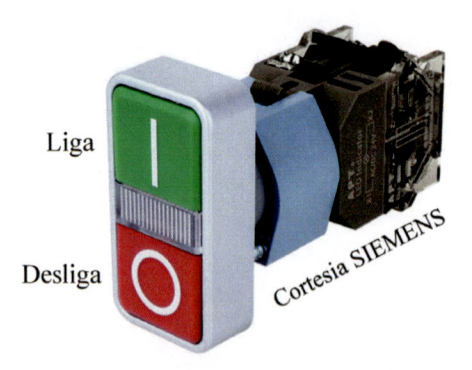

Fonte: SIEMENS Infraestrutura e Indústria Ltda

A botoeira da Figura 2.10 apresenta dois botões configurados para "subir" ou "descer" uma carga, por exemplo, por meio de um minielevador. É aplicada em outros dispositivos móveis, como guinchos de coluna, guinchos pórticos, guinchos e talhas elétricas e pontes rolantes.

Figura 2.10 – Botoeira de 2 funções (subir e descer)

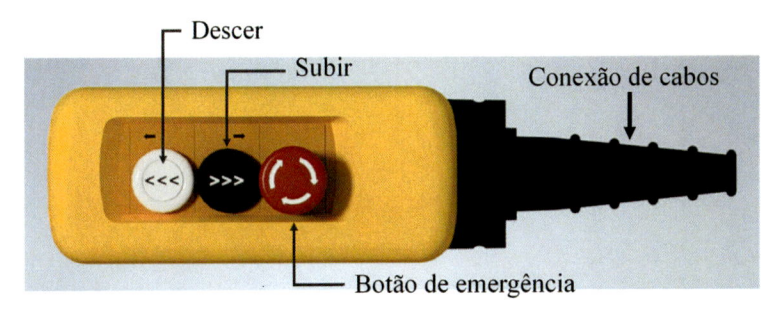

Fonte: Pedro Henrique Pires Pereira[45]

Na Figura 2.11, temos uma botoeira de múltiplas funções, do tipo empregado no acionamento de pontes rolantes, onde se controla o seu movimento em várias direções, através de 6 botões. Os outros botões são para ligar a ponte rolante e para desligar (botão STOP ou de emergência).

Figura 2.11 – Botoeira de múltiplas funções

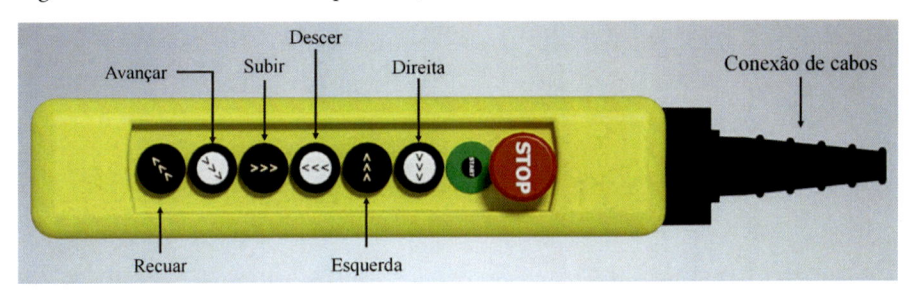

Fonte: Pedro Henrique Pires Pereira[46]

Exemplo 2.4 – *Controle de uma ponte rolante.*

Uma ponte rolante, cujo aspecto é apresentado na Figura 2.12, é um equipamento empregado no içamento e translação de cargas. O movimento da ponte ocorre em trilhos, por meio de um conjunto de motores elétricos.

---

[45]   PEREIRA, 2023, acervo pessoal.

[46]   *Idem.*

Figura 2.12 – Ponte rolante: movimentos e dispositivos

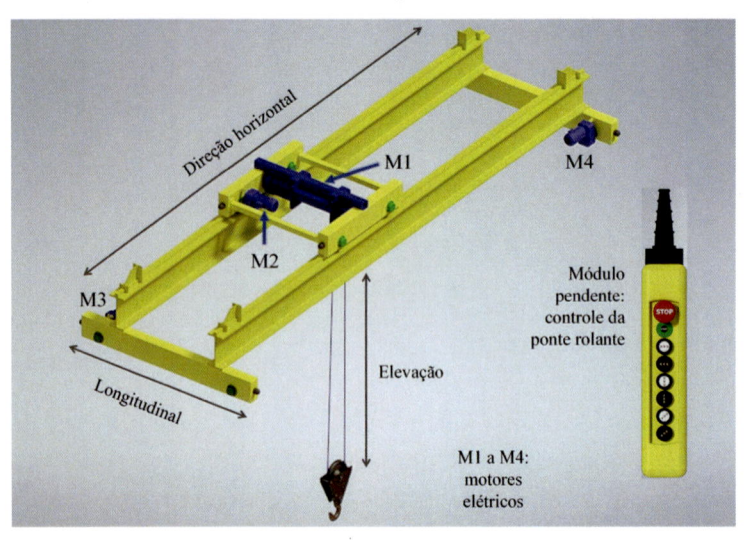

Fonte: Pedro Henrique Pires Pereira[47]

Destaca-se nessa figura, à direita, o módulo pendente ou "controle remoto", utilizado pelo operador para movimentar o equipamento. Nesse sistema[48], um módulo pendente de botoeiras permite controlar os movimentos de uma carga, em três dimensões:

(1) longitudinal;

(2) vertical (elevar ou descer) e

(3) horizontal, onde a sua posição é alterada ao longo de uma área como um galpão de uma indústria, por exemplo.

2.2.2 Chaves seletoras ou comutadoras

As chaves seletoras ou comutadoras apresentam pelo menos duas posições, mas, de modo diferente das botoeiras pulsantes, mantêm a sua posição após acionadas. Em alguns modelos, é possível a dupla função de chave e pulsador, por exemplo, apresentando as posições desligado (0), ligar ou pronto para partir (1) e a posição de pulsador (*start*)[49].

---

[47] *Idem.*

[48] PONTES rolantes – tecnologia para uma operação segura e simplificada. *CSM – Engenharia de Movimentação*, [*s. l.*], 2022. Disponível em: https://csmmovimentacao.com.br/pontes-rolantes/. Acesso em: 5 out. 2022.

[49] NASCIMENTO JÚNIOR, 2011, p. 61.

A Figura 2.13a mostra um modelo de chave seletora de duas posições fixas, com retenção (símbolo e aspecto, vista de frente). Quando giramos a sua manopla (ver a Figura 2.13b), ocorre a comutação dos contatos 3-4 e 1-2 (NA e NF, respectivamente).

Figura 2.13 – (a) Símbolo e (b) aspecto de uma chave seletora de 2 posições

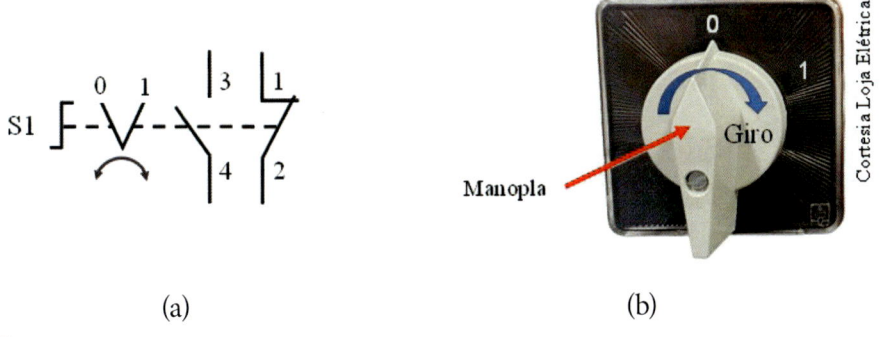

(a)   (b)

Fonte: o autor

O uso das chaves seletoras é recomendado na seleção entre o acionamento manual ou automático, por exemplo, na partida de motores elétricos, processos de automação como controle de nível de caixas d'água, reversão de rotação em motores elétricos e alteração de velocidade em motores elétricos específicos. Pode ser aplicada também em paradas de manutenção de equipamentos, evitando por medida de segurança um comando indevido.

As chaves seletoras são projetadas para serem fixadas em painéis de comandos elétricos, como ilustrado na Figura 2.14, em uma aplicação de quadro de comando de um sistema de ar-condicionado.

Figura 2.14 – Exemplo de uso de chaves seletoras em um painel de comando

Fonte: o autor

Exemplo 2.5 – *Intertravamento elétrico com chave seletora*

A Figura 2.15 mostra uma aplicação de chave seletora de três posições, que permite alternar entre duas funções, por exemplo, reversão de rotação, seleção entre diversos motores elétricos a comandar etc.

Operação

O intertravamento elétrico ocorre por meio dos contatores K1 e K2[50]. No ramo do contator K1, está a chave NF do contator K2 e, no outro ramo, temos a chave NF de K1 em série com o contator K2.

Com a chave S1 na posição 1, por exemplo, acionamos somente o contator K1 e a sua chave NF ficará ativada (se abre). Assim, o contator K2 não será acionado.

---

[50] FILIPPO FILHO; DIAS, 2014, p. 113.

Figura 2.15 – Exemplo de uso de chaves seletoras em um painel de comando

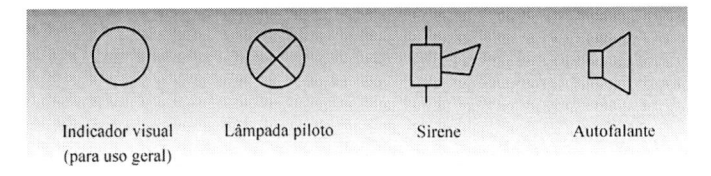

Fonte: o autor

2.2.3 Dispositivos sinalizadores

Os sinalizadores são dispositivos utilizados em painéis de comando, apontando o *status* de um circuito ou equipamento elétrico, possibilitam reconhecer diversas situações entre ligado (ON), desligado (OFF), sobrecarga etc. Esses dispositivos são considerados como EPCs (de proteção coletiva), alertando nesse contexto a ocorrência de falhas ou acidentes e são disponíveis em diversas cores e formas, sendo os mais comuns os luminosos e os sonoros (buzinas ou campainhas). A Figura 2.16 apresenta a simbologia recomendada pela IEC para sinalizadores.

Figura 2.16 – Simbologia IEC para sinalizadores, luminosos e sonoros

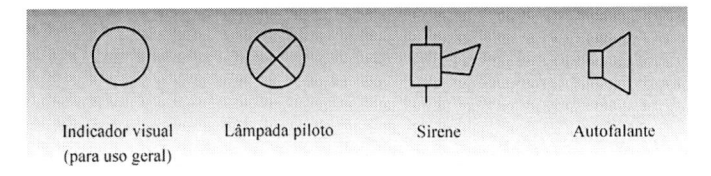

Fonte: o autor

O uso de sinalizadores deve tomar como base as normas técnicas vigentes, bem como a norma regulamentadora NR-10 (Segurança em Instalações e Serviços em Eletricidade), que apresenta recomendações como: identificação de circuitos elétricos; manobras; travamentos e bloqueios de dispositivos e sinalização de ocorrências que impeçam a energização e identificação ou localização de um equipamento ou circuito com falha.

Sinalizadores luminosos

Os sinalizadores luminosos são bastante utilizados e, hoje em dia, empregam diodos LED, o que amplia bastante a sua vida útil. Na indústria, são classificados como equipamentos de proteção coletiva (EPCs).

Um exemplo muito conhecido de aplicação dos sinalizadores luminosos é o elevador, onde indicam situações de posição (indicação de andar do prédio), de chamada pelo usuário, de emergência etc.

De modo similar às botoeiras, as cores indicam funções para os dispositivos luminosos, como mostra a Tabela 2.4.

Tabela 2.4 – Relação de cor e função para uso em sinalizadores luminosos em comandos elétricos

Cor	operação	Significado (cor/função)
Vermelho	ANORMAL	Indicação de que a máquina está paralisada por atuação de um dispositivo de proteção. Aviso para a paralisação da máquina devido à sobrecarga, por exemplo.
Amarelo	ATENÇÃO ou CUIDADO	O valor de uma grandeza (corrente elétrica, temperatura etc.) aproxima-se de seu valor limite.
Verde	Máquina PRONTA para operar	Partida normal: todos os dispositivos auxiliares funcionam e estão prontos para operar. A pressão hidráulica ou a tensão estão nos valores especificados. O ciclo está concluído e a máquina está pronta para operar normalmente.
Branco	Circuitos sob tensão em operação NORMAL	Circuitos sob tensão. Chave principal na posição LIGA. Escolha da velocidade ou do sentido de rotação. Acionamentos individuais e dispositivos auxiliares em operação. Máquinas em movimento.
Azul	Todas as funções para as quais não se aplicam as cores acima.	

Fonte: adaptada de Sala da Elétrica[51]

---

[51] AS 6 PRINCIPAIS Cores de Botoeiras e Sinaleiros. *Sala da Elétrica*, [s. l.], 2017. Disponível em: https://www.saladaeletrica.com.br/as-6-principais-cores-de-botoeiras-e-sinaleiros/. Acesso em: 5 abr. 2020.

Exemplo 2.6 – *Sinalização em botoeiras*

A Figura 2.17 mostra alguns tipos de botão luminoso, que sinalizam um comando. Nesses modelos, o botão ilumina-se (ou apaga-se) quando é operado. Nesta figura, os botões (1) e (2) têm formato de cabeçote protegido ou grade alta e saliente, respectivamente. Em (3) temos uma lâmpada de sinalização amarela, indicando a ocorrência de falha.

Figura 2.17 – Botão luminoso: (1) protegido, (2) saliente e (3) indicativo de operação em falha

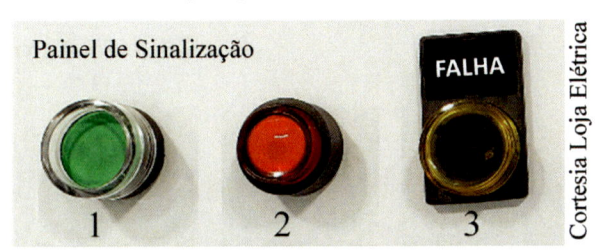

Fonte: o autor

A Norma IEC 60947-5 recomenda o padrão de 22 mm para o diâmetro de botoeiras e sinalizadores de painel[52]. Logo, essa medida é o furo padrão para a montagem desses dispositivos em chapas.

Sinalizadores sonoros

Os sinalizadores sonoros (ver a Figura 2.18) são dispositivos utilizados em elevadores, painéis de comando e sistemas de automação industrial, com as funções de alarmes para: intervalos de tempo, aproximação de barreiras ópticas, alerta de pânico em situações de emergência, indicação de falha ou de uma situação limite etc.

Exemplo 2.7 – *Painel didático de comandos elétricos*

As Figuras 2.19 e 2.20 mostram um aspecto de um painel didático de comandos elétricos, utilizado para ensino e treinamento, em escolas e empresas. As conexões entre os dispositivos são realizadas por cabos e pinos, o que facilita a montagem de diversos circuitos de comandos.

---

52   FILIPPO FILHO; DIAS, 2014, p. 24.

Figura 2.18 – Painel com alguns tipos de sinalizador sonoro

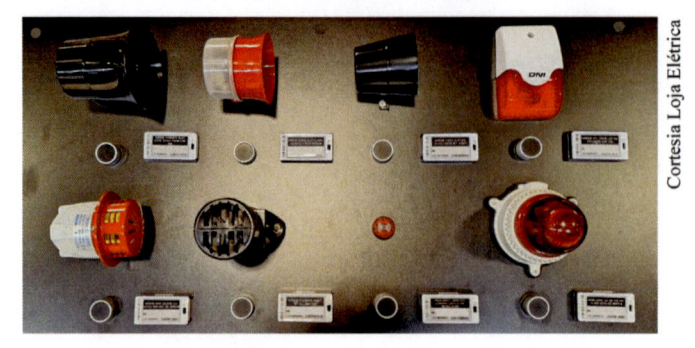

Fonte: o autor

Figura 2.19 – Exemplo de uso de botoeiras em um painel de comando

Fonte: o autor

Figura 2.20 – Aspecto geral de um painel didático de comandos elétricos

Fonte: o autor

2.2.4 Chaves seccionadoras e reversoras

As chaves seccionadoras são dispositivos que, como o próprio nome indica, seccionam e isolam um circuito de outro, em um sistema de comandos elétricos, por meio de contatos fixos e móveis. São projetadas para manter a corrente nominal, constituindo uma continuação dos condutores do circuito.

São muito utilizadas em chaves de partida manual, necessitando para isso de uma alavanca. Os seus contatos são utilizados no circuito de carga. Comercialmente, encontramos essas chaves que operam sob carga e sem carga. É importante observar essas condições de uso, para evitar um acidente grave em circuitos de acionamentos elétricos[53].

A Figura 2.21 mostra o aspecto de uma chave seccionadora trifásica, que pode ser utilizada em uma aplicação muito comum: a de reversão de rotação (chave reversora de rotação).

Figura 2.21 – Aspecto de uma chave seletora – vistas de frente e de perfil

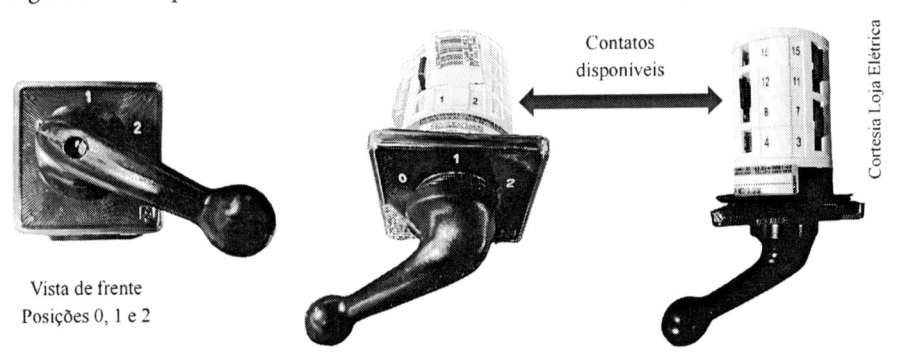

Fonte: o autor

Na Figura 2.22, temos um modelo genérico de chave seccionadora de três posições para essa finalidade, identificada com as posições: desligada (0), direita (D) e esquerda (E) ou (0), (1) e (2), como em outros modelos de fabricantes. De acordo com a posição da manopla na chave reversora, temos as seguintes situações:

- Manopla do dispositivo na posição (0): o motor está desligado das fases R, S e T da rede de alimentação trifásica.

---

[53] NASCIMENTO JÚNIOR, 2011, p. 50.

- Manopla na posição (D): temos a configuração do motor vista na Figura 2.23. As fases R, S e T estão conectadas aos terminais 1, 2 e 3 do MIT, respectivamente (sequência direta das fases). O motor gira no sentido horário, por exemplo.

Figura 2.22 – Esquema genérico de uma chave reversora trifásica: motor desligado (0)

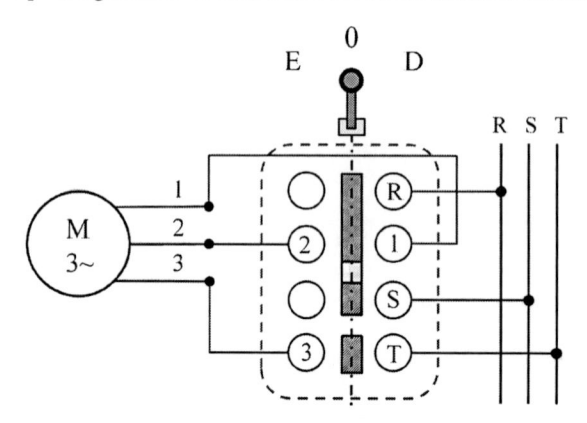

Fonte: o autor

Figura 2.23 – Motor ligado (D) – esquema genérico de uma chave reversora trifásica

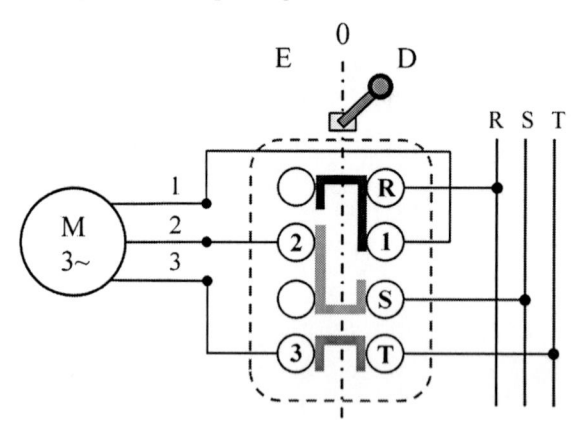

Fonte: o autor

- Manopla na posição (E) – Figura 2.24: nessa posição, ocorre a reversão de rotação do motor. As conexões são alteradas em duas das três fases: a fase R é conectada ao borne 2, a fase S ao borne 1 e a ligação da fase T com o borne 3 do motor se mantém.

Figura 2.24 – Chave reversora trifásica na posição (E): reversão de rotação do motor

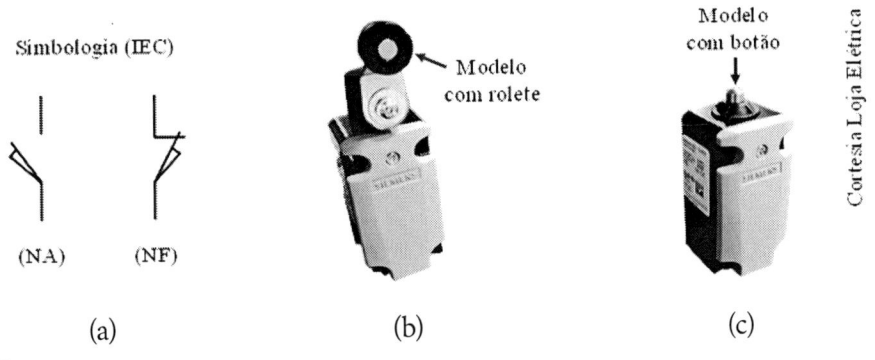

Fonte: o autor

2.2.5 Chave fim-de-curso

As chaves ou interruptores fim-de-curso são também dispositivos auxiliares, bastante utilizados em funções de: comando de dispositivos contatores, limitadores de deslocamento (por exemplo, comandos de portões eletrônicos), controle de nível de caixas d'água (uso em chaves-boia) e na proteção de máquinas e equipamentos. A sua simbologia é apresentada na Figura 2.25a. Nas Figuras 2.25b e 2.25c, temos o modelo com acionamento via rolete e via botão, respectivamente.

Figura 2.25 – Chaves de fim-de-curso: (a) Símbolos dos contatos NA e NF; (b) Modelo com rolete; (c) Modelo com botão

Fonte: o autor

Exemplo 2.8 – Chave fim-de-curso com dois contatos disponíveis.

Na Figura 2.26a, vemos uma chave fim-de-curso com contatos NA e NF, na qual o contato NA está ativado pela chave S1 na posição de repouso. Na Figura 2.26b, a chave S1 foi pressionada, o que ativa o contato NF. Logo, a chave S1 permite alternar entre duas funções de comando elétrico.

Figura 2.26 – Chave fim-de-curso com contatos NA e NF

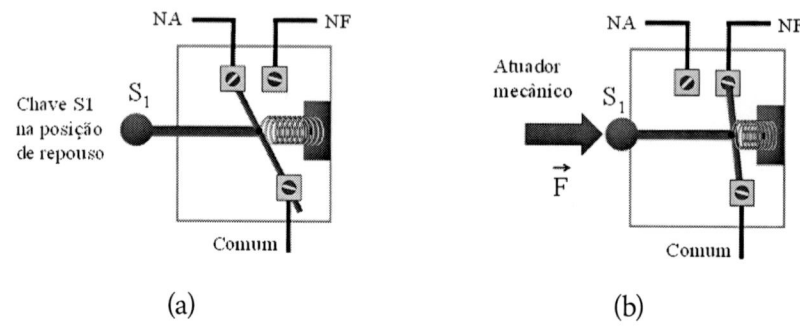

(a)   (b)

Fonte: o autor

Exemplo 2.9 – *Chave fim-de-curso no comando de um portão eletrônico.*

Na Figura 2.27, vemos a aplicação da chave fim-de-curso no comando de um portão eletrônico, acionada com o movimento do pistão para baixo. Com essa ação, o circuito de comando é aberto e o portão "desliga".

Figura 2.27 – Chave fim-de-curso no acionamento de um portão eletrônico

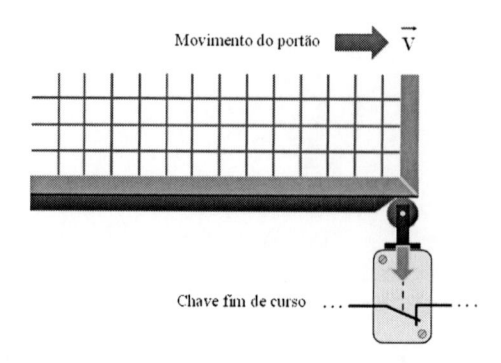

Fonte: o autor

2.3 Contator

O contator é um dispositivo de manobra por meio do qual é possível estabelecer, interromper e suportar correntes normais da instalação (nominais) e ocasionalmente as de curto-circuito, com o uso de um circuito de baixa corrente[54]. É utilizado individualmente ou acoplado a um relé de sobrecarga (na proteção de sobrecorrente). Ele é construído para uma elevada frequência de operação e é comandado a distância.

Os seus contatos possuem uma única posição de repouso estável: normalmente aberto (NA) ou normalmente fechado (NF). Esses contatos são classificados em:

- *contatos principais* (para os circuitos de carga) e

- *auxiliares* (para os circuitos de comando).

A Figura 2.28 representa um modelo de contato onde um bloco com contatos auxiliares é conectado ao bloco com contatos principais. Na Figura 2.29, temos a junção desses blocos, formando um módulo único.

Figura 2.28 – Contator: modelo com blocos de contatos principais e auxiliares

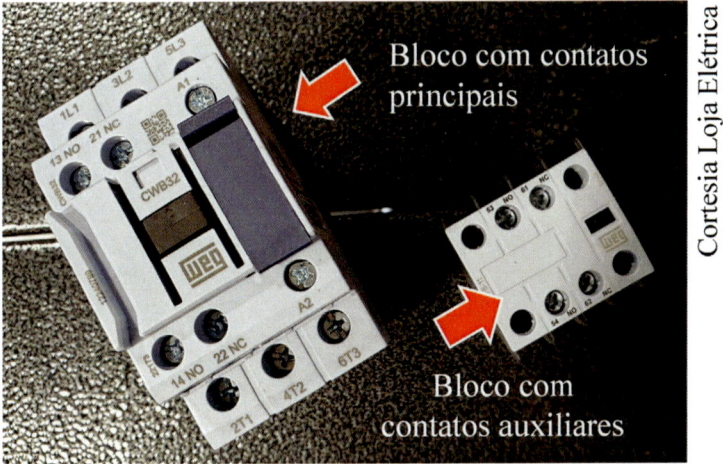

Fonte: o autor

---

[54] FRANCHI, 2014, p. 134.

Figura 2.29 – Módulo de contator com os blocos de contatos principais e auxiliares unidos

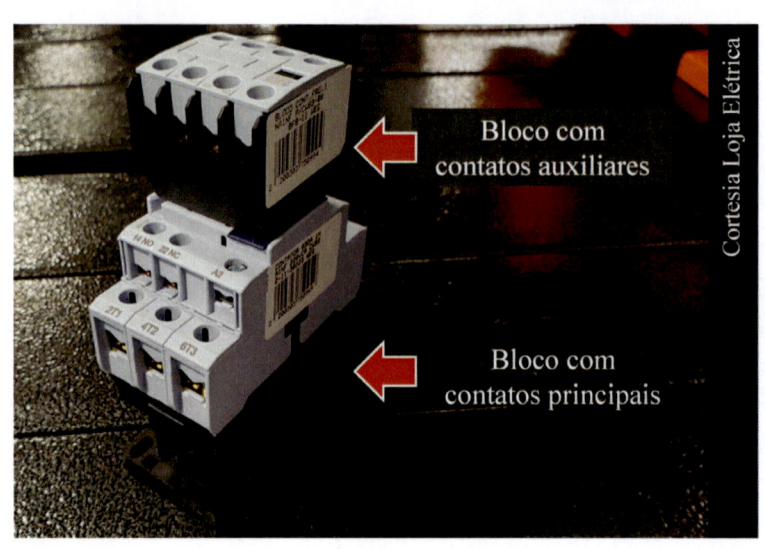

Fonte: o autor

O aspecto construtivo do contator é apresentado na Figura 2.30. Em função do estado de repouso, os seus contatos são identificados pelas siglas:

- NA, para chave normalmente aberta (ou do inglês *normally open, NO*) e
- NF, para chave normalmente fechada (ou NC, de *normally closed*).

Nessa figura, vê-se uma bobina, que alimentada por um pulso de corrente elétrica i(t), cria um campo eletromagnético no núcleo fixo, o qual atrai o núcleo móvel, provocando a alteração dos contatos auxiliares NF e NA. Assim, os contatos NF ficam abertos e os NA fechados. Ao cessar a alimentação da bobina, o campo eletromagnético é interrompido e o mecanismo retorna à posição anterior (de repouso), bem como as chaves do contator.

Figura 2.30 – Esquema interno de um contator magnético

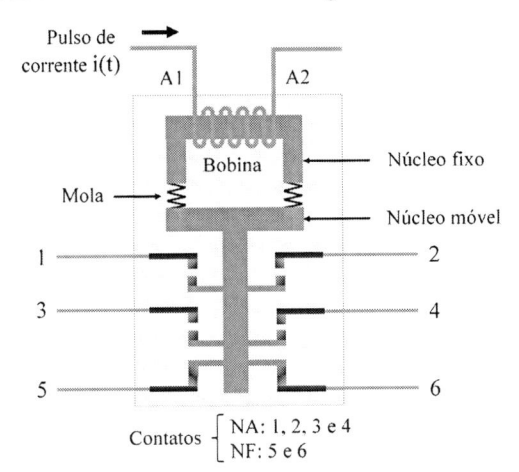

Fonte: o autor

2.3.1 Simbologia e identificação dos contatos

Os fabricantes de contatores disponibilizam configurações de contatos como os dispostos na Figura 2.31, onde o contator K1 apresenta 4 terminais, do tipo NA e o contator K2, 7 terminais, sendo 6 NA e 1 NF.

Figura 2.31 – (1) Simbologia para a bobina de um contator. Símbolos para os contatos, em (2) e (3)

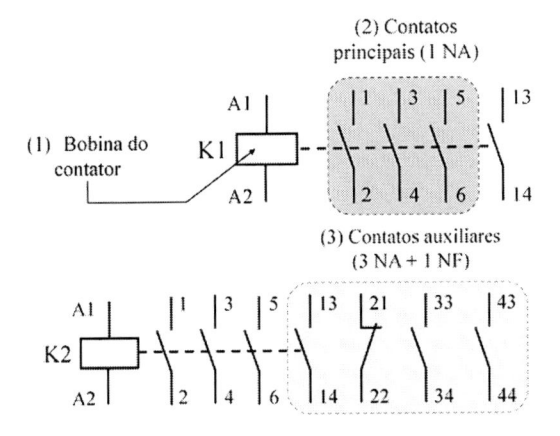

Fonte: o autor

A simbologia do dispositivo contator, de acordo com o exemplo apresentado na Figura 2.31, é representada por:

- retângulo: representado em (1), simboliza a bobina do contator, com os terminais A1 e A2, aos quais é aplicada a sua alimentação, em CC ou em CA, com valores típicos na faixa de 24 a 660 V;

- chaves: representadas em (2), para os contatos principais e em (3) para os contatos auxiliares.

Numeração dos contatos

Observando novamente a Figura 2.31, notamos que os contatos principais, utilizados no circuito de carga, são numerados utilizando-se apenas 1 dígito. Em (2), nessa figura, as 3 chaves são numeradas por 1-2, 3-4 e 5-6, respectivamente.

Para o circuito de comando, os contatos são numerados com 2 dígitos, onde:

- o primeiro dígito indica a sequência da chave;

- o segundo indica a função (NA ou NF).

Os padrões de numeração para a função são:

- dígitos 1-2 indicam contatos NF (normalmente fechados);

- dígitos 3-4 indicam contatos NA (normalmente abertos), como apresentado na Figura 2.32.

Figura 2.32 – Padrão de numeração e função para os contatos auxiliares

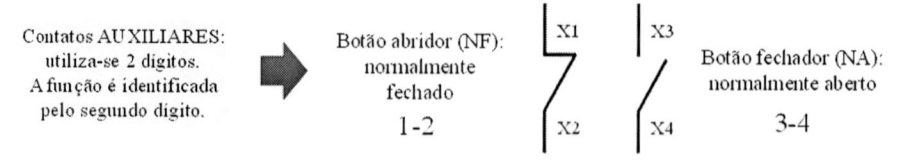

Contatos AUXILIARES: utiliza-se 2 dígitos. A função é identificada pelo segundo dígito.

Botão abridor (NF): normalmente fechado
1-2

X1
X2

X3
X4

Botão fechador (NA): normalmente aberto
3-4

Fonte: o autor

Na Figura 2.33, temos 5 chaves auxiliares para o contator K1, cada uma identificada na sequência pelo 1º dígito e na função pelo 2º dígito, como a chave NF 31-32 (terceira na sequência).

Figura 2.33 – Padrão de numeração dos contatos principais e auxiliares

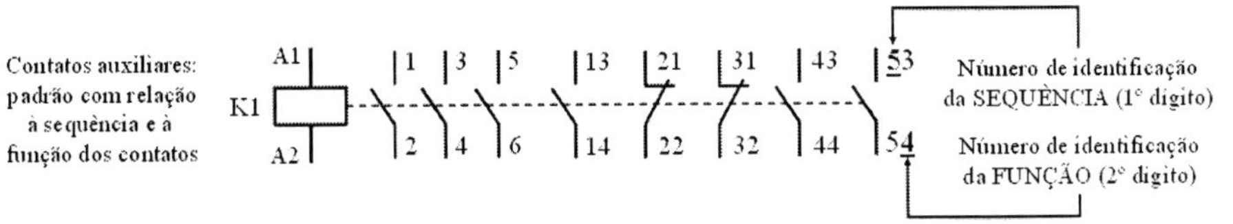

Fonte: o autor

2.3.2 Uso dos contatores nos diagramas de carga e de comando

Os diagramas elétricos de carga e de comando formam o circuito completo para o acionamento de motores elétricos e outros tipos de carga.

2.3.2.1 Diagrama de comando e o contato de selo

O diagrama de comando consiste em dispositivos montados em uma sequência onde a lógica implementada define o tipo e as operações do acionamento da carga. Para uma lâmpada, por exemplo, o seu acionamento (liga/desliga), tempo em que vai ficar acesa (iluminação, luz de emergência, luz de sinalização); para um motor elétrico, as operações de partida, temporização, intertravamento, reversão de rotação, parada, desligamento etc. Os dispositivos do diagrama de comando têm a função de comando, proteção, regulação e sinalização do sistema. Eles serão apresentados com mais detalhes ao longo deste texto.

O circuito de comando conta com um *contato de selo*, uma lógica utilizada para realizar a autoalimentação de um contator. Na Figura 2.34, um sistema de acionamento de três lâmpadas incandescentes, L_1, L_2 e L_3, esse contato é uma chave NA do contator K_1 (contatos 13 e 14), conectado em paralelo com a botoeira pulsadora liga (S_1).

Figura 2.34 – Atuação do selo do contator K_1 – Etapa 1

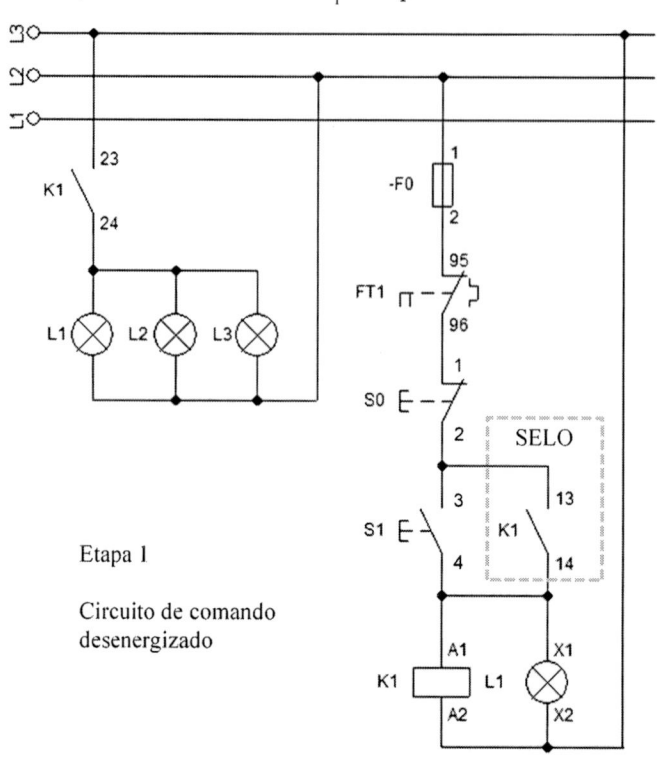

Etapa 1

Circuito de comando
desenergizado

Fonte: o autor

Etapas de operação

1ª etapa – Acionando o contator K1

Na 1ª etapa de operação, o circuito de comando está desligado (sem energia), pois não há caminho para a corrente de energização do contator K_1, uma vez que a botoeira S_1 não foi acionada.

2ª etapa – Atuação do contato de selo do contator K1

Ao pressionarmos S_1, a bobina de K_1 (terminais A1 e A2) é energizada (Figura 2.35, etapa 2 de operação). Os seus contatos de selo (13-14) e o contato 23-24, em série com as lâmpadas, fecham-se.

O contato de selo, fechado, assegura a energização permanente da bobina de K_1 (terminais A1-A2). Só se pode interromper o contator K_1 (e desligar o circuito de comando) via botoeira S0, contatos 11-12.

Figura 2.35 – Ilustração da atuação do selo do contator K_1 – Etapa 2

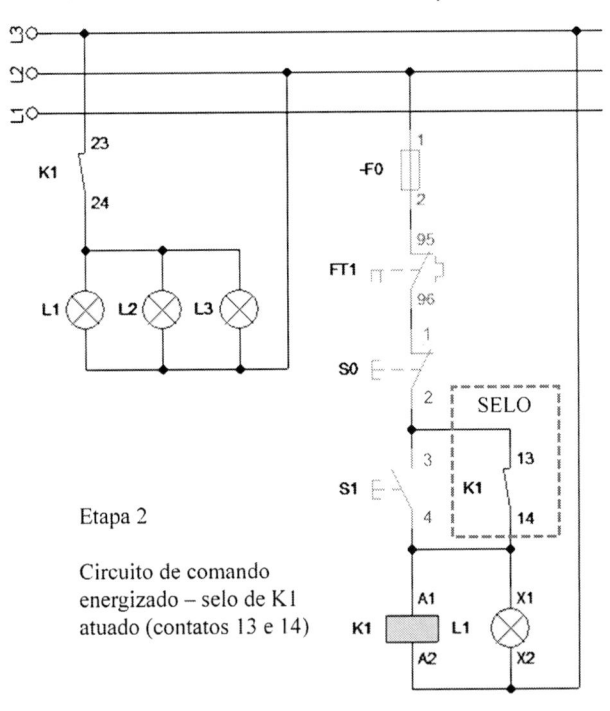

Fonte: o autor

Em resumo:

O termo *contato de selo* é bastante usado quando estamos falando de comandos elétricos. O contato de selo é um contato auxiliar normalmente aberto de um contator, responsável por selar o circuito, mantendo-o em funcionamento[55], ou seja, esse contato tem a função de manter a alimentação do circuito de comando, mesmo após a botoeira liga (S_1) voltar à sua posição original (repouso, NA).

Exemplo 2.10 – *Circuito para teste simultâneo de lâmpadas.*

Esse circuito, apresentado na Figura 2.36, emprega contatores para o teste de lâmpadas utilizadas em situações como: (1) iluminação de galpões, (2) alarmes luminosos, (3) sinalização de painéis etc. No teste, é verificado se existe(m) alguma(s) lâmpada(s) queimada(s), para a sua devida substituição.

55 MATTEDE, H. Contato de selo – O que é e para que serve. *Mundo da Elétrica*, [s. l.], 2014. Disponível em: https://www.mundodaeletrica.com.br/contato-de-selo-o-que-e-para-que-serve/. Acesso em: 10 out. 2022.

Figura 2.36 – Circuito de teste simultâneo de três lâmpadas (L1, L2 e L3)

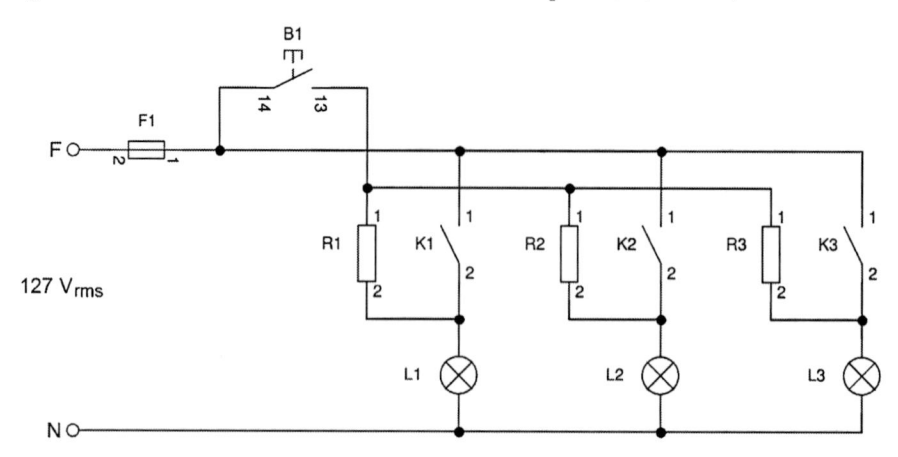

Fonte: o autor

Ao pressionarmos a botoeira B_1, são acionadas todas as lâmpadas, o que permite verificar se há alguma danificada. O brilho das lâmpadas acionadas por essa botoeira é menor, devido ao divisor de tensão formado pelo resistor e pela lâmpada em cada ramo. Nesse teste, a corrente circula através dos resistores, fazendo com que as lâmpadas L_1, L_2 e L_3 acendam, independentemente do fechamento dos contatos K_1, K_2 ou K_3.

O acionamento de cada lâmpada pode ser descrito pela equação lógica $L_n = B_1 + K_n$ (lê-se essa expressão Booleana como B_1 **OU** K_n). No acionamento pela botoeira B_1, a tensão aplicada a cada lâmpada é diferente da tensão fase-neutro, 127 V. Para a lâmpada L_2, por exemplo, vale a equação lógica $L_2 = B_1 + K_2$. Assim, L_2 será acionada pela botoeira B_1 ou pela chave NA do contator K_2 (acionamento independente ou individual).

2.3.2.2 Diagrama de carga

O diagrama de carga ou principal de um acionamento (ver como exemplo o circuito da Figura 2.37) consiste no conjunto de todas as ligações referentes à carga acionada, a qual poderá ser uma lâmpada, um motor elétrico, um elemento aquecedor etc.

Figura 2.37 – Diagramas de carga e de comando - partida direta de um MIT e acionamento de lâmpadas

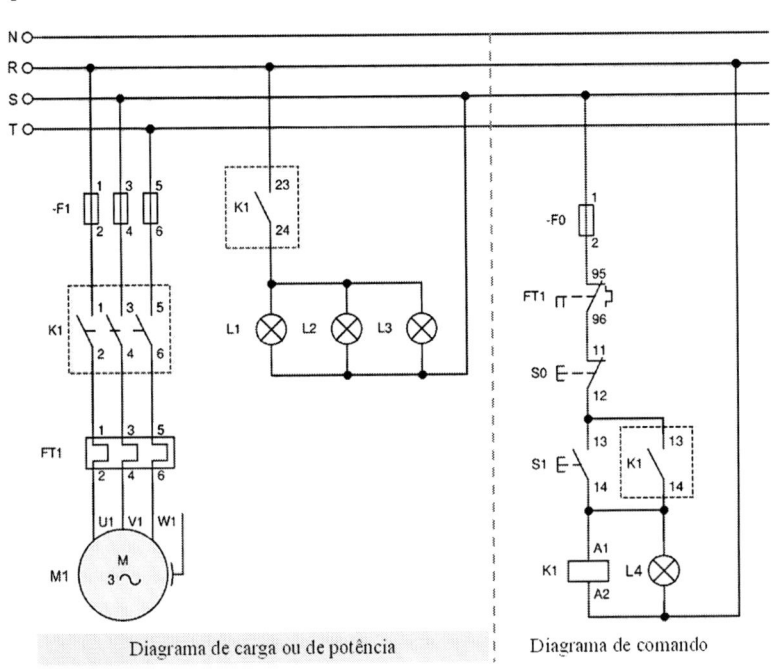

Fonte: o autor

As chaves principais do contator, mais robustas, conduzem valores maiores de corrente, típicos de motores elétricos, por exemplo. Essas chaves são comumente do tipo NA e a sua identificação se faz com números unitários de 1 a 6 (ver as chaves de K1, de manobra do motor M_1). Nessa figura, essas chaves estão numeradas na entrada por 1, 3 e 5 e na saída, por 2, 4 e 6.

O circuito de carga não funciona sem o de comando e este último não tem nenhuma aplicação se não houver o primeiro. Assim, o circuito de carga determina o que se quer do comando e esse determina a maneira como se deve operar a carga.

2.4 Tomadas de uso industrial

As tomadas industriais são utilizadas para a alimentação de equipamentos de grande porte, que demandam correntes de valores acima de 16 A. Encontramos essas tomadas em diferentes formatos e com variado número de polos (3F + N + T, 3F + N, 2F + N etc.).

A Figura 2.38 mostra a diferença entre as tomadas (e plugues) residenciais (Figura 2.38a) e industriais (Figura 2.38b). Utilizamos os plugues e tomadas industriais em vários equipamentos como furadeiras de bancada, esteiras rolantes, fresas, tornos etc.

Figura 2.38 – (a) Aspecto de uma tomada e plugue residencial. (b) e (c) Tomada industrial

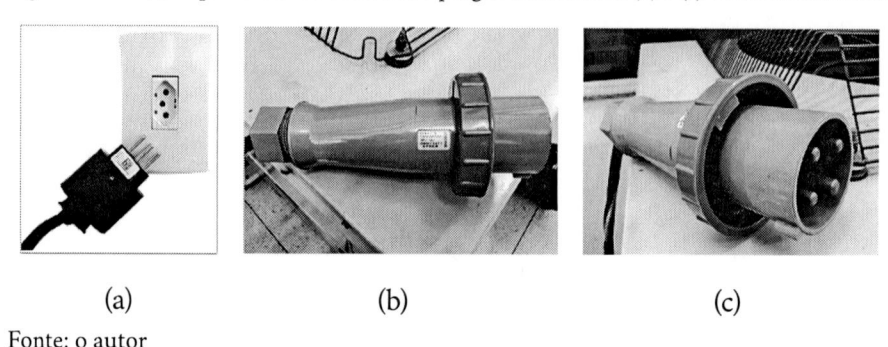

(a)   (b)   (c)

Fonte: o autor

Com relação à normalização, as tomadas industriais são regulamentadas pelas normas NBR IEC 60390, de modo diferente das tomadas residenciais, regulamentadas pelas normas NBR 14136.

As tomadas e plugues industriais são construídas em tamanhos e cores diferentes, em conformidade com a tensão de instalação. Na cor azul, por exemplo, a tensão nominal é de 220 V e na vermelha, 380 V. O tamanho da tomada e as dimensões do plugue fixo de embutir estão relacionados com a sua corrente nominal.

Exercícios de Fixação – *Série 3*

EF 3.1 – Numerar os terminais das chaves do contator da Figura 2.39. Identificar os contatos principais e os auxiliares.

Figura 2.39 – Contator – numeração dos contatos

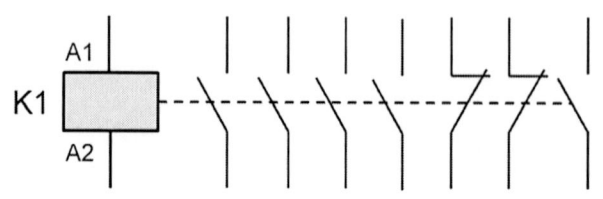

Fonte: o autor

EF 3.2 – *Projeto de acionamento de lâmpadas.*

Foi requisitado a um técnico o projeto de um circuito de comando de lâmpadas, com base no circuito da Figura 2.40, mas para acionar somente duas lâmpadas simultaneamente. Caso o usuário queira acender a terceira lâmpada, o sistema deve interromper a alimentação da rede CA em 127 V.

a. Desenhar o esquema do circuito solicitado.

b. Quantos contatores seriam necessários para essa finalidade?

Figura 2.40 – Circuito de teste simultâneo para 3 lâmpadas

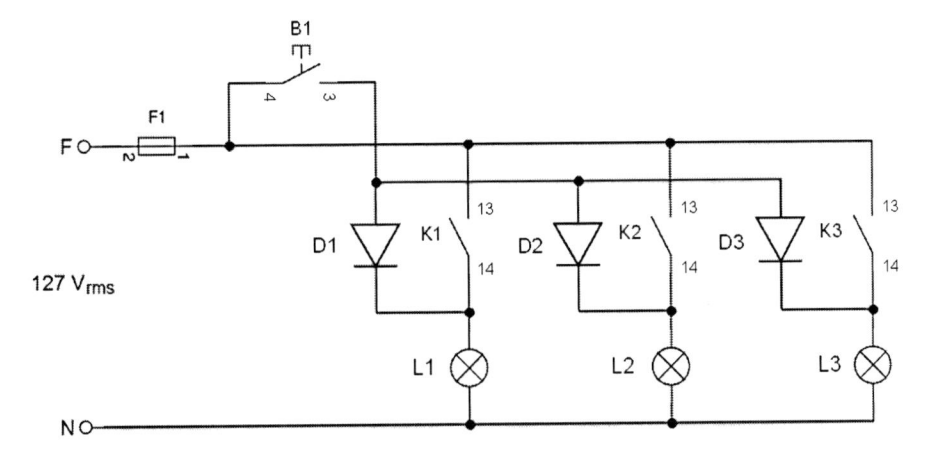

Fonte: o autor

EF 3.3 – Sejam os circuitos de comando e de carga da Figura 2.41, para acionar duas lâmpadas e um motor trifásico. Sobre este circuito é CORRETO afirmar, EXCETO:

a. ( ) No circuito de carga, o motor elétrico M1 opera ligado juntamente com as lâmpadas L1 e L2.

b. ( ) A lâmpada H1 sinaliza que o motor M1 está ligado.

c. ( ) A botoeira S2, acionada, liga o selo de K2.

d. ( ) A chave NF de K1 muda para a posição NA quando a botoeira S1 é acionada no circuito de comando.

Figura 2.41 – Diagramas de carga e de comando – questão EF 3.3

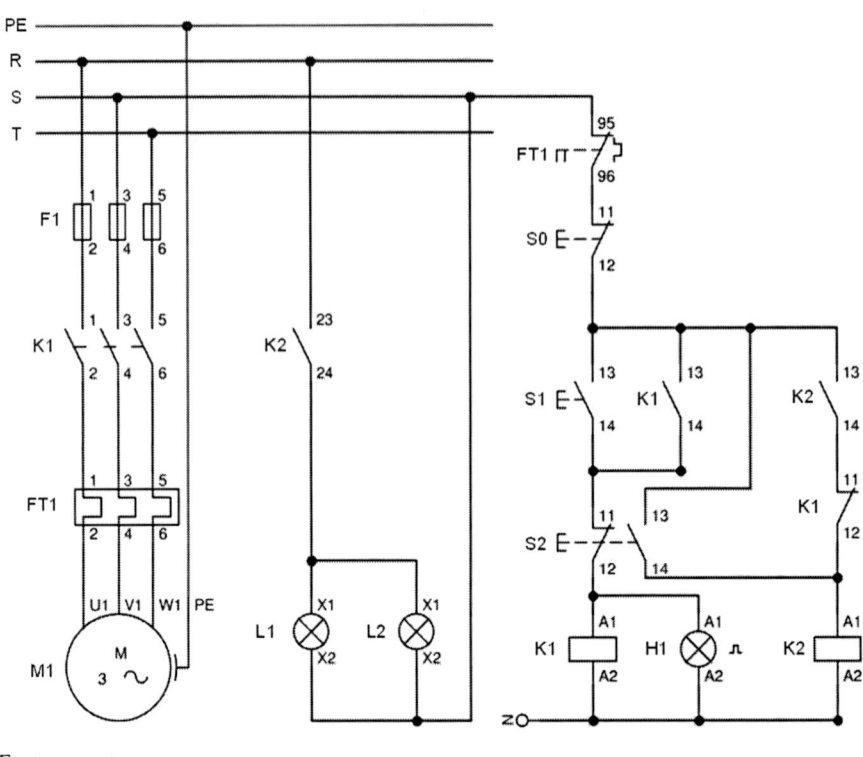

Fonte: o autor

EF 3.4 – Nas Figuras 2.42 e 2.43, são apresentados os diagramas de carga e comando, respectivamente, para o acionamento de dois motores elétricos, um trifásico e outro monofásico. Esse sistema é alimentado por tensões trifásicas em 220 V, 60 Hz. Complete as afirmativas a seguir, a respeito do funcionamento do diagrama de comando deste sistema.

1. O motor M1 é acionado pela botoeira _____. O seu desligamento ocorre por meio da botoeira S0.

2. Por meio da botoeira _____ são acionados os motores M1 e M2 simultaneamente.

3. Se houver sobrecarga em qualquer desses motores, o sistema _____ (liga/desliga) imediatamente, pela ação dos _____ FT1 e FT2.

4. Para desligar o motor M1, deve inserir no circuito de comando uma _____ (botoeira NF/ botoeira NA), em série com o contator _____.

5. Uma lâmpada pode ser ligada junto ao relé FT1 para indicar _____ (sobrecarga/operação normal). A sua conexão deve ser feita entre o terminal 98 e outra fase, diferente da fase L1.

Figura 2.42 – Partida direta: motor trifásico e motor monofásico. Diagrama de carga

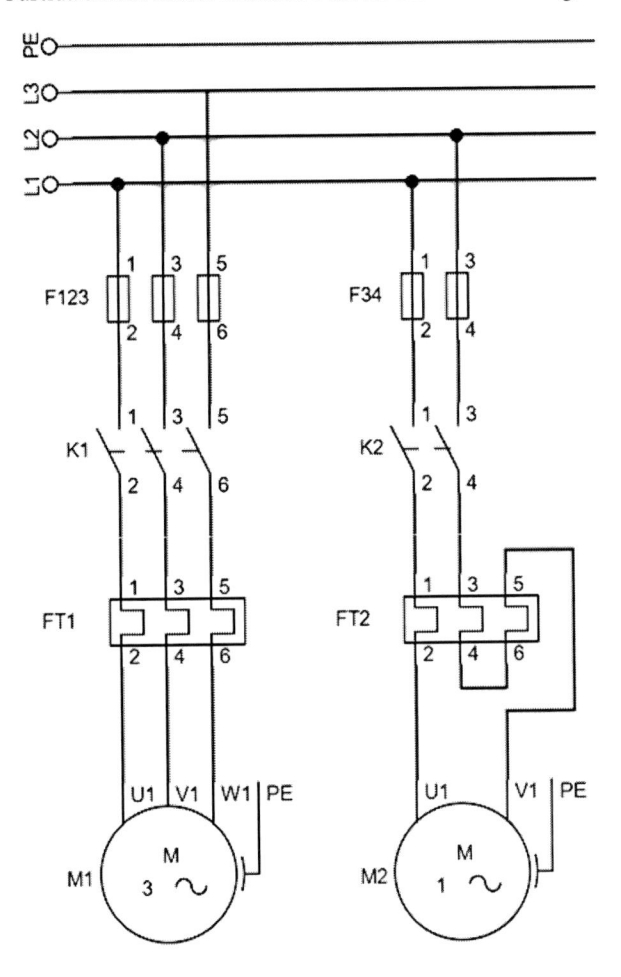

Fonte: o autor

Figura 2.43 – Partida direta: motor trifásico e motor monofásico. Diagrama de comando

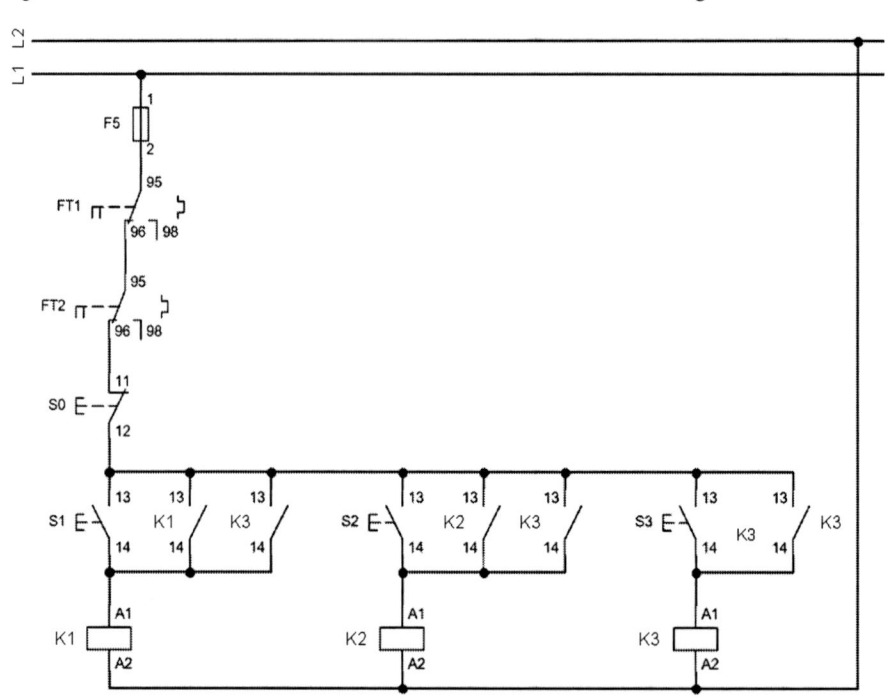

Fonte: o autor

Capítulo 3

DISPOSITIVOS DE PROTEÇÃO

3.1 Introdução

No projeto e montagem de um circuito de partida de uma carga como um motor elétrico, por exemplo, fazem parte os componentes referentes às funções de comando e proteção. O bom conhecimento e a correta seleção desses componentes permitem um desempenho eficiente do acionamento.

No capítulo anterior, foram apresentados os aspectos básicos de dispositivos de comando, como chaves botoeiras, chaves impulso, chaves ou interruptores fim-de-curso e o contator magnético, utilizados nos circuitos de comando e de carga de um motor elétrico. Neste capítulo, serão apresentados dispositivos de proteção e suas aplicações, como fusíveis, disjuntores, relés de sobrecarga e auxiliares, dentre outros.

3.2 Fusíveis

3.2.1 Introdução: sobrecarga e curto-circuito

Os dispositivos de proteção são aqueles que garantem a segurança das instalações elétricas, por meio da prevenção contra eventos de choque elétrico, sobreaquecimento, sobrecorrente e/ou sobretensão e curto-circuito. De acordo com os dados de uma pesquisa realizada em 2017 pela ABRACOPEL, Associação Brasileira de Conscientização para os Perigos da Eletricidade, foram registrados, nesse ano mais de 1.000 acidentes envolvendo choque elétrico, incêndio, ou raio, sendo que aproximadamente 700 pessoas perderam a vida[56].

No Brasil, as normas técnicas ABNT NBR 5410, sobre Instalações Elétricas de baixa tensão até 1 kV, especificam os critérios para projeto, manutenção e execução dos sistemas em baixa tensão e determinam que esses dispositivos de proteção são obrigatórios em um circuito de instalação

---

[56] SANTOS, Guilherme. NBR 5410: Tudo o que você precisa saber sobre a Norma. *Automação Industrial*, [s. l.], 22 jan. 2022. Disponível em: https://www.automacaoindustrial.info/nbr-5410/. Acesso em: 7 abr. 2022.

elétrica. Dentre os tópicos principais abordados na NBR 5410, podemos destacar: proteção contra sobretensão, proteção em circuito de motores elétricos, uso de disjuntores como sistemas de proteção, dimensionamento de eletrocalhas, condutores e eletrodutos, quadros de iluminação, distribuição e tomadas e equipotencialização e compatibilidades eletromagnéticas.

Serão estudados neste texto os aspectos básicos dos dispositivos de proteção e suas aplicações em circuitos de comandos elétricos, como o fusível, o relé de sobrecarga e o disjuntor.

Sobrecarga

A *sobrecarga* em instalações elétricas ocorre em função de erros cometidos no projeto de uma instalação; falhas de operação e (3) excesso de cargas conectadas em um circuito de comando ou tomada. Por exemplo, se conectamos vários equipamentos a uma mesma tomada, a sua corrente elétrica se torna maior do que aquela suportada pelos fios e cabos da instalação (veja essa situação na Figura 3.1).

Figura 3.1 – Exemplo de uso incorreto de uma tomada

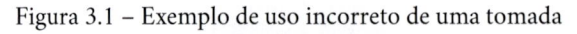

Fonte: o autor

Curto-circuito

Um *curto-circuito* é definido como uma ligação acidental de condutores sob tensão, como mostra a Figura 3.2: entre duas fases, entre fase e neutro, entre fase e terra etc., provocando um excesso de corrente.

Nesse tipo de falha, a impedância da conexão entre os cabos envolvidos é praticamente desprezível, e então a corrente atinge um valor muito maior que a do equipamento (corrente nominal de um motor elétrico, por exemplo).

Figura 3.2 - (a) - (e): diferentes tipos de curto-circuito

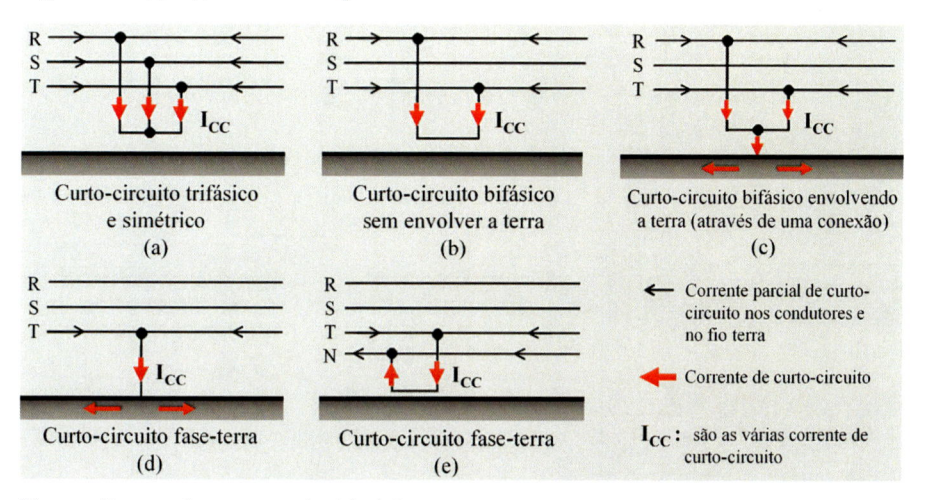

Nota: a direção da corrente é arbitrária.
Fonte: o autor

A corrente de curto-circuito irá provocar, tanto no equipamento quanto na instalação elétrica, esforços térmicos e eletrodinâmicos excessivos. A forma mais segura de se proteger uma instalação contra um curto-circuito é dimensionar fusíveis ou disjuntores por onde a corrente elétrica circula.

SIMULAÇÃO DE CURTO-CIRCUITO

Através do QR Code ao lado, você assiste a um vídeo sobre a simulação de um curto-circuito em uma instalação elétrica[57].

---

[57] SIMULAMOS um curto-circuito em uma instalação elétrica! [*S. l.: s. n.*], 2019. 1 vídeo (6min 17s). Publicado pelo canal ELETRICITY – O CANAL DA ELÉTRICA. Disponível em: https://www.youtube.com/watch?v=dwUk0QqRK_E. Acesso em: 17 jul. 2020.

3.2.2 Fusíveis – aspectos básicos

O fusível (Figura 3.3a) tem o seu princípio de funcionamento com base na fusão e consequente abertura do seu "filamento" ou elemento fusível, por efeito Joule, quando por esse circula uma corrente elétrica superior ao valor de sua especificação (corrente nominal). O seu símbolo, recomendado pela ABNT, é visto na Figura 3.3b, de acordo com a Norma IEC 60617[58].

Figura 3.3 – (a) Fusível - aspecto prático; (b) Símbolo; (c) Constituição do fusível

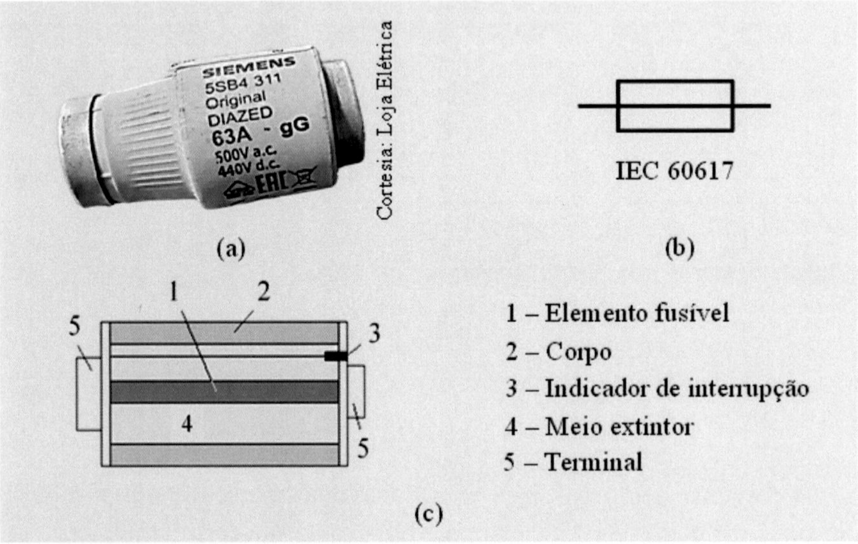

Fonte: o autor

Na Figura 3.3c, temos um esquema de um fusível genérico[59], onde o elemento fusível (1) é um fio ou uma lâmina de metal. O seu corpo (2), de porcelana (para fusíveis industriais), é hermeticamente fechado. O elemento indicador de interrupção (3) permite a verificação da integridade do elo fusível. Em (4) temos no seu interior um material granulado (areia de quartzo), para extinção do arco elétrico, que ocorre na ruptura do elemento fusível. Por fim, temos os terminais do fusível, em (5), para fixação em sua base de contato.

---

[58] IEC – INTERNATIONAL ELECTROTECHNICAL COMMISSION. *Graphical Symbols for Use on Equipment.* Geneva: IEC: ISO, 2017. Disponível em: https://webstore.iec.ch/preview/info_iec60417_DB.pdf. Acesso em: 28 mar. 2022.

[59] FRANCHI, 2014, p. 74.

Quando o fusível atua (se "queima"), o elemento indicador, sustentado por um fio, é liberado para fora da carcaça (ou corpo) do fusível por uma mola. A ruptura ou abertura do fusível surge devido a um curto-circuito ou a uma sobrecarga e com isso está assegurada a integridade dos condutores e outros elementos do circuito.

3.2.2.1 Operação do fusível

O elemento fusível pode apresentar vários formatos, em função de sua corrente nominal. A sua composição é de um ou mais fios de lâminas, conectados paralelamente. Para a sua operação, ocorre um ponto de solda, no qual a temperatura de fusão é inferior à do elemento fusível. Em regime permanente (corrente estável na carga), o elemento fusível e o condutor têm a mesma corrente elétrica, que, obviamente, produz aquecimento em ambos[60], como mostra a Figura 3.4.

Figura 3.4 – Característica da temperatura no interior de um fusível

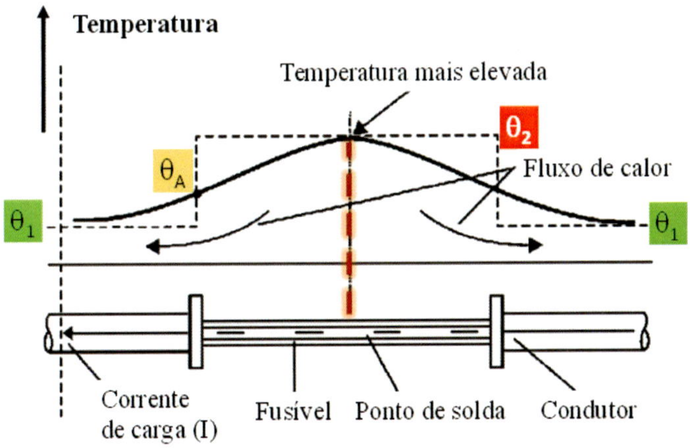

Fonte: adaptada de COTRIM[61]

Nessas condições, a temperatura do condutor alcança a temperatura q_1. O elemento fusível, com resistência elétrica mais alta, atinge uma temperatura mais elevada, q_2, a qual ocorre no ponto médio do elemento fusível, como destacado pela linha pontilhada.

---

[60] COTRIM, A. A. M. B. *Instalações Elétricas*. 5. ed. São Paulo: Pearson Prentice Hall, 2009. p. 196.

[61] *Ibidem*, p. 196.

Do ponto médio até as extremidades do elemento fusível, verifica-se na Figura 3.4 que a temperatura decresce. Os pontos de conexão do fusível estão submetidos a uma temperatura diferente do ponto médio, identificada por q_A, maior que a dos condutores. Essa temperatura é limitada a um determinado nível estabelecido por norma, a fim de não prejudicar a vida útil da isolação dos condutores. Portanto, a corrente nominal do fusível é definida como a que circula permanentemente sem que o valor-limite $I(q_A)$ seja ultrapassado.

Operação em caso de sobrecorrente

Uma corrente elétrica superior à nominal em um fusível irá resultar, obviamente, na elevação da temperatura ao longo de sua estrutura. A abertura ou rompimento do elo fusível só ocorre na sua temperatura de fusão.

Para dimensionar um fusível, são utilizadas as suas curvas de atuação, que mostram o tempo de fusão do elo fusível em função da corrente elétrica.

3.2.2.2 Classificação dos fusíveis em relação à atuação

De um modo geral, os fusíveis são classificados segundo a *tensão de alimentação*, em alta ou baixa tensão e às *características de desligamento*, devido ao comportamento da corrente de partida da carga. Com base neste critério, temos a classificação dos fusíveis como de efeito rápido e de efeito retardado.

a. Fusíveis de efeito rápido – são empregados em circuitos em que não há variação considerável de corrente entre o intervalo da partida e a de regime normal de funcionamento, como ocorre com cargas do tipo resistivo, como lâmpadas, fornos etc.

b. Fusíveis de efeito retardado – são utilizados em circuitos cuja corrente de partida atinge níveis muito superiores à corrente nominal e em circuitos sujeitos a sobrecarga de curta duração. Cargas desse tipo são os motores elétricos, cuja corrente de partida tem o comportamento descrito nas Figuras 3.5 e 3.6.

Figura 3.5 – Aspecto da faixa de variação da corrente de partida de um motor de indução

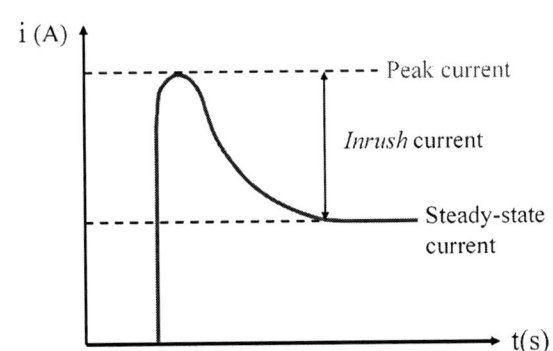

Fonte: o autor

Figura 3.6 – Intervalos: partida do motor de indução e regime permanente

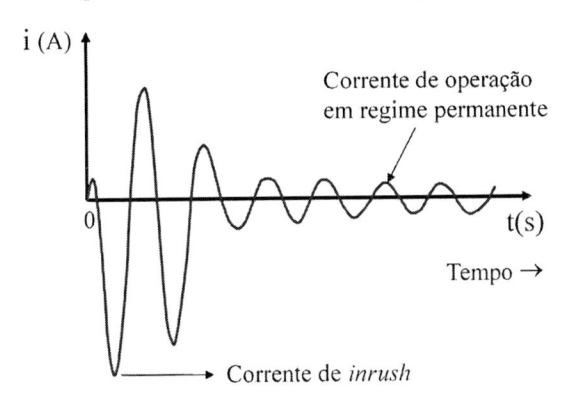

Fonte: o autor

3.2.2.3 Classificação em relação à faixa de interrupção e à categoria de utilização

Podemos classificar também os fusíveis segundo a faixa de interrupção e a categoria de utilização, utilizando duas letras, uma maiúscula e outra minúscula. Para a faixa de interrupção, são utilizadas as letras minúsculas **g** e **a**, conforme descrito a seguir:

- Fusíveis tipo **g** - apresentam proteção contra sobrecarga e curto-circuito, com capacidade de interrupção em toda a faixa, suportando a corrente nominal por tempo indeterminado.

- Fusíveis tipo **a** - caracterizam-se pela capacidade de interrupção em faixa parcial (reagem a partir de um valor elevado de sobre-corrente). Proteção somente contra a corrente de curto-circuito.

Com relação à categoria de utilização e às classes de objetos protegidos, os fusíveis são classificados com o uso de letras maiúsculas, a saber: L-G: cabos e linhas; uso geral; M: equipamentos eletromecânicos; R: semicon-dutores; B: instalações em condições pesadas (minas, por exemplo).

Exemplo 3.1 – *Fusíveis: faixa de interrupção e classes de objetos protegidos.*

- gG: fusível para proteção total de uso geral (sobrecarga e curto--circuito). A Figura 3.7 mostra dois modelos desse fusível – veja a identificação gG impressa na carcaça de ambos.

- aR: fusível para proteção parcial de equipamentos eletrônicos (atuação para curto-circuito).

- aM: fusível para proteção parcial de motores elétricos (atuação para curto-circuito).

Figura 3.7 – Exemplos de fusível gG

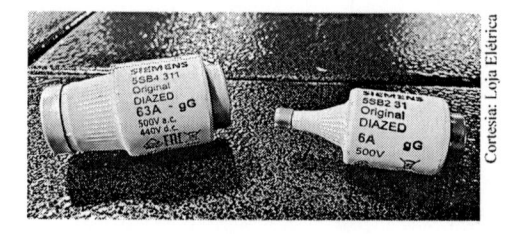

Fonte: o autor

QR Code para o vídeo:
Categoria de utilização dos fusíveis[62]
Exemplos de classificação dos fusíveis, segundo a faixa de interrupção e a categoria de utilização.

[62] CATEGORIA de Utilização dos Fusíveis. Você Conhece? [S. l.: s. n.], 2017. 1 vídeo (5min 16s). Publicado pelo canal Sala da Elétrica. Disponível em: https://www.youtube.com/watch?v=2vUFIFyQS3U. Acesso em: 14 set. 2023.

3.2.2.4 Especificação de um fusível – parâmetros básicos

- Corrente nominal: é o valor eficaz da corrente de regime permanente em que o fusível opera continuamente sem se romper.

- Corrente de ruptura ou de interrupção (dado em kA): é relacionada com o valor máximo da corrente de curto-circuito que o fusível é capaz de interromper operando na tensão nominal. Essa corrente deve ser presumida e calculada para um determinado equipamento/ponto da instalação elétrica.

- Tensão nominal: é aquela indicada para a operação correta do fusível, para a qual foi projetado. Os fusíveis de baixa tensão (BT), por exemplo, são especificados em níveis de tensão de serviço limitados a 500 V em CA (corrente alternada) e a 600 V em CC.

3.2.2.5 Fusíveis utilizados em comandos elétricos e aspectos construtivos

Neste item, serão descritos os principais tipos de fusíveis utilizados em comandos elétricos: os fusíveis tipo D ou Diazed (Figura 3.8a), utilizados comumente em circuitos com motores elétricos e os fusíveis NH, de maior capacidade de corrente (Figura 3.8b).

Figura 3.8 – Fusíveis mais comuns em instalações industriais: (a) fusível Diazed e (b) fusível NH

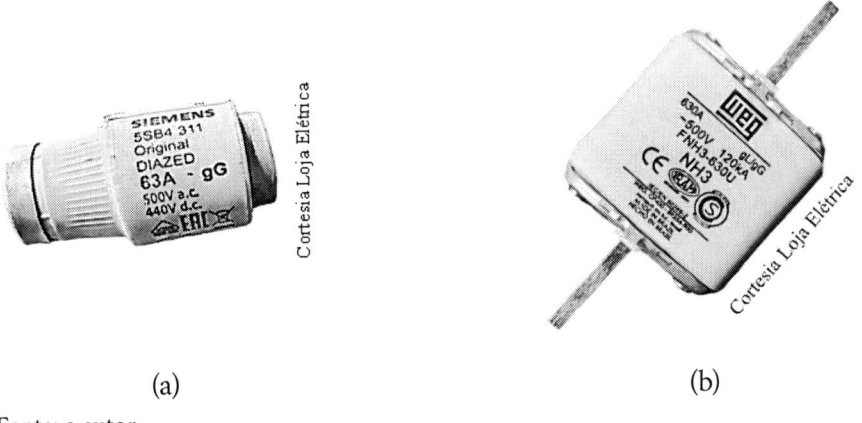

(a)   (b)

Fonte: o autor

O fusível Diazed ou diametral é indicado para o uso residencial e industrial, na proteção contra sobrecorrentes em cabos, motores elétricos e circuitos elétricos em geral.

Assim que a corrente elétrica supera o valor nominal da corrente indicada no corpo do fusível, a sua liga metálica se rompe e, portanto, cessa a circulação de corrente no circuito elétrico. Com isso, evita-se a destruição ou até um incêndio no equipamento protegido.

Parâmetros típicos do fusível Diazed:

1. corrente nominal: valores na faixa de 2 a 63 A;

2. capacidade de ruptura: 50 kA;

3. tensão máxima: 500 V.

A Figura 3.9 mostra o *layout* da montagem em base tipo rosca para um fusível Diazed. O material da base e da tampa é porcelana. Um elemento com rosca helicoidal, feito de latão, proporciona o fechamento da tampa do fusível, cujo contato com os cabos do circuito ocorre através dos bornes de ligação no conjunto da base[63].

Figura 3.9 – Fusível D – partes constituintes. Montagem em plataforma tipo rosca

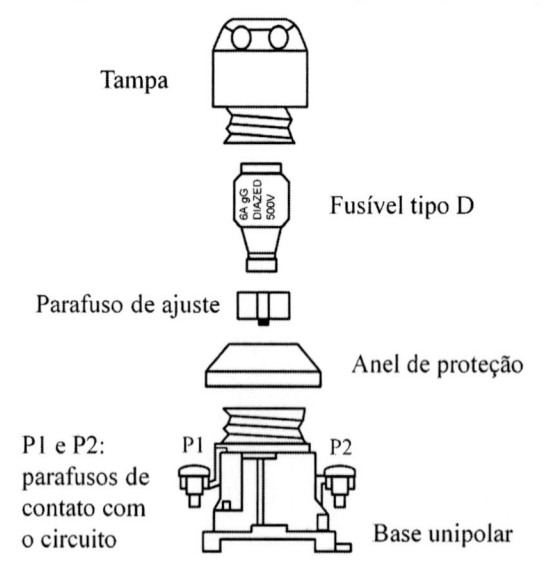

Fonte: o autor

63 FRANCHI, 2014, p. 77.

Fusíveis NH

A Figura 3.10 apresenta dois modelos, em função de sua corrente nominal. Os fusíveis NH são fixados em uma base com contatos em forma de garra.

Figura 3.10 - Aspecto de fusíveis NH, de 125 A e 630 A. Fabricante: WEG

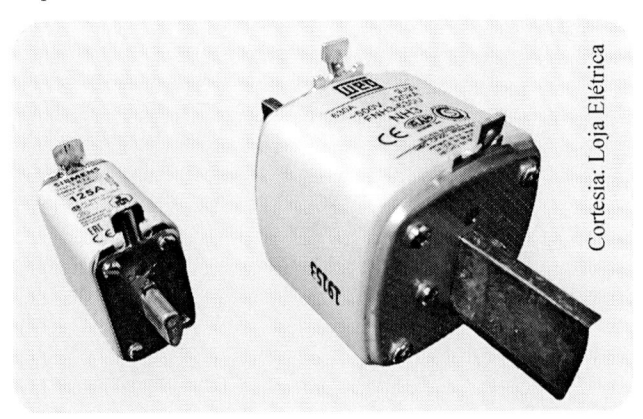

Fonte: o autor

Os fusíveis NH recebem essa denominação devido aos termos "*Niederspannungs Hochleitungs*", em alemão, que significam "baixa tensão e alta capacidade de interrupção". Aplicações: em instalações elétricas industriais, na proteção de sobrecorrentes de curto-circuito e de sobrecarga.

A ação do fusível NH pode ser retardada ou ultrarrápida, em função do tipo de carga. A sua especificação possui os valores típicos: (1) correntes nominais na faixa de 6 a 1200 A, (2) tensão nominal: 500 V_{CA}, e (3) capacidade de interrupção ou ruptura: sempre superior a 70 kA.

Sobre o correto uso dos fusíveis, temos as seguintes recomendações, segundo Filippo Filho e Dias[64]:

> O reestabelecimento da continuidade elétrica do circuito após a atuação de um fusível se dá com a substituição deste. Todavia, antes de proceder à substituição de um fusível, alguns procedimentos de segurança devem ser observados, tais como ter certeza sobre o desligamento e a desenergização do circuito sob falta, investigar as causas da atuação do fusível, tomar providências (manutenção, ajustes e/ou

---

[64] FILIPPO FILHO; DIAS, 2014, p. 54.

outras ações) quando à solução do problema identificado), realizar a troca do fusível e reenergizar e ligar o circuito em questão. Nunca improvisar qualquer material condutor no lugar de um fusível, bem como qualquer outra ação que contrarie as boas práticas técnicas e as recomendações contidas na Norma Regulamentadora nº 10 (NR 10), sob o risco de agravar a situação e expor, desnecessariamente, pessoas e equipamentos a acidentes.

3.2.2.6 Curva característica de um fusível

O tempo de ação de um fusível com relação à corrente elétrica é determinado pela sua curva característica, cujo aspecto é mostrado na Figura 3.11.

Figura 3.11 - Aspecto da curva característica de um fusível

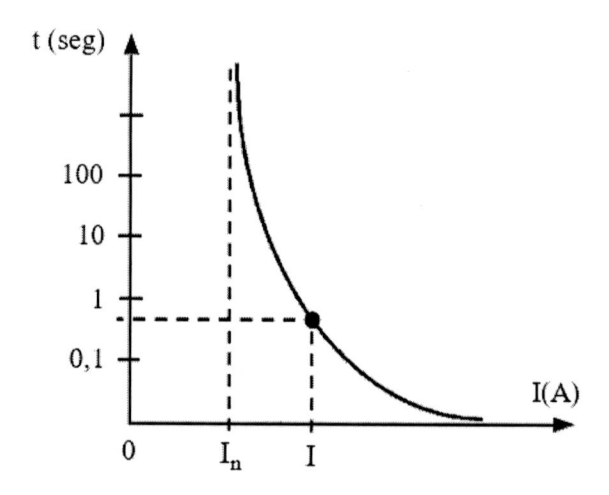

Fonte: o autor

Essa curva pode apresentar valores diferentes, para os fusíveis de ação ultrarrápida, rápida ou retardada, cada um, como vimos, com uma aplicação específica. No dimensionamento de fusíveis para motores elétricos e cargas capacitivas em geral (de efeito retardado), são considerados os seguintes aspectos[65,66]:

---

[65] FRANCHI, 2014, p. 79.

[66] NOGUEIRA, S. Z. S. *Comandos Elétricos*: o seu guia prático e definitivo. 1. ed. Rio de Janeiro: Edição do Autor, 2019.

1. *Tempo de fusão virtual* (para um motor elétrico, *tempo ´ corrente de partida*)

Neste caso, o fusível é projetado para suportar o pico da corrente de partida (I_p) sem se fundir, no período de transitório de partida do motor, t_p. De posse dos valores de t_p e I_p é dimensionado o fusível para cada fase do motor, por meio de sua curva característica.

2. *Sobrecorrente* do motor

Este critério define a corrente do motor dimensionada a um valor mínimo de 20% superior à corrente nominal, evitando-se um envelhecimento prematuro da instalação, aumentando a sua vida útil.

As equações (3.1) e (3.2) são utilizadas para esse parâmetro. Na equação (3.2), leva-se em conta o fator de serviço do motor (FS), dado de placa, nominal, se conhecido.

$$\text{Motor sem FS:} \quad I_{\text{Fusivel}} \geq 1,2 \times I_{\text{Nominal}} \tag{3.1}$$

$$\text{Motor com FS:} \quad I_{\text{Fusivel}} \geq 1,2 \times I_{\text{Nominal}} \times \text{FS} \tag{3.2}$$

3. Atuação conjunta com contatores e relés de sobrecarga

Em um circuito de comando, os fusíveis devem ser especificados para a proteção dos contatores e relés de sobrecarga, de acordo com os seus valores nominais de corrente (ver tabelas de fabricantes).

Exemplo 3.2 - *Dimensionamento de fusíveis de um motor elétrico.*

Efetuar os cálculos para o dimensionamento dos fusíveis para a instalação de um motor elétrico, com os seguintes parâmetros:

- Corrente nominal de 12,5 A;
- 4 polos, 5 CV, 220 V/60 Hz;
- $I_p/I_n = 8$;
- Tempo de partida direta (T_p) igual a 400 ms.

Solução:

Com a corrente I_n = 12,5 A temos:

$$I_p = 8,0 \times 12,5 = 100,0 \text{ A}$$

De acordo com as curvas características do fusível (Figura 3.12):

Com I_p = 100,0 A (corrente de partida) e T_p = 400 ms, verifica-se que o ponto de operação está bem próximo da curva de corrente igual a 25 A.

Nas curvas apresentadas na Figura 3.12, a curva imediatamente superior ao ponto (400 ms, 100 A) é a do fusível de 25,0 A.

O fusível D ou NH projetado através das curvas deve estar de acordo com a regra $I_{Fusível} {}^3 1,2 \times I_{Nominal}$ (não levando em conta o seu FS).

$$I_{Fusível} \geq 1,2 \times 12,5 \text{ A} \quad \rightarrow \quad I_{Fusível} \geq 15,0 \text{ A}$$

O dimensionamento do fusível pelo gráfico atende ao segundo critério, confirmando a escolha do valor nominal de 25 A.

Figura 3.12 - Curva tempo X corrente

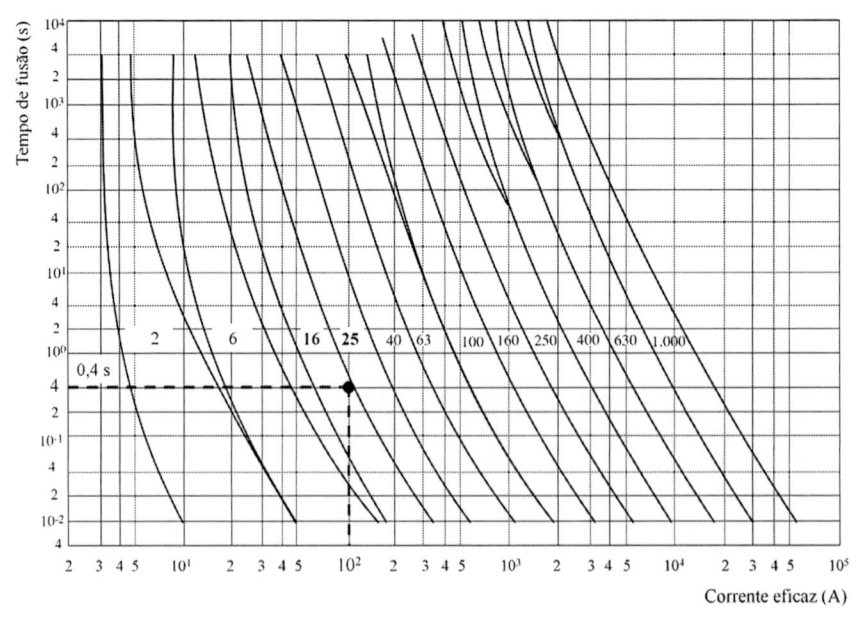

Fonte: Cotrim[67]

---

[67] COTRIM, 2009, p. 202.

Exercícios de Fixação – *Série 4*

EF 4.1 – Identifique na Figura 3.13 um (ou mais) casos de curto-circuito.

Figura 3.13 – Questão EF 4.1 – Diagnóstico de falha (s) de curto-circuito

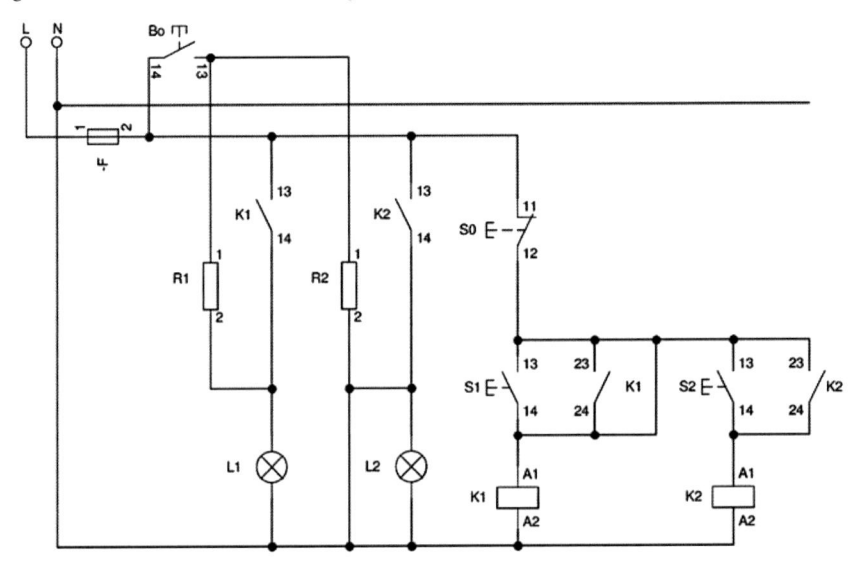

Fonte: o autor

EF 4.2 – Como pode ocorrer uma sobrecarga em instalações elétricas?

EF 4.3 – Como pode ser definido um curto-circuito em uma instalação elétrica? Qual é a forma mais segura de se proteger uma instalação elétrica contra um curto-circuito?

EF 4.4 – Quais sãos os parâmetros de especificação de um fusível?

EF 4.5 – Onde são empregados os fusíveis de efeito rápido? E os de efeito retardado?

3.3 Relés auxiliares

Os relés são bastante utilizados nos circuitos de comandos elétricos, em eventos como temporização de acionamentos, alarme e proteção, dentre outros[68]. Temos os relés de tempo, que serão abordados no próximo capí-

---

[68]   FRANCHI, 2014, p. 93.

tulo, e os relés auxiliares, que serão apresentados nesta seção, com os seus aspectos básicos e aplicações.

3.3.1 Relés de sobrecarga

O relé de sobrecarga, conhecido usualmente como relé térmico, atua na proteção contra sobrecorrente em equipamentos elétricos como motores e transformadores, que ocorre quando a corrente na carga é superior ao definido no projeto de acionamento. Nessa situação, o relé térmico atua abrindo o circuito, evitando um superaquecimento na rede elétrica.

Operação do relé de sobrecarga

O seu princípio de funcionamento se baseia na dilatação de partes elétricas bimetálicas (metais com coeficientes de dilatação linear diferentes, a_1 e a_2). Na Figura 3.14a, os dois materiais têm o mesmo comprimento (AB = CD) na temperatura ambiente. Quando submetidos a uma variação de temperatura, ocorre a deflexão do bimetal (Figura 3.14b), onde o material 1 se dilata mais que o material 2 e os comprimentos ficam diferentes (AB > CD). A curvatura obtida no bimetal é utilizada para alterar um contato do relé (NA ou NF).

Figura 3.14 – Par bimetálico. (a) Situação normal e (b) Deflexão do bimetal

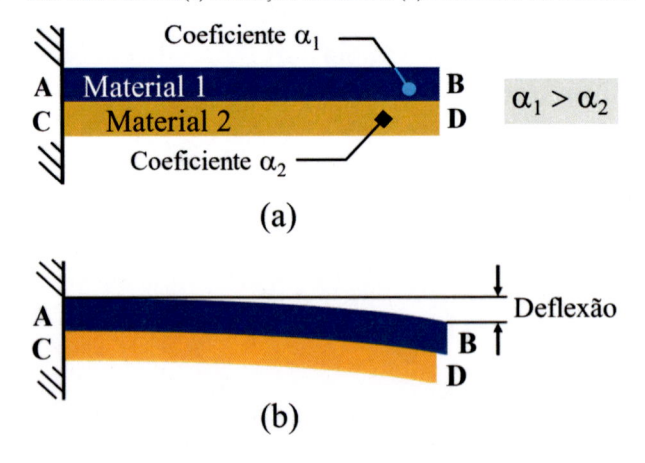

Fonte: adaptada de Franchi[69]

---

[69] *Ibidem*, p. 83.

De acordo com o princípio construtivo, encontramos dois tipos de relé térmico: (1) *relés de sobrecarga bimetálico* e (2) *relés de sobrecarga eletrônicos*.

Os relés de sobrecarga eletrônicos são indicados para funções adicionais como proteção contra falta de fase e sequência de fase. A Figura 3.15 mostra um modelo de relé de sobrecarga com a identificação dos seus componentes.

Figura 3.15 – Relé de sobrecarga: aspecto e identificação dos terminais[70]

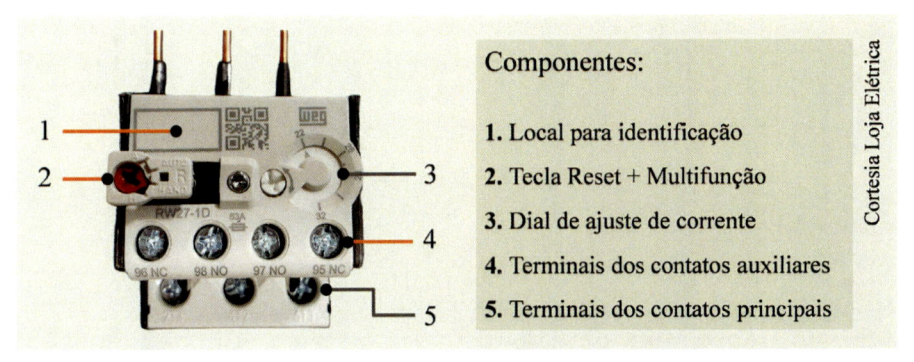

Fonte: o autor

Os contatos auxiliares são do tipo NF e NA. Na proteção de um MIT, por exemplo, esse relé o desconecta da rede elétrica, protegendo-o de valores de corrente que possam deteriorar os seus enrolamentos e a isolação da instalação.

No acionamento de um motor elétrico, por exemplo, o que poderia causar o **superaquecimento**? Podemos citar[71]: (1) sobrecarga mecânica na ponta do eixo, (2) tempo de partida muito alto, (3) rotor bloqueado, (4) falta de uma fase, (5) elevada frequência de manobras e (6) desvios excessivos de tensão e frequência da rede.

3.3.1.1 Símbolo e terminais

Os símbolos e contatos de um relé de sobrecarga, para os circuitos de carga e comando, são vistos, respectivamente, nas Figura 3.16a, 3.16b e

[70] RW - RELÉS de Sobrecarga Térmicos. Jaraguá do Sul: WEG Automação, 2021. p. 4. Disponível em: https://static.weg.net/medias/downloadcenter/h3f/h86/WEG-reles-de-sobrecarga-termico-linha-rw-50042397-catalogo-portugues-br-dc.pdf. Acesso em: 7 dez. 2023.

[71] FRANCHI, 2014, p. 83.

3.16c. Os seus contatos são numerados por 95-96 (NF) e 97-98 (NA), onde o tipo NF, quando acionado, pode interromper o acionamento de uma carga, por exemplo.

Figura 3.16 – Relé de sobrecarga. Símbolo para (a) circuito de carga e (b) e (c) circuito de comando

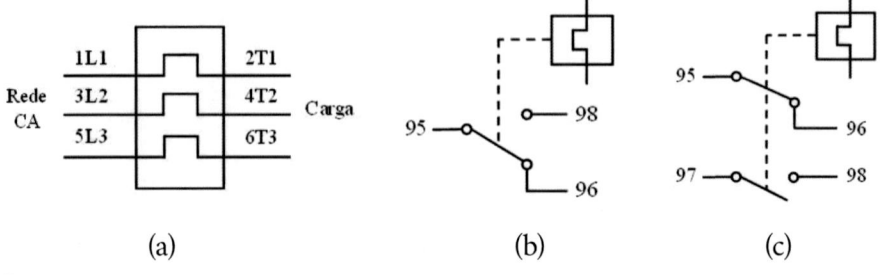

(a)   (b)   (c)

Fonte: o autor

Exemplo 3.4 – *Descrição da atuação de um relé térmico.*

O relé térmico protege cargas contra o aquecimento indevido causado por sobrecarga ou falta de fase[72]. Na Figura 3.17, é apresentada a aplicação do relé térmico (FT1) na proteção de um motor trifásico de indução trifásico (M1).

Na ocorrência de uma sobrecarga no motor (sobrecorrente), um mecanismo de disparo atua sobre o contato auxiliar 95-96 (NF) do relé FT1, o qual desliga o circuito de comando. Logo, o motor M1 é desconectado da rede elétrica por meio do contator K1.

O relé térmico também possui uma curva de disparo (tempo ´ corrente). Existe, portanto, um tempo para o desligamento do motor, em função da corrente de disparo em relação à corrente ajustada, devidamente representada na sua curva de atuação.

---

[72] RW - RELÉS, 2021, p. 4.

Figura 3.17 – Relé térmico aplicado na partida direta de um MIT

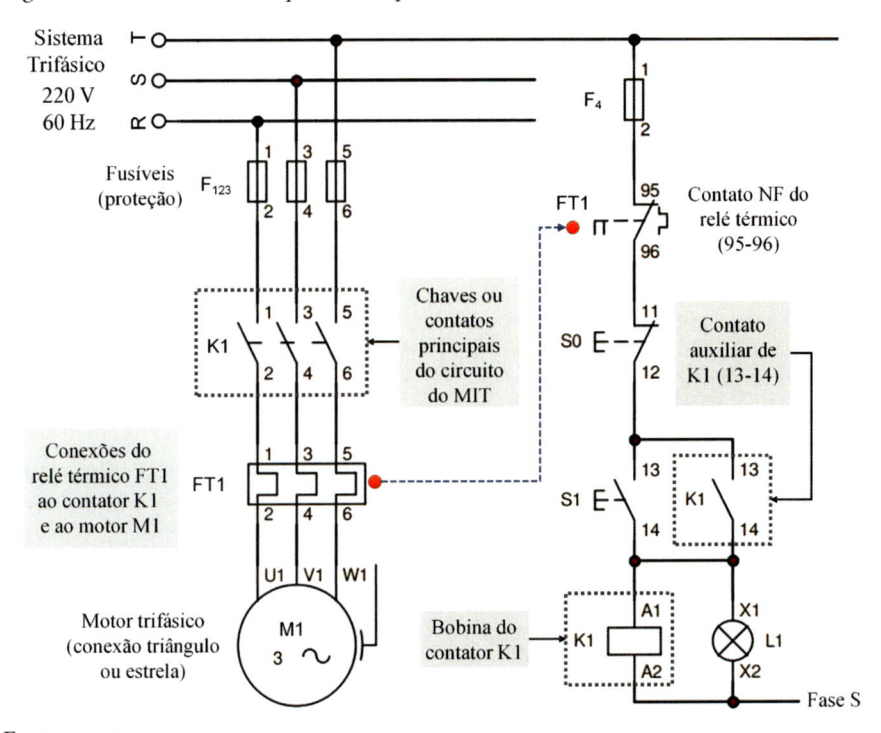

Fonte: o autor

Após o desarme da chave NF de FT1, deve-se aguardar o restabelecimento de seus contatos para o seu rearme, feito de forma manual ou automática. Isso se justifica pelo fato de que houve a dilatação das partes do par bimetálico que são parte do contato NF.

3.3.1.2 Relé térmico com botão RESET e tecla multifunções

Nos relés térmicos existe uma tecla multifunções para os seus ajustes. A Figura 3.18 mostra um modelo, do fabricante WEG. Nesse modelo, temos um botão de RESET e na mesma tecla as seguintes funções:

A – rearme automático;

AUTO – rearme automático e função teste;

HAND – rearme manual e função teste;

H – somente rearme manual.

Figura 3.18 – Aspecto da tecla multifunção / botão RESET de um relé térmico

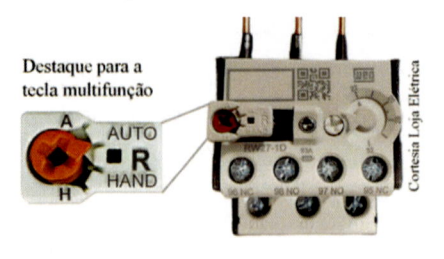

A	Somente rearme automático
AUTO	Rearme automático e teste
HAND	Rearme manual e teste
H	Somente rearme manual

Fonte: o autor

O acesso às funções A, AUTO, HAND e H é feito pelo giro do botão vermelho (sem pressão) com uma chave apropriada, posicionando o mesmo nas indicações da tecla RESET (R). Para outros modelos de relé térmico, deve ser consultado o seu manual de operação. Nas posições H (somente manual) e A (somente rearme automático), as funções de teste ficam bloqueadas. Nas posições HAND (manual) e AUTO (automático), é possível simular um teste e desarmar o relé térmico pela atuação direta na tecla RESET. Na mudança de HAND para AUTO, deve-se pressionar levemente a tecla RESET, simultaneamente ao giro do botão vermelho.

3.3.1.3 Instalação do Relé Térmico

Para circuitos monofásicos ou bifásicos, a instalação de relés térmicos trifásicos deve passar por uma adaptação na ligação dos fios. As ligações devem ser efetuadas de modo que em todos os contatos do relé circulem a mesma corrente (ver a Figura 3.19).

Figura 3.19 – Relé térmico de sobrecarga trifásico para serviço: (a) monofásico; (b) bifásico

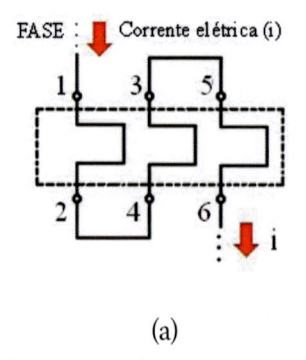

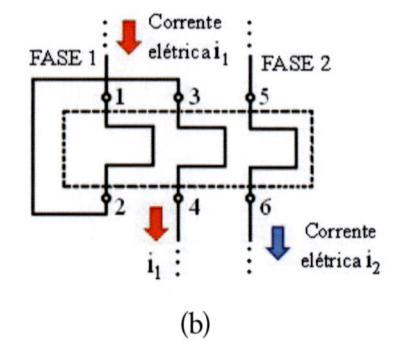

(a)   (b)

Fonte: o autor

Para aplicações em circuitos monofásicos, o relé térmico trifásico é conectado como na Figura 3.19a. A entrada da fase se dá no terminal 1 e a saída no terminal 6, com todos os contatos ligados em série (1-2 com 3-4 e com 5-6).

Para os circuitos bifásicos, a conexão desse relé é realizada da seguinte forma (ver a Figura 3.19b): a fase 1 é conectada ao terminal 1, com saída no terminal 4 (contatos 1-2 e 3-4 em série) e a fase 2 é conectada ao terminal 5 com saída no terminal 6.

Esse procedimento evita que um ou dois dos contatos do relé térmico trifásico fiquem inutilizados, o que provocaria um desgaste desigual no dispositivo. Por exemplo, para uma aplicação monofásica onde fosse utilizado somente o contato 1-2, nos outros contatos sem corrente o desgaste seria nulo. Quando do uso do componente em uma aplicação trifásica, os três contatos estariam comprometidos, pois houve maior desgaste no primeiro (contato 1-2).

QR Code para o vídeo:
Entenda como funciona o relé de sobrecarga[73]
Teoria e prática. Canal ELECTRICITY – O Canal da Elétrica.

3.3.2 Relés de sequência de fase

Este relé eletrônico atua protegendo os acionamentos trifásicos contra a inversão de sequência de fase, que pode comprometer, por exemplo, o funcionamento correto de um motor elétrico operando como bomba centrífuga.

A Figura 3.20a mostra um esquema genérico para esse relé e a Figura 3.20b, o seu símbolo para os diagramas de carga e de comando. Obviamente, cada fabricante apresenta um esquema diferente e específico (veja, por exemplo, a Figura 3.20c, onde é utilizado apenas um LED indicador).

---

[73] ENTENDA como funciona o relé de sobrecarga – Teoria e Prática. [*S. l.: s. n.*], 2020. 1 vídeo (8min 49s). Publicado pelo canal ELETRICITY - O CANAL DA ELÉTRICA. Disponível em: https://www.youtube.com/watch?v=h2S4fsIskF4. Acesso em: 13 nov. 2023.

Figura 3.20 – Relé de sequência de fase: (a) aspecto frontal, (b) símbolo e (c) aspecto prático

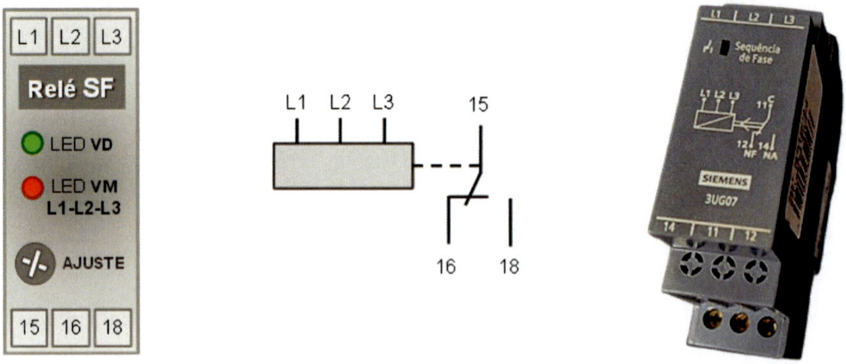

Cortesia Loja Elétrica

(a) (b) (c)

Fonte: o autor

Os seus terminais de entrada são, nesta ordem: L1, L2 e L3, para as tensões de fase da rede trifásica, R, S e T, respectivamente. Os terminais de saída são 15-16 (NF) e 15-18 (NA). A sua instalação é realizada com a conexão direta das três fases R, S e T aos terminais L1, L2 e L3, nessa ordem e dos contatos NA e NF ao circuito de comando da carga. O princípio de operação genérico para esse dispositivo é descrito a seguir.

Operação do relé – análise gráfica

a. Sequência correta de fases (R-S-T)

A Figura 3.21 mostra as formas de onda do relé de sequência de fase (modelo genérico da Figura 3.20a). No intervalo de 0 ao instante t_1, o relé está desenergizado. Com o relé energizado, a partir do instante t_1, os diodos LED verde (VD) e vermelho (VM) acendem, indicando relé energizado, na operação normal, sequência direta de fases, RST, como indicado no intervalo $t_1 - t_2$.

Figura 3.21 – Relé de sequência de fase: intervalos de operação normal e com falha

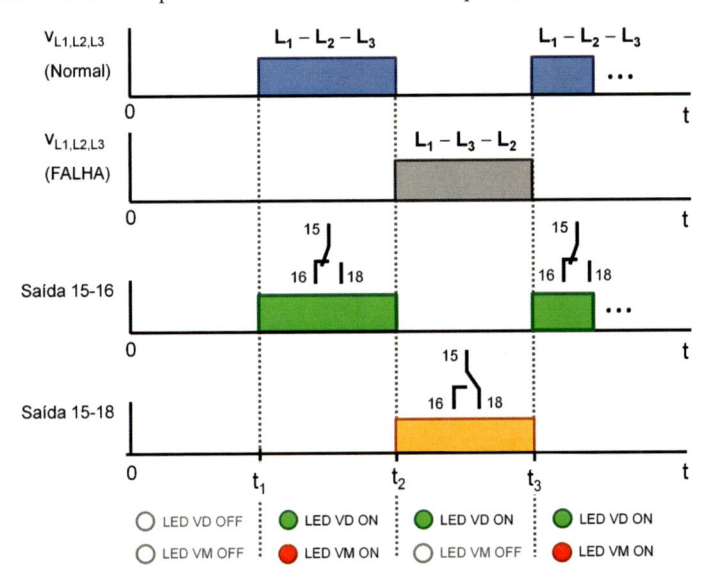

Fonte: o autor

b. Falha na sequência de fases (inversão)

No instante t_2, observa-se a ocorrência da falha de sequência de fase, que dura até o instante t_3. Nesse intervalo, as tensões da rede trifásica estão com a sequência $L_1 - L_3 - L_2$. O relé então comuta a sua saída de 15-18 para 15-16, para interromper a conexão da carga à rede trifásica, evento sinalizado pelo LED vermelho, desligado (essa sinalização depende da lógica adotada para cada fabricante).

Pelo gráfico da Figura 3.21, essa situação permanece até o instante t_3, quando as tensões retornam à sequência direta (sequência $L_1 - L_2 - L_3$) e o LED vermelho acende novamente, indicando operação normal.

3.3.3 Relés de falta de fase

O relé de falta de fase é aplicado na proteção de equipamentos trifásicos contra a ausência de uma ou mais fases da rede de alimentação. Nesse tipo de relé, ocorre a comutação dos seus contatos quando temos a perda de uma fase e em alguns modelos, do neutro. No acionamento de um motor elétrico, por exemplo, esse relé protege o motor e o circuito de comando, caso falte uma fase na sua partida.

A Figura 3.22 mostra um diagrama típico de sua atuação, onde são destacados os estados das saídas 15-16 e 15-18 para um exemplo de falta da fase 2 (v_{L2}, intervalo t_2-t_3) e do neutro (v_N, a partir do instante t_4).

Figura 3.22 - Operação do relé de falta de fase: normal e com falta de fase e do neutro

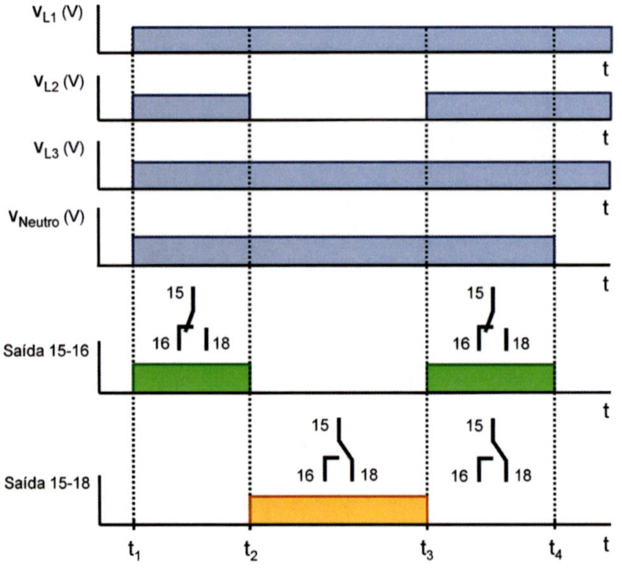

Fonte: o autor

Para a sua operação, o relé de falta de fase demanda os seguintes elementos[74]: circuito eletrônico de monitoramento, um microprocessador, um relé interno e um circuito comutador (com contatos NA e NF). Em seu projeto é previsto um retardo (em torno de 5 segundos), a fim de se evitar uma atuação indevida na partida de um motor elétrico ou em uma falha de falta de fase que ocorra em um breve instante de tempo[75].

3.3.4 Relés de proteção PTC

Este relé atua na proteção de motores elétricos, utilizados com uma sonda ou sensor de temperatura do tipo PTC (*positive temperature coeficient*), um termistor cujo comportamento é a variação brusca de sua resistência para

---

[74] MATTEDE, H. Relé falta de fase – O que é e como funciona! *Mundo da Elétrica*, [s. l.], 2014. Disponível em: https://www.mundodaeletrica.com.br/rele-falta-de-fase-o-que-e-como-funciona/. Acesso em: 11 jan. 2023.

[75] FRANCHI, 2014, p. 95.

um determinado valor de temperatura[76] (veja a Figura 3.23). A escolha do sensor é realizada em função da temperatura de trabalho ou de disparo, com valores típicos de 80, 90, 100, 140 °C, como visto na sua curva característica.

Instalação e operação do relé PTC

Esta sonda é uma espécie de termostato, constituído de lâminas bimetálicas que sofrem deformação com a elevação de temperatura, como ocorre nos relés de sobrecarga. Ela é instalada em cada fase do motor, em série, entre as espiras e no início de cada bobina, do lado oposto ao ventilador.

- A Figura 3.24 apresenta a operação do relé PTC[77]. Um sinal de referência (v_{REF}) é comparado com o sinal do PTC (v_{PTC}).

- A temperatura da sonda aumenta em função do aquecimento, como visto pela rampa, no sinal v_{PTC}.

- No instante em que o sinal v_{PTC} supera v_{REF}, ocorre a comutação dos contatos 15-16 para 15-18 (NF para NA). Assim, o motor elétrico fica protegido contra aquecimento no enrolamento, devido a eventos como: (1) sobrecarga; (2) elevação da temperatura ambiente; (3) partida muito longa.

Figura 3.23 - Curva característica da sonda PTC

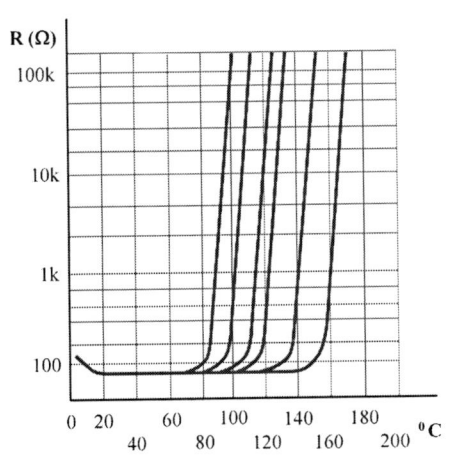

Fonte: o autor

---

76 *Ibidem*, p. 94.

77 *Ibidem*, p. 95.

Figura 3.24 - Relé PTC: diagrama de funcionamento

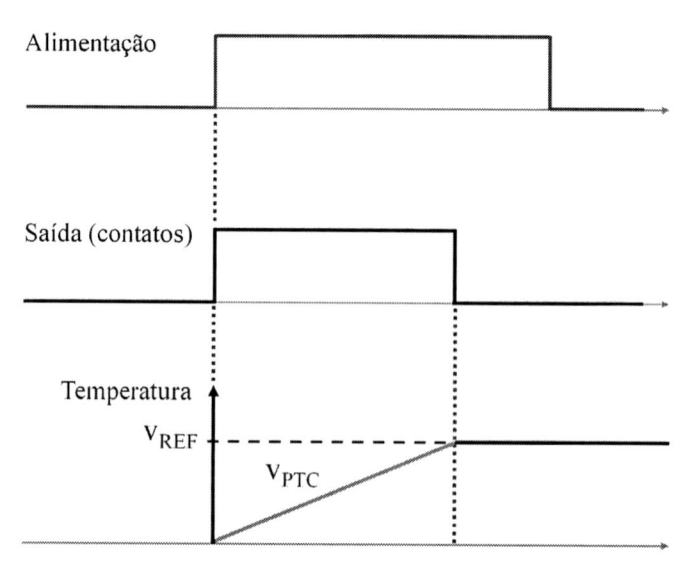

Fonte: adaptada de Franchi[78]

3.3.5 Relé supervisor de tensão

O relé supervisor de tensão (ver as Figuras 3.25, esquema genérico e 3.26, aspecto prático) é um dispositivo que monitora níveis de tensão, dentro de uma faixa de níveis máximos e mínimos, em redes monofásicas, trifásicas e de tensão contínua. Além dos níveis de tensão, é monitorado também o seu intervalo de tempo de variação[79].

Na detecção de anomalias, o relé supervisor de tensão comuta os seus contatos a fim de se proteger a carga e o circuito de comando.

---

[78] *Ibidem*, p. 95.

[79] O QUE É um relé supervisor de tensão? *Aprendendo Elétrica*, [s. l.], 2021. Disponível em: https://aprendendoeletrica.com/o-que-e-um-rele-supervisor-de-tensao/. Acesso em: 10 abr. 2023.

Figura 3.25 - (a) Aspecto de um relé supervisor de tensão; (b) Esquema simplificado

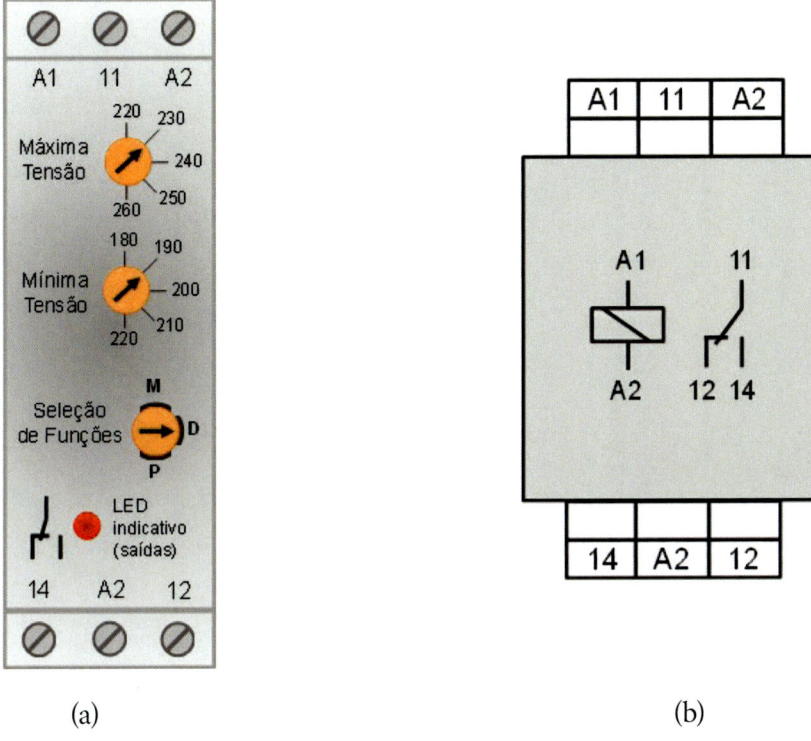

(a)   (b)

Fonte: o autor

Figura 3.26 - Relé supervisor de tensão – aspecto prático

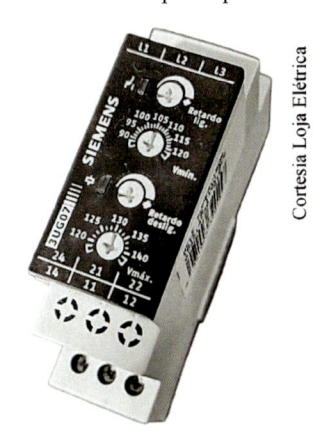

Fonte: SIEMENS Infraestrutura e Indústria Ltda

3.4 Disjuntores

O disjuntor é um dispositivo eletromecânico utilizado em uma instalação elétrica, cuja função é o seccionamento e proteção de equipamentos contra curtos-circuitos e sobrecargas de longa duração. Portanto ele interrompe a corrente elétrica antes que os seus efeitos térmicos e mecânicos possam se tornar perigosos.

Na Figura 3.27, é apresentado um grupo de disjuntores, monofásicos, bifásicos e trifásicos, e na Figura 3.28 um aspecto de um quadro de disjuntores, como encontramos em nossas residências.

Figura 3.27 - Tipos de disjuntores, monofásicos, bifásicos e trifásicos

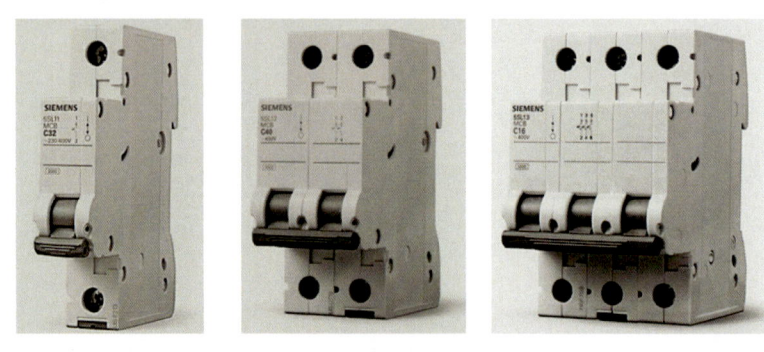

Fonte: SIEMENS Infraestrutura e Indústria Ltda

Figura 3.28 - Aspecto de um quadro de disjuntores

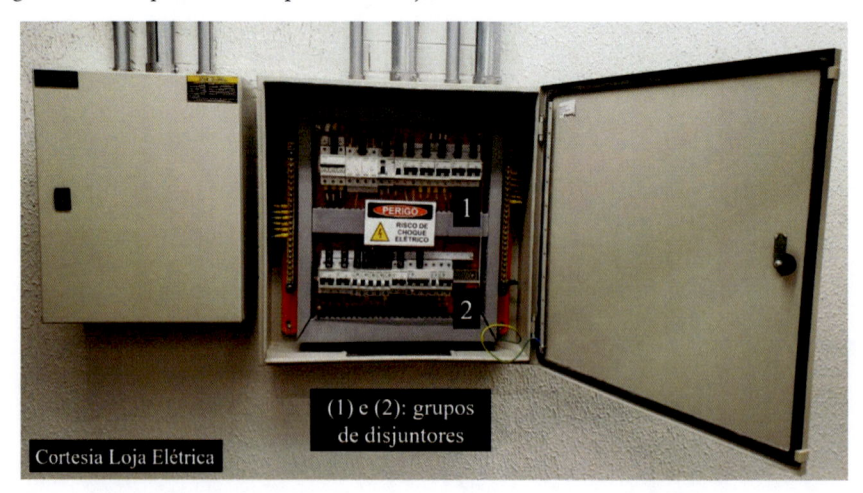

Fonte: o autor

A principal característica de um disjuntor é a sua capacidade de rearmar os seus contatos manualmente. Por esse motivo, ele serve tanto como dispositivo de manobra como de proteção de circuitos elétricos.

Diferença entre disjuntor e fusível

O disjuntor difere do fusível, pois esse é descartado após a sua atuação, quando ocorre uma sobrecorrente ou corrente de curto-circuito.

3.4.1 Aspectos construtivos de um disjuntor e simbologia

Antes de apresentar a estrutura interna de um disjuntor, faremos a sua classificação, em função do seu modo de funcionamento. Temos então os disjuntores *térmico, magnético* e *termomagnético*.

- *Disjuntor Térmico* – atua com sobrecarga de corrente, a qual gera aquecimento, que irá causar a deformação de suas placas bimetálicas, e daí a interrupção do circuito. Esse disjuntor protege os cabos da instalação elétrica contra o aquecimento por sobrecarga prolongada. Apesar de ser robusto, esse tipo de disjuntor necessita de um tempo maior para atuação, sendo considerado lento na proteção.

- *Disjuntor Magnético* – diferentemente do disjuntor térmico, apresenta as características de rapidez na atuação e interrupção instantânea do circuito.

- *Disjuntor Termomagnético* – é o mais utilizado, sendo a junção dos disjuntores térmico e magnético (ver a Figura 3.29).

Figura 3.29 – Visão interna de um disjuntor e funções integradas

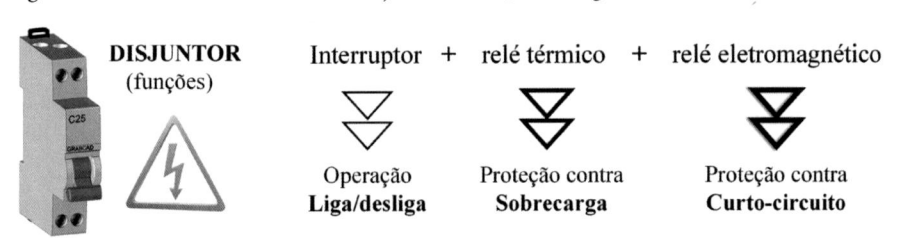

Fonte: o autor

É um disjuntor mais completo e integra as seguintes funções:

(1) *interruptor* (operação liga-desliga);

(2) *relé térmico*, com a função de proteção térmica (lenta e robusta), contra sobrecarga;

(3) *relé eletromagnético*, com a função de proteção rápida e precisa, contra curto-circuito.

Estrutura interna do disjuntor e simbologia

A Figura 3.30 apresenta os elementos da estrutura interna de um disjuntor (no caso, do tipo termomagnético) e a sua identificação. Alguns desses elementos são descritos na sequência.

Figura 3.30 – Estrutura interna de um disjuntor

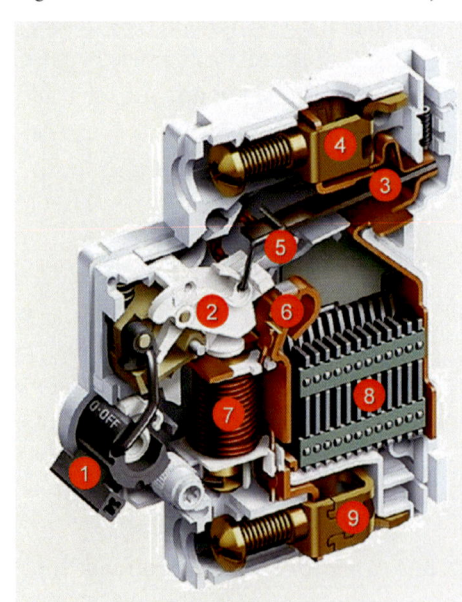

Principais dispositivos do disjuntor

1. Manipulador / alavanca
2. Mecanismo de conexão e desconexão
3. Atuador / disparador térmico (par bimetálico)
4. Borne de ligação superior (entrada)
5. Contato móvel
6. Contato fixo
7. Bobina
8. Câmara de extinção do arco elétrico
9. Borne de ligação inferior (saída)

Fonte: Fernandes[80]

- *Manipulador/alavanca:* serve para ligar ou desligar o disjuntor manualmente.

[80] FERNANDES, L. P. de F. Disjuntores. *ELETRUIZ Eletricidade*, Paranavaí, 2019. Disponível em: https://eletruiz. webnode.com/disjuntores/. Acesso em: 6 fev. 2022.

- *Bornes:* terminais do disjuntor onde são conectados os fios/cabos de entrada e saída. Devem ser bem apertados para evitar o mau contato.

- *Atuador/barramento bimetálico:* contém as placas bimetálicas que são deformadas com a sobrecarga.

- *Bobina e pistão metálico:* estas peças ativam a proteção magnética do disjuntor, abrindo os contatos e interrompendo a corrente do circuito.

- *Câmara de extinção de arco elétrico:* atua quando ocorrem arcos voltaicos ou elétricos na interrupção da corrente elétrica. Por meio dispositivo, evita-se que faíscas escapem para fora do disjuntor.

O disjuntor é identificado nos diagramas elétricos de comando e de carga pela letra Q (sempre em maiúscula). Quanto ao símbolo gráfico/esquemático, vemos na Figura 3.31 dois exemplos, para os disjuntores Q_1 e Q_2, de acordo com as Normas NBR 12523 e IEC 60617-7, respectivamente.

Figura 3.31 – Símbolos do disjuntor termomagnético (Normas NBR 12523 e IEC 60617-7)

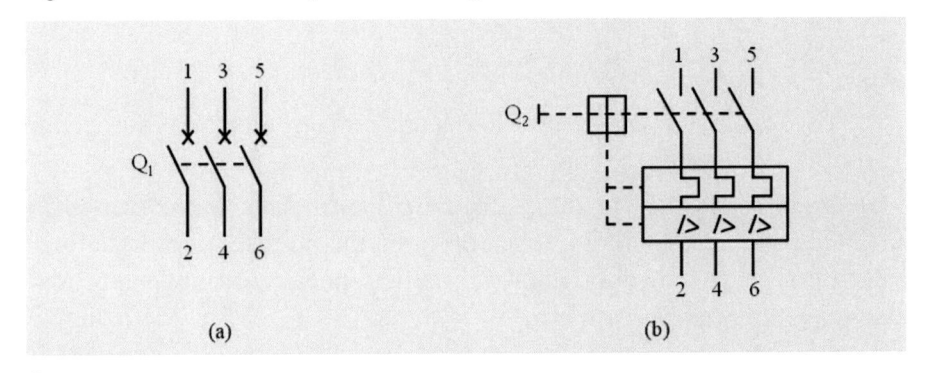

(a)   (b)

Fonte: o autor

3.4.2 Curvas de disparo do disjuntor

As curvas de disparo ou de ruptura do disjuntor indicam o tempo que ele leva para interromper a corrente, quando esta ultrapassa o valor nominal. Para cada tipo de carga, existe uma curva de desligamento, como se verifica na Figura 3.32, na qual são apresentadas curvas típicas designadas por B, C e D, dependendo do fabricante.

Figura 3.32 – Famílias de curvas B, C e D de um disjuntor: tempo ´ corrente

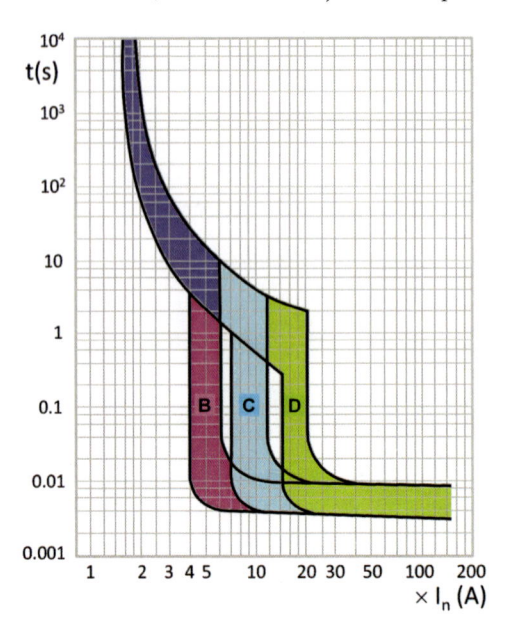

Fonte: o autor

Por essas curvas, é especificado o tempo em que uma corrente acima da nominal irá permanecer no circuito sem o desarme do disjuntor.

Disjuntor curva B – para esse disjuntor, é estipulada uma corrente de ruptura da ordem de 3 a 5 ´ I_n (corrente nominal do disjuntor). Esse tipo de disjuntor é utilizado em circuitos resistivos, pois a corrente na partida nesses equipamentos é reduzida.

Disjuntor curva C – empregado no acionamento de cargas indutivas, como motores elétricos e circuitos de iluminação em geral, onde se estabelece uma corrente de ruptura de 5 a 10 vezes a sua corrente nominal.

Disjuntor curva D – essa curva estabelece uma faixa de corrente de ruptura de 10 a 20 vezes a sua corrente nominal. É indicado o seu uso em motores elétricos e transformadores de grande porte, com o objetivo de proteção para curtos-circuitos de grande intensidade.

3.4.3 Especificação de disjuntores

Os disjuntores protegem com eficácia uma instalação elétrica, se forem especificados corretamente, levando em conta os requisitos a seguir:

1. *Curvas de atuação* – são relacionadas com o tipo de carga a ser protegida. São utilizadas mais comumente as curvas B e C.

2. *Número de polos*

   - Disjuntores monopolares ou unipolares ou ainda disjuntores monofásicos: utilizados em circuitos onde apenas a fase é seccionada, pois o condutor de neutro é aterrado e não compromete a segurança da instalação (veja a Figura 3.33).

   - Disjuntores bipolares ou bifásicos - são utilizados frequentemente em cargas energizadas com duas fases, como os chuveiros elétricos em 220 V. Nessa situação, as duas fases devem ser seccionadas simultaneamente.

   - Disjuntores tripolares – permitem o seccionamento de 3 fases, com o uso de uma só alavanca.

   - Disjuntores tetrapolares – permitem o seccionamento do cabo neutro, além das 3 fases. O condutor de neutro só deve ser seccionado em situações muito específicas, de acordo com o sistema de aterramento, e as Normas NBR 5410 devem ser consultadas.

Figura 3.33 – Modelo de um disjuntor monopolar

Fonte: SIEMENS, Infraestrutura e Indústria Ltda[81]

---

[81] MINIDISJUNTORES 5SL, 5SY e 5SP – Catálogo. São Paulo: SIEMENS, Infraestrutura e Indústria Ltda., 2022. Disponível em: https://assets.new.siemens.com/siemens/assets/api/uuid:5e2a000b-6c1f-43be-853e-1799db7956e2/catalogo-minidisjuntores-janeiro-2022-net.pdf. Acesso em: 22 out. 2022.

3. Corrente nominal

Dependendo do tipo de disjuntor (monopolar, bipolar ou tripolar) e de sua tensão nominal, em geral encontramos modelos na faixa de 4A até 63A.

- *Como escolher o valor ideal da corrente nominal de um disjuntor?*

Devem ser consideradas a capacidade nominal da carga ou equipamento e a "bitola" dos cabos utilizados (seção). Exemplificando, para um chuveiro é utilizado comumente um disjuntor de 40 A, para a proteção de cabos de seção de 6 mm². Em um circuito de iluminação, podemos empregar disjuntores de 16 A, suficientes para a proteção de cabos de 1,5 mm².

4. Capacidade de interrupção

Este critério tem a ver com a "intensidade do curto-circuito" o qual o disjuntor interrompe ou desliga com segurança. Para modelos residenciais, é adotada a capacidade de 3000A (3kA), normalmente.

3.4.4 Disjuntor motor

O disjuntor motor (ver aspecto na Figura 3.34) é um dispositivo que exerce de modo simultâneo nos circuitos de acionamento as funções[82]: proteção elétrica, pela detecção de eventos de sobrecorrente e de curtos-circuitos e comando, por meio de manobras mecânicas e facultativas de abertura e fechamento sob cargas instaladas.

Figura 3.34 – Aspecto do disjuntor motor

Fonte: o autor

---

[82] FRANCHI, 2014, p. 87.

Nesta aplicação, esse equipamento só é recomendado em situações de comando local do motor elétrico, baixa frequência de operação e espaço reduzido de montagem, visto que o disjuntor motor tem desempenho multifunções (manobra e proteção) já comentado anteriormente.

Alguns modelos de disjuntor motor apresentam um mecanismo diferencial com sensibilidade a falhas de falta de fase. Esse mecanismo tem a função de seccionar o disjuntor assim que a tensão elétrica em uma das fases for nula ou com um valor baixo que provoque uma falha na operação do motor. A Figura 3.35 apresenta um esquema que mostra no DM a integração das funções de manobra e de proteção contra curto-circuito e contra sobrecarga, no acionamento de motores elétricos[83].

Figura 3.35 – Atuação do disjuntor-motor

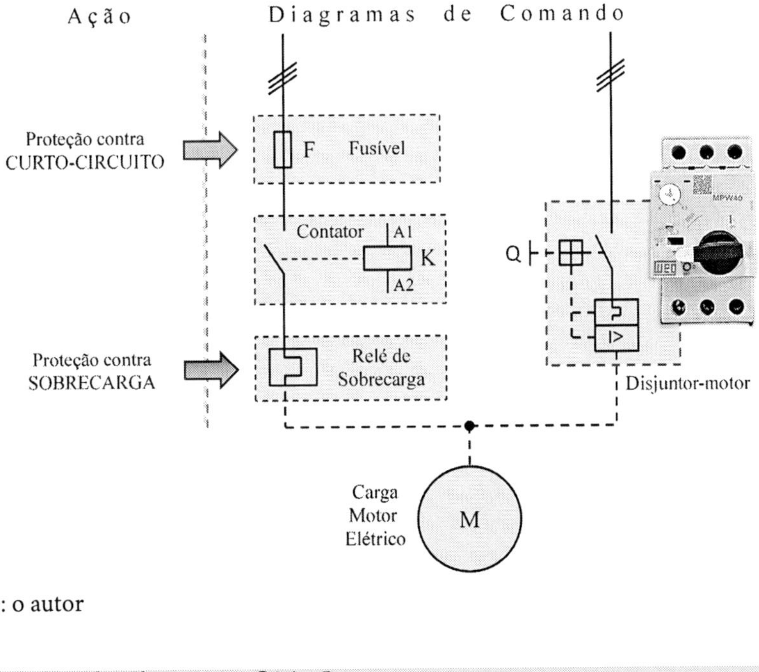

Fonte: o autor

Exercícios de Fixação – *Série 5*

EF 5.1 – O esquema da Figura 3.36 mostra os diagramas de carga e de comando para a partida direta de um MIT.

---

[83] WEG – DISJUNTORES Motores – Linha MPW 50009822 – Catálogo. Jaraguá do Sul: WEG Automação, 2021. Disponível em: https://static2.weg.net/medias/downloadcenter/h1b/h43/WEG-disjuntores-motores-linha-mpw-50009822-catalogo-portugues-br-dc.pdf. Acesso em: 22 maio 2023.

As afirmativas a seguir descrevem corretamente os dispositivos utilizados nesse acionamento, EXCETO:

a. (   ) Os dispositivos identificados por (1), (3), (5) e (6) atuam na proteção do motor, em caso de sobrecorrente ou curto-circuito.

b. (   ) Os contatos do contator K1 no circuito de carga devem ser numerados na sequência 1-3-5 e 2-4-6.

c. (   ) Para a sinalização da falha de sobrecorrente no motor, pode ser utilizada a chave NA do relé térmico (contatos 95-98), acionando uma lâmpada (L2).

d. (   ) O diagrama de comando indicado nesta figura é acionado na tensão de 127 V (fase-neutro).

Figura 3.36 - Esquema para a partida direta de um MIT – componentes

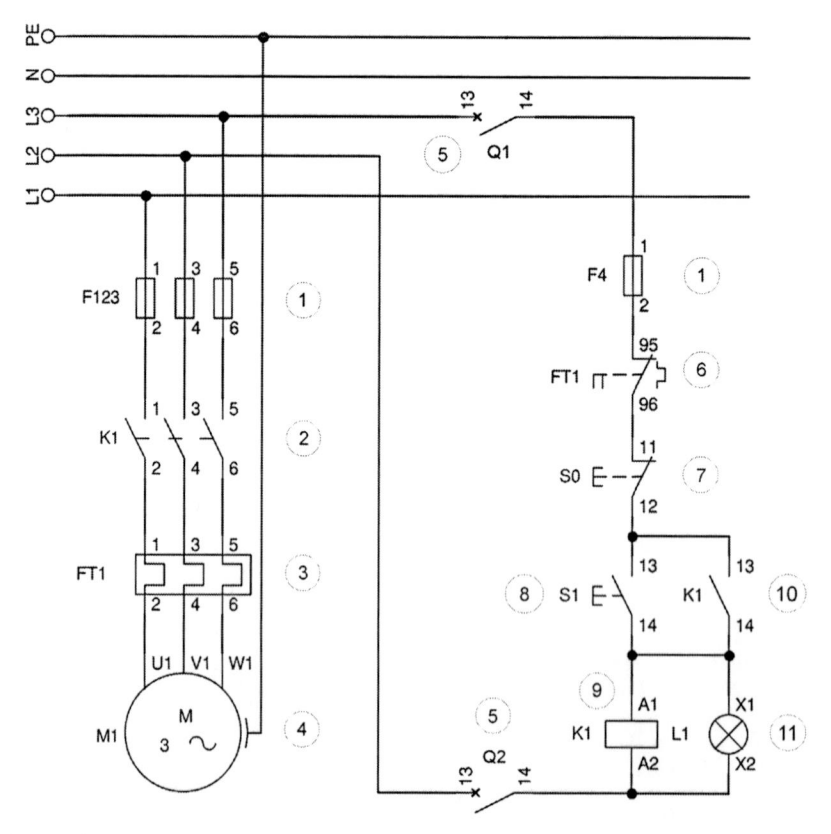

Fonte: o autor

EF 5.2 – Conceituar um disjuntor e o que ele protege em equipamentos elétricos.

EF 5.3 – Diferenciar um disjuntor térmico de um disjuntor magnético.

EF 5.4 – *Projeto: comando condicionado de dois motores elétricos*

Os circuitos da Figura 3.37 são o resultado de um projeto de acionamento de dois MIT no modo condicionado ou consecutivo, ou seja, o motor M2 só parte se o motor M1 estiver ligado.

Foram utilizados dois relés térmicos, FT1 e FT2, um para cada motor. Na ocorrência de sobrecarga em um deles, o outro motor deve continuar operando.

a. Identificar um <u>erro nesse projeto</u>, com relação ao uso dos relés FT1 e FT2.

b. Refazer o desenho desses componentes no circuito de comando.

Figura 3.37 - Partida direta de dois motores de indução; (a) e (b) Diagramas de carga e comando

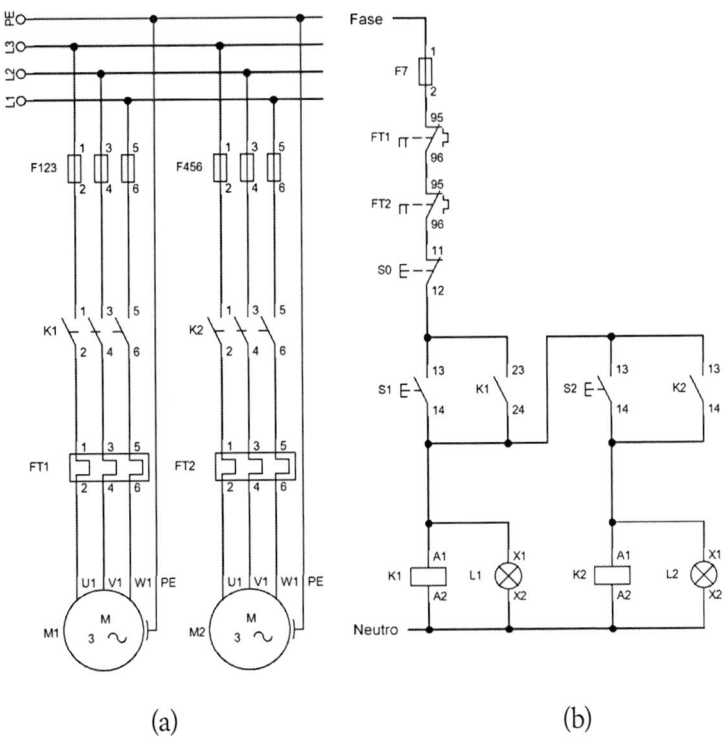

(a)   (b)

Fonte: o autor

Capítulo 4

DISPOSITIVOS DE TEMPORIZAÇÃO

4.1 Introdução

Em comandos elétricos, os dispositivos de temporização ou temporizadores ocupam uma função muito importante, permitindo o controle do tempo de operação em aplicações como partidas sequenciais de motores elétricos, em circuitos de iluminação e outros. Neste capítulo, são apresentados os relés de tempo ao trabalho e ao repouso, os relés de tempo cíclicos e as suas principais aplicações.

4.2 Relé de tempo

O relé de tempo ou *timer* é um dispositivo temporizador para controle de intervalos de tempo utilizado no controle de máquinas e processos industriais, em tarefas como sequenciamento, interrupções de comandos e chaves de partida. É identificado nos diagramas de comando pelas siglas RT ou KT.

O seu princípio de funcionamento consiste na comutação de seus contatos de saída, decorrido o tempo ajustado na sua escala. Na Figura 4.1, a primeira forma de onda mostra o sinal de alimentação (energização do relé) e a segunda forma de onda mostra o início da temporização com a energização da sua bobina (instante t_0). O intervalo T entre os instantes t_0 e t_1 é o período ajustado. A Figura 4.2a mostra um exemplo de aspecto de um relé de tempo e a Figura 4.2b mostra o seu símbolo e contatos, do tipo reversor, numerados por 15, 16 e 18. Os terminais 15 e 16 constituem o contato NF e 15 e 18 o contato NA. Os terminais A_1 e A_2 recebem a tensão de alimentação, sendo usualmente: 24 V em CC; 127 V (ou 110 V); e 220 V em CA.

Figura 4.1 – Princípio básico do relé de tempo: formas de onda

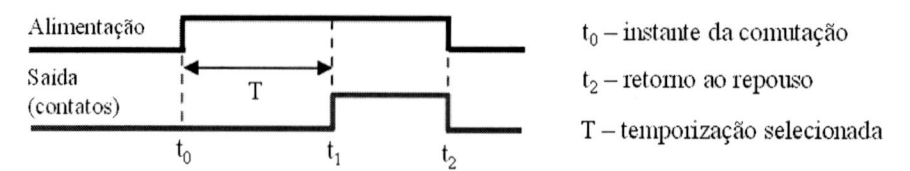

Fonte: o autor

Figura 4.2 – (a) Aspecto frontal de um relé de tempo; (b) Símbolo e contatos comum, NA e NF

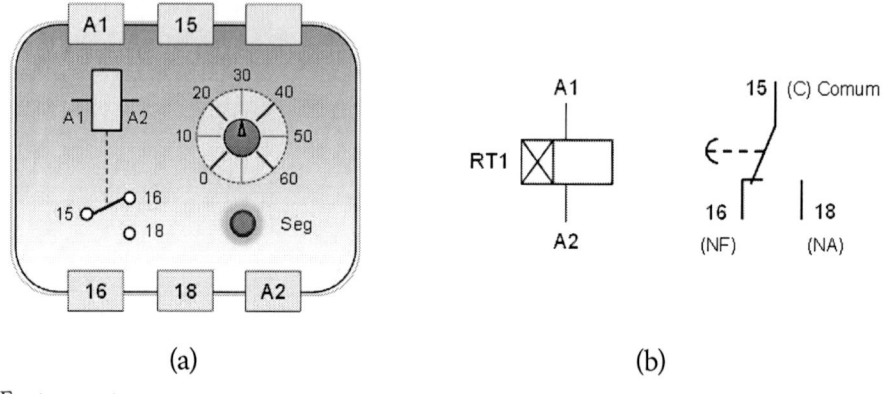

(a)   (b)

Fonte: o autor

4.2.1 Relés de tempo eletrônicos

Os relés de tempo eletrônicos ou temporizadores são uma evolução dos relés eletromecânicos, com recursos de fonte de tensão estabilizada e funções de temporização ajustáveis, o que os torna aplicáveis a situações mais complexas como em sistemas de automação industrial, máquinas operatrizes, máquinas de embalagem, sistemas de ar-condicionado, elevadores, escadas rolantes, pontes rolantes etc. O seu elemento de comando ou "bobina eletrônica" é um circuito eletrônico que funciona como a bobina de um relé. Esse circuito realiza a contagem do tempo após o qual atuam os contatos do temporizador, que provocam mudanças na atuação da máquina[84].

Os relés de tempo e suas respectivas denominações são: (1) relé com retardo na energização ou *relé ao trabalho* (Figura 4.3a), (2) relé com retardo na desenergização ou relé *ao repouso* (Figura 4.3b) e (3) relé cíclico (Figura 4.3c).

---

[84] COMANDOS Elétricos – Série Eletroeletrônica. Brasília: SENAI/DN, 2013. p. 86.

Figura 4.3 – (a) Relé de tempo: símbolos para os tipos (a) TRE, (b) TRD e (c) cíclico

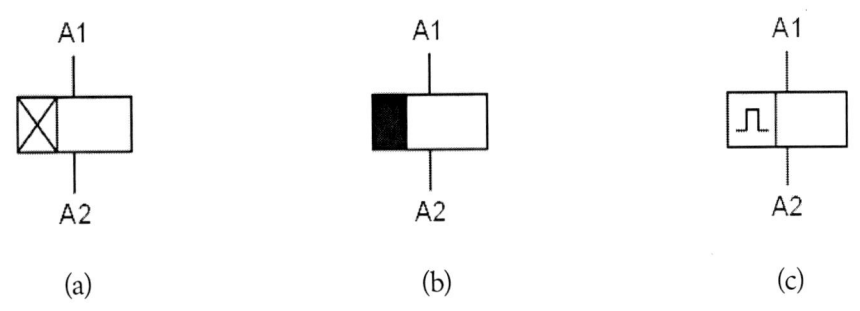

Fonte: o autor

4.2.1.1 Relé de tempo ao trabalho (TRE)

A operação deste relé é explicada por meio das formas de onda apresentadas na Figura 4.4a, nas etapas:

1. *Energização e temporização do relé* - intervalo de tempo entre os instantes t_0 e t_1.

Figura 4.4 – (a) Formas de onda do RT tipo TRE; (b) Etapa 1: energização do RT. Contatos em repouso; (c) Etapa 2: energização e comutação dos contatos do RT

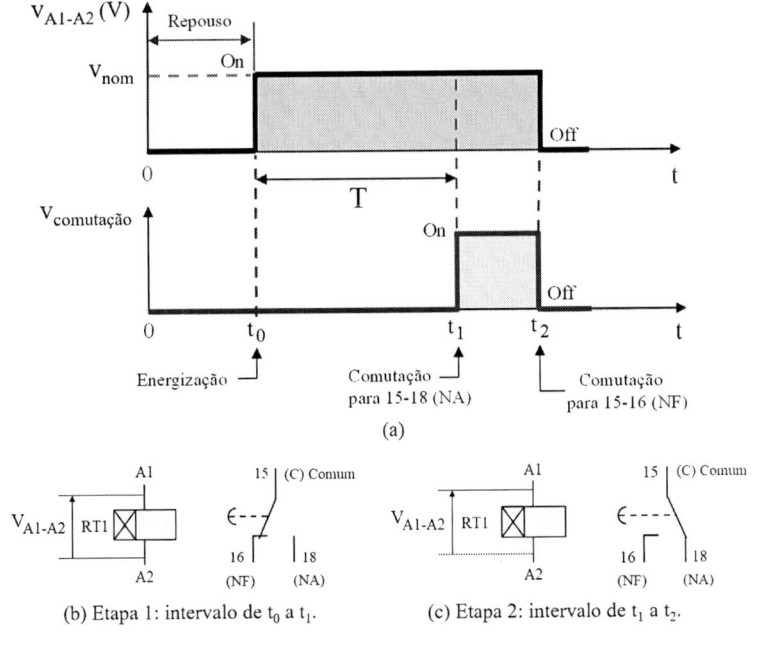

Fonte: o autor

- Inicialmente, o RT está em repouso, com o contato NA (15-18) desativado (ver a Figura 4.4b). No instante t_0, a bobina do RT é energizada nos terminais A_1 e A2 pela tensão nominal V_{nom}.

- A partir do instante t_0, inicia-se a contagem do tempo T (de t_0 a t_1), ajustada no cursor do relé.

2. *Comutação dos contatos* - intervalo de tempo entre os instantes t_1 e t_2.

   - Verifica-se, pelas formas de onda da Figura 4.4a, que, decorrido o período T, ocorre no instante t_1 a comutação dos contatos do relé, de 15−16 para 15−18 (veja a Figura 4.4c).

   - Do instante t_1 ao instante t_2 o RT, está com o contato NA (15−18) ativado.

   - O final desse intervalo (instante t_2) ocorre quando a bobina do RT é desenergizada, ou seja, com $V_{A1-A2} = 0V$. Isso provoca a comutação do contato 15−18 de volta para 15−16, o que estabelece o RT no estado de repouso. O contato NF 15−16 permanece ativado até que o RT seja energizado novamente.

Exemplo 4.1 – *Entendendo a comutação de contatos do relé de tempo ao trabalho.*

Como primeiro exemplo, temos um relé de tempo ao trabalho em uma aplicação onde se controla o tempo de funcionamento de uma lâmpada alimentada por uma tensão contínua, V_{B1-B2}, como mostra a Figura 4.5a.

Figura 4.5 – (a) Aplicação de um relé ao trabalho no acionamento de uma lâmpada; (b) formas de onda

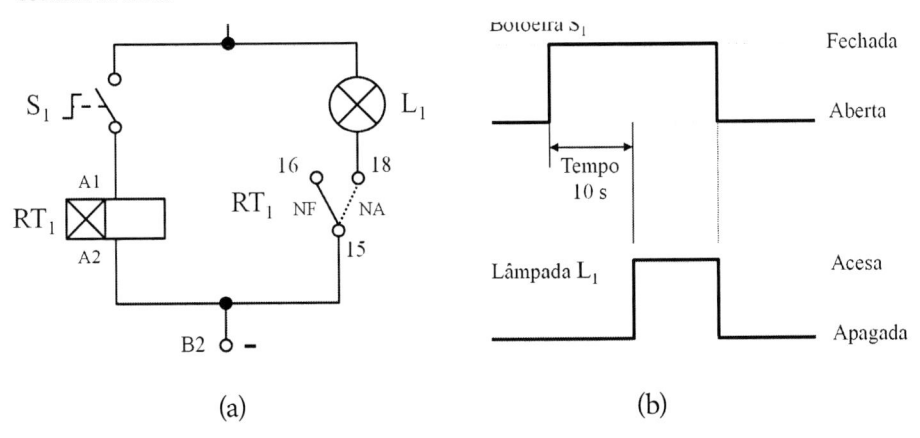

(a)   (b)

Fonte: o autor

Operação:

1. ao pressionarmos a botoeira liga S_1 não pulsante, o relé RT_1 é energizado — os terminais A_1 e A_2 são alimentados pela tensão contínua.

2. é iniciada a contagem de tempo conforme o seu ajuste (vamos adotar, por exemplo, 10 segundos);

3. após 10 segundos, a lâmpada L_1 é acionada, com a comutação de 15–16 para 15–18 nos terminais do relé RT_1 (veja este instante na Figura 4.5b);

4. a lâmpada só pode ser desligada pela botoeira S_1, com a retirada da alimentação dos terminais A_1 e A_2. Com esse evento, os contatos NA e NF voltam à posição de repouso.

Exemplo 4.2 – Partida de um motor trifásico e desligamento temporizado.

O circuito da Figura 4.6 representa a partida direta de um MIT e o seu desligamento pela atuação do relé de tempo RT1, que desconecta a bobina do contator K1, de acordo com o tempo programado ou ajustado em seu cursor.

Figura 4.6 – Circuitos de carga e de comando de um MIT com desligamento pelo RT ao trabalho

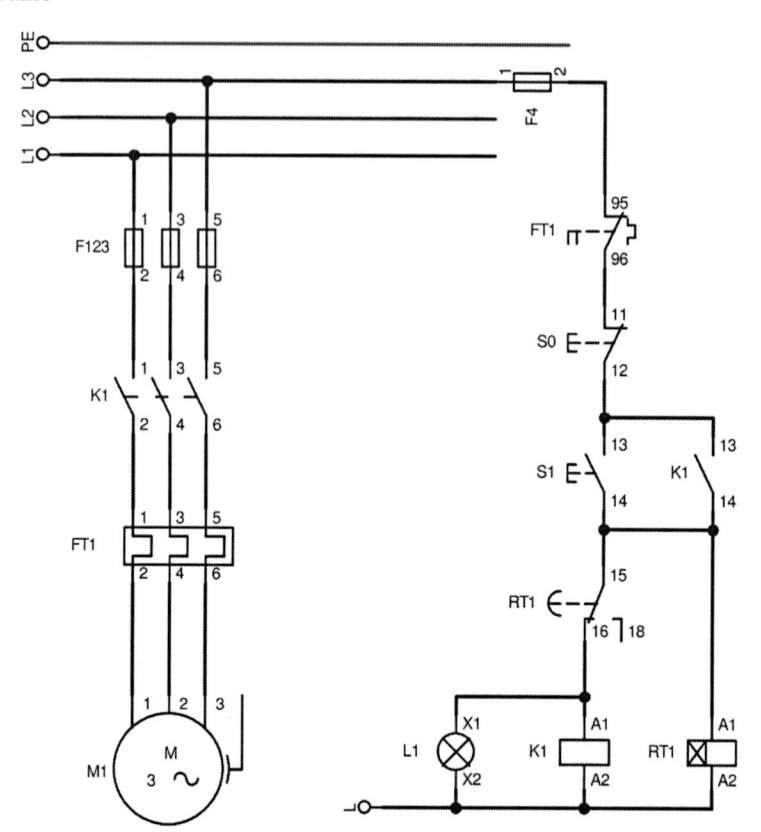

Fonte: o autor

Operação do circuito:

- a partida do MIT é realizada diretamente pela botoeira S1;
- o contator K1 e o RT1 são energizados;
- o selo de K1 é fechado (contato 23–24);
- o contato 15-16 de RT1 está inicialmente em repouso;
- inicia-se o tempo T ajustado no RT, por exemplo, 10 segundos;
- após esse tempo, ocorre a comutação dos contatos de RT1, 15–16 para 15–18;
- com isso, abre-se o ramo onde está o contator K1;

- o selo de K1 abre (contatos 13–14);
- o relé RT1 é desenergizado, ou seja, $v_{A1-A2} = 0$ em seus terminais;
- o circuito pode ser acionado novamente (novo acionamento do MIT em partida direta, através da botoeira S1).

Exemplo 4.3 – *Circuito de teste de lâmpadas com o relé ao trabalho.*

Na Figura 4.7, temos um circuito para o teste simultâneo e temporizado de um grupo de 3 lâmpadas. A sequência de acionamento para esse teste ocorre da seguinte forma:

- aciona-se a botoeira B1, o que energiza o relé RT1 e o contator K1;
- o contato de selo de K1 (13–14) é fechado. Após 5 segundos, o contato 15–16 de RT1 comuta para 15–18. Encerra-se o teste das lâmpadas, que dura 5s.

Figura 4.7 – Circuito de teste simultâneo de lâmpadas com o uso de relé TRE

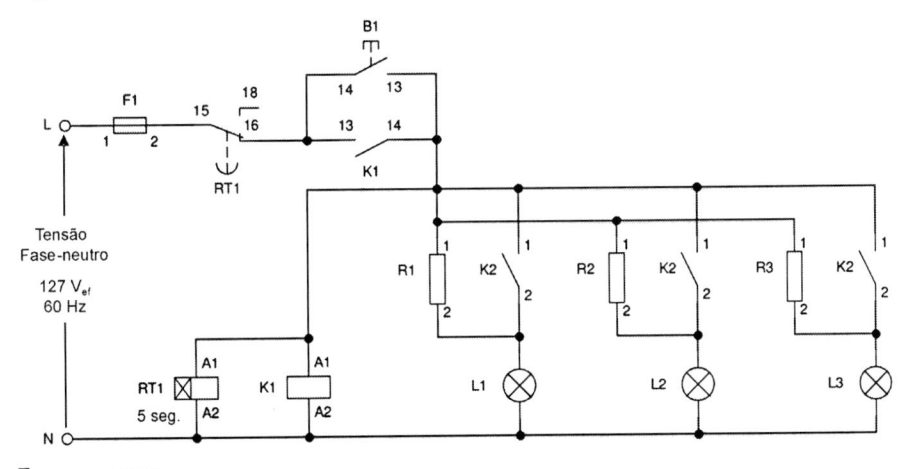

Fonte: o autor

4.2.1.2 Relé de tempo ao repouso (TRD)

O relé de tempo *ao repouso* apresenta um retardo ou tempo de atraso para desligar. Na Figura 4.8a, são apresentadas as suas formas de onda. Nas Figuras 4.8b e 4.8c, são vistos o seu símbolo e os seus contatos, em estado de repouso e na etapa 1 de operação, respectivamente.

Figura 4.8 – Relé de tempo ao repouso; (a) formas de onda e (b) e (c) símbolo e contatos

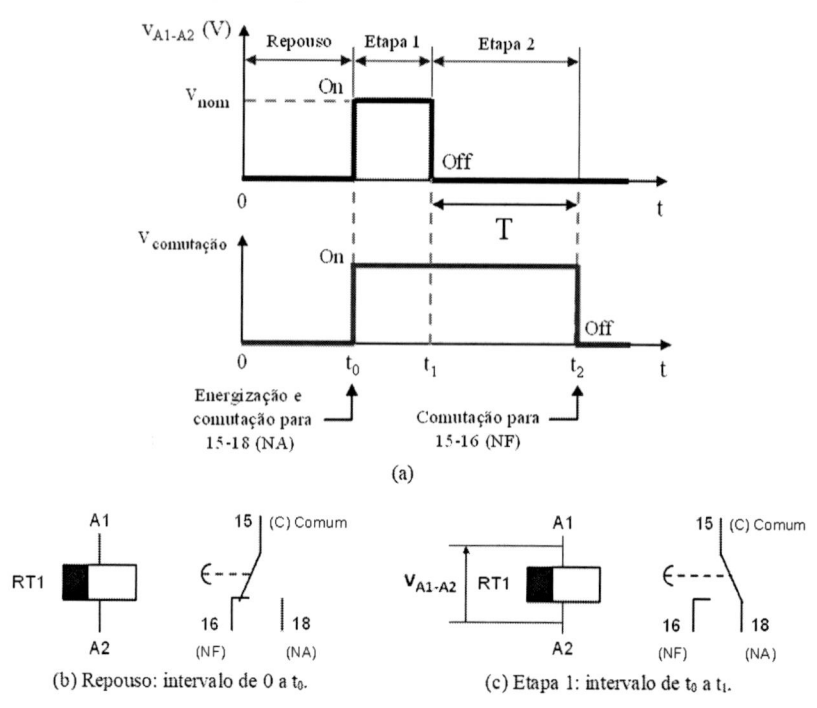

(a)

(b) Repouso: intervalo de 0 a t_0.

(c) Etapa 1: intervalo de t_0 a t_1.

Fonte: o autor

A descrição desse circuito é apresentada a seguir, nas etapas de energização e desenergização dos contatos (nesta última inicia-se o tempo T de atuação do temporizador).

1. *Etapa 1 - Energização e comutação dos contatos* (intervalo t_0 - t_1).

A Figura 4.8a mostra a transição do estado de repouso para a energização do RT1, através das formas de onda V_{A1-A2} e $v_{comutação}$. Por meio das Figuras 4.8b e 4.8c, verificamos a comutação dos contatos de NF (15–16) para NA (15–18), no instante t_0. No instante t_1, a tensão V_{A1-A2} é desativada.

2. *Etapa 2 - Temporização*

A etapa de temporização ocorre no intervalo de tempo entre os instantes t_1 e t_2, como visto na Figura 4.8a. Essa etapa dura um período T, ajustado no dispositivo, que termina no instante t_2, onde ocorre a comutação dos contatos, de 15–18 para 15–16. Na Figura 4.9, são apresentados os estados dos contatos do RT, energizado e desenergizado.

Figura 4.9 – (a) RT em energização; (b) Desenergização e volta à posição de repouso

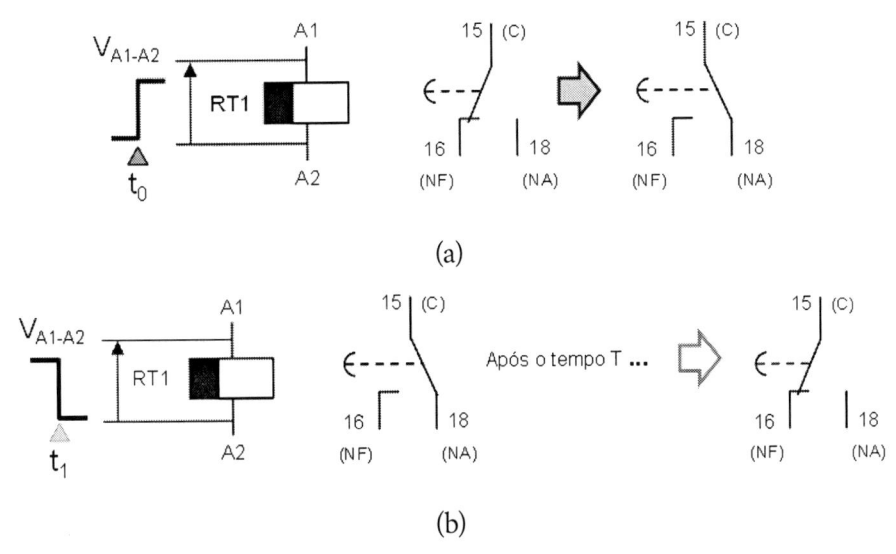

(a)

(b)

Fonte: o autor

Em resumo, a partir do instante t_1, quando a tensão nos terminais A_1 e A_2 é desativada ($v_{A1-A2} = 0$), a carga ligada pelos contatos 15-18 fica acionada por um tempo adicional T, ajustado no relé de tempo. Decorrido o período T, o relé comuta os seus contatos, de 15–18 (NA) para 15–16 (NF), no instante t_2 (retorno à posição de repouso).

Exemplo 4.4 – *Partida de um MIT com o uso de um RT ao repouso.*

Na Figura 4.10, é apresentado o esquema para a simulação desse acionamento com o CADe SIMU. Nesta configuração o circuito se encontra em estado de repouso.

A sequência de operação é vista nas Figuras 4.11, 4.12 e 4.13, com o acionamento da botoeira S_1 e, em seguida, da chave de fim-de-curso FC1. Descreva o que ocorre com o circuito. Para o relé de tempo RT1, foi ajustado um tempo de 5 segundos.

Figura 4.10 – Motor de indução trifásico acionado com um relé ao repouso

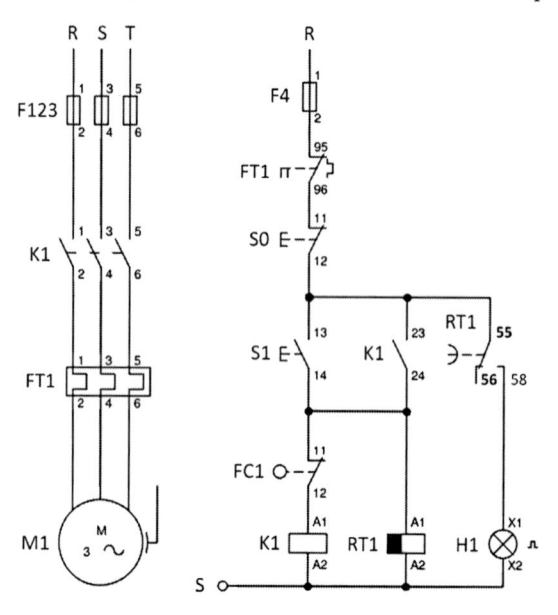

Fonte: o autor

Figura 4.11 – Acionamento do contator K1 e do relé de tempo RT1 pela botoeira S1

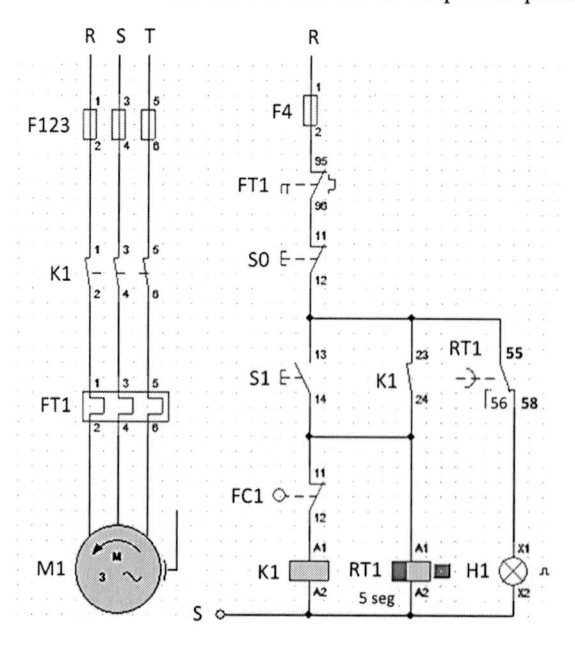

Fonte: o autor

Figura 4.12 – Chave fim-de-curso FC1 desliga K1 e o relé RT1

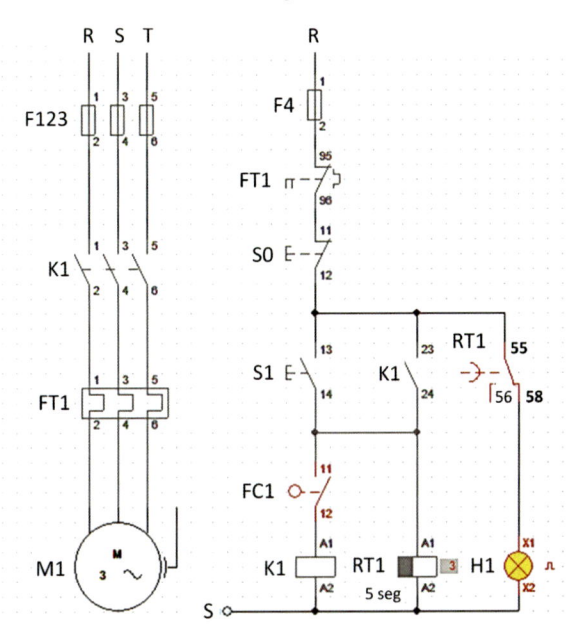

Fonte: o autor

Figura 4.13 – Circuito de volta à posição de repouso

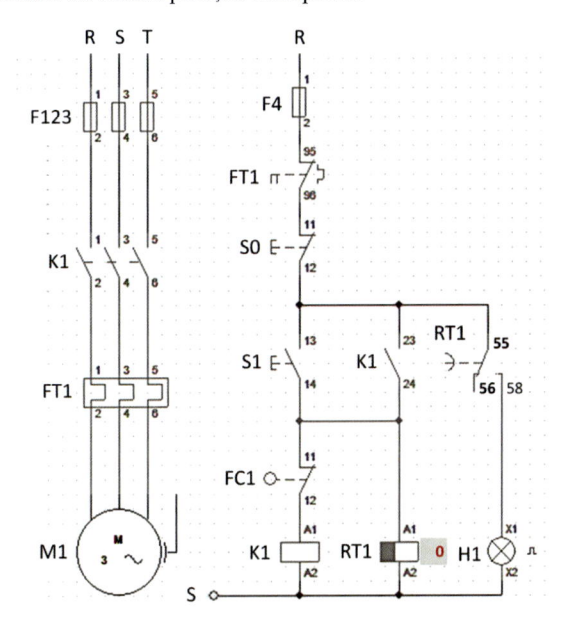

Fonte: o autor

4.2.1.3 Relé de tempo CÍCLICO

O relé cíclico, com aplicações em processos de automação em geral, tem o seu símbolo e contatos representados na Figura 4.14. O seu painel frontal (modelo genérico) é apresentado na Figura 4.15, com os ajustes de tempo independentes, T_{ON} e T_{OFF}.

A alimentação desse relé pode ser realizada pelos terminais A1 e A2 (em 220 V_{CA}) ou pelos terminais A2 e A3 (24 V_{CC}).

Os contatos de saída são constituídos pelos terminais 15-16 e 15-18, e 25-26 e 25-28, inicialmente em repouso. Com o relé energizado, ocorre a comutação dos contatos.

Figura 4.14 – Relé cíclico: símbolo e contatos: NF (15-16 e 25-26) e NA (15-18 e 25-28)

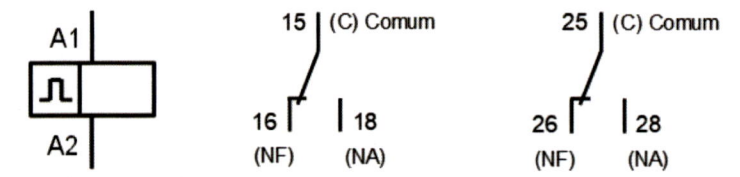

Fonte: o autor

Figura 4.15 – Relé cíclico (modelo genérico) - painel frontal

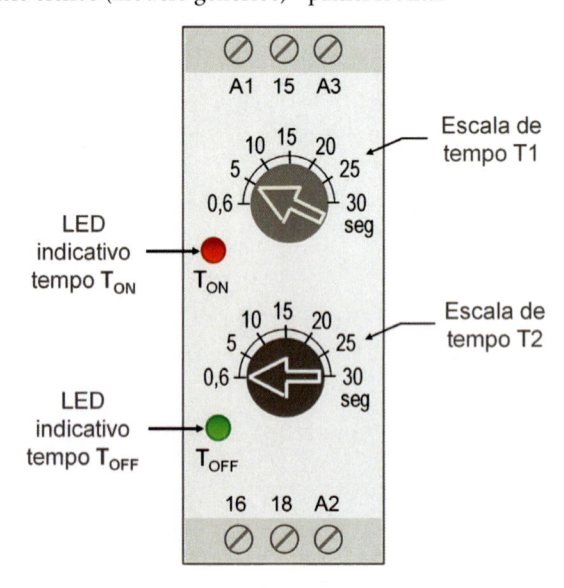

Fonte: o autor

QR Code do vídeo:
Temporizador CÍCLICO AD[85]
Vídeo de 3 min. 32 s sobre o RELÉ TEMPORIZADOR CÍCLICO, onde é possível visualizar a sua operação prática, com a comutação da carga nos períodos ligado e desligado.

Exercícios de Fixação – *Série 6*

EF 6.1 – No circuito apresentado na Figura 4.16 são apresentados os diagramas de carga e de comando, projetados para acionar um motor elétrico (M_1), uma lâmpada (L_2) e um forno elétrico (R_1). Descreva a sequência de operação desses diagramas, a partir do instante em que a botoeira S1 é acionada.

Figura 4.16 – Esquema da questão EF 6.1 – Diagramas de carga e de comando

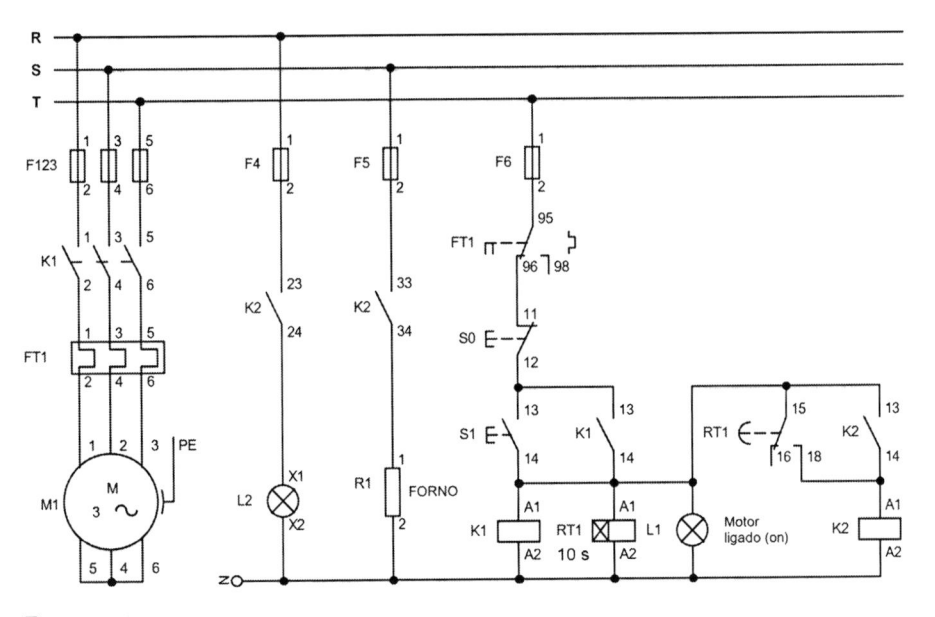

Fonte: o autor

[85] TEMPORIZADOR Cíclico AD - Presentación y ajustes. [*S. l.: s. n.*], 2022. 1 vídeo (3min 32s). Publicado pelo canal LAB Coel. Disponível em: https://www.youtube.com/watch?v=01Atsg3pWDs. Acesso em: 11 ago. 2023.

EF 6.2 – O circuito da Figura 4.17 é uma modificação do circuito da Figura 4.16. O relé de tempo utilizado é ao repouso. Foram acrescentados um contator (K3), os contatos K2 NF, K3 NA e um interruptor NF (S2), em série com o contator K1.

a. O que ocorre com a operação deste circuito se pressionarmos somente a botoeira S1?

b. Ao pressionarmos a botoeiras S1 e o interruptor S2, nesta ordem, o que ocorre?

c. Mantendo o interruptor S2 aberto e acionando a botoeira S1, o motor M1 é ligado? Justifique.

d. Por último, se pressionarmos a botoeiras S1 com o interruptor S2 fechado e desligarmos o circuito pela botoeira S0, o que ocorre?

Figura 4.17 – Esquema da questão EF 6.2 – Diagramas de carga e de comando

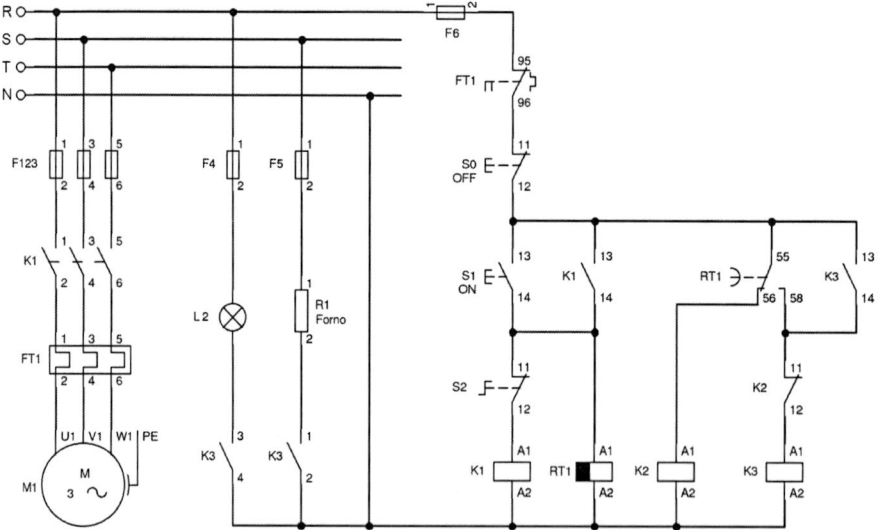

Fonte: o autor

EF 6.3 – Na Figura 4.18, é apresentado um circuito de acionamento utilizado em portões eletrônicos, faltando apenas a etapa de reversão de rotação. Efetue a simulação desse circuito no CADe Simu e comprove a sua operação.

Figura 4.18 – Partida de um MIT com o uso de um RT Cíclico. Diagramas de carga (a) e de comando (b)

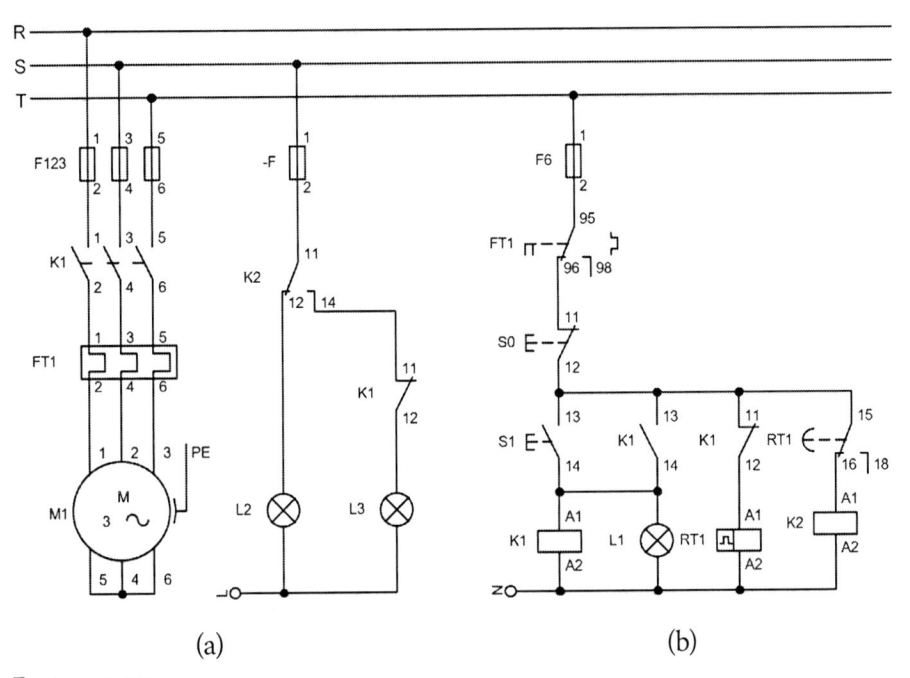

(a)   (b)

Fonte: o autor

EF 6.4 – *Acionamento de uma bomba no controle de nível de uma caixa d'água.*

A Figura 4.19 mostra um projeto para o acionamento de uma bomba (motor M1), no controle de nível de uma caixa d'água.

Figura 4.19 – Circuito para acionamento de uma bomba de caixa d'agua (motor M1)

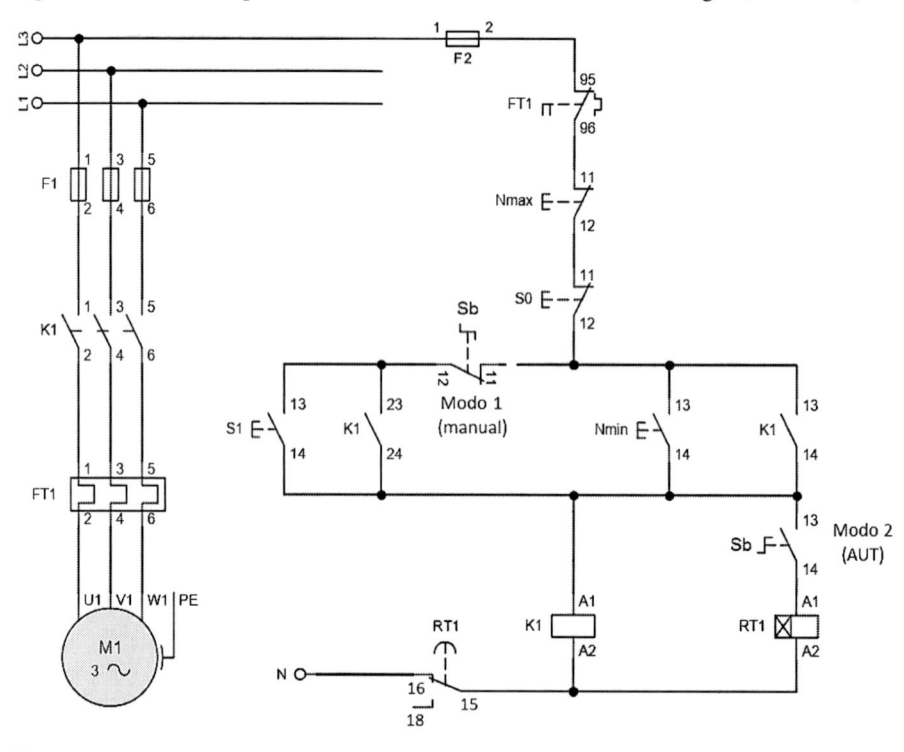

Fonte: o autor

Esse motor é acionado por uma chave (Sb), intertravada, nos modos manual (1) e automático (2). São utilizados sensores de nível máximo (N_{max}) e de nível mínimo (N_{min}), representados respectivamente no diagrama pelas botoeiras N_{max} (normalmente fechada, para desligar M1) e N_{min} (normalmente aberta, para ligar M1).

Para completar o volume da caixa são necessárias duas horas, com vazão constante da bomba. Foi inserido então nesse comando um relé de tempo ao trabalho, caso o sensor N_{max} apresente falha. Efetuar a simulação desse circuito.

As alternativas a seguir descrevem corretamente o funcionamento desse projeto, EXCETO:

a. ( ) Para o desligamento da bomba M1 após 2 horas de operação, o terminal N (neutro) no diagrama de comando deve ser conectado ao terminal 18 do relé RT1.

b. ( ) Caso o sensor N_{max} seja acionado, a bomba M1 é desligada antes do tempo ajustado no relé RT1, t_{RE} = 2 horas, no modo automático.

c. ( ) Com a chave Sb fechada no modo 2, M1 só pode ser acionada por meio de N_{min}.

d. ( ) Na posição indicada na Figura 4.21, Sb predispõe a bomba M1 a ser acionada em modo manual, pelo acionamento da botoeira S1.

EF 6.5 – Seja o circuito da Figura 4.20, para o acionamento de um motor monofásico (M1) e de duas lâmpadas incandescentes, L1 e L2. Esse circuito está com o desenho correto, de acordo com o seu projetista. Entretando, ao ser energizado, sempre ocorre uma falha: ao acionar a botoeira S1, o motor M1 liga imediatamente, junto com a lâmpada L1. O que pode estar errado com a montagem? Seria alguma conexão errada ou algum dispositivo em falha (curto-circuito ou aberto)? Justifique.

Figura 4.20 – Circuito para acionamento de uma bomba de caixa d'agua (motor M1)

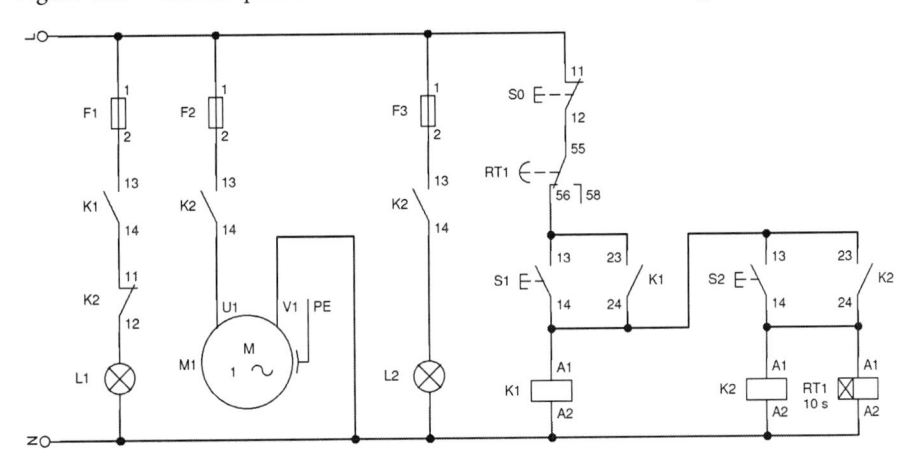

Fonte: o autor

Capítulo 5

COMANDO DO MOTOR MONOFÁSICO DE 6 TERMINAIS

5.1 Introdução

Os motores elétricos monofásicos de 6 terminais possibilitam, como vimos no Capítulo 1, a ligação a dois níveis de tensão de alimentação. Outra característica é a inversão no sentido de giro do motor, ressaltando-se que é preciso parar o motor para efetuar a inversão de rotação, ou seja, o motor é desligado para a sua partida na outra direção (horário/anti-horário). Na Figura 5.1, é apresentado o seu aspecto com 6 terminais, para o qual serão apresentados neste capítulo os diagramas de carga e comando.

Figura 5.1 – Motor monofásico de 6 terminais

Fonte: o autor

5.2 Partida direta do motor monofásico em 127 V e em 220 V

Alimentação em 127 V

A partida direta de um motor monofásico conectado a uma rede de 127 V é apresentada na Figura 5.2, em que temos os diagramas de carga e comando desse acionamento. Destaca-se nesse esquema a adaptação do relé térmico e do contator, trifásicos, para o sistema monofásico, com a ligação em série dos contatos 3-4 e 5-6.

Esse procedimento garante que uma mesma corrente circule por todos os terminais desses dispositivos. Estão inseridos nesses diagramas os instrumentos para medição da corrente do motor (na fase R) e da tensão dos terminais dos enrolamentos principal e auxiliar (voltímetro).

Figura 5.2 – Diagramas de carga e de comando para o motor monofásico acionado em 127 V

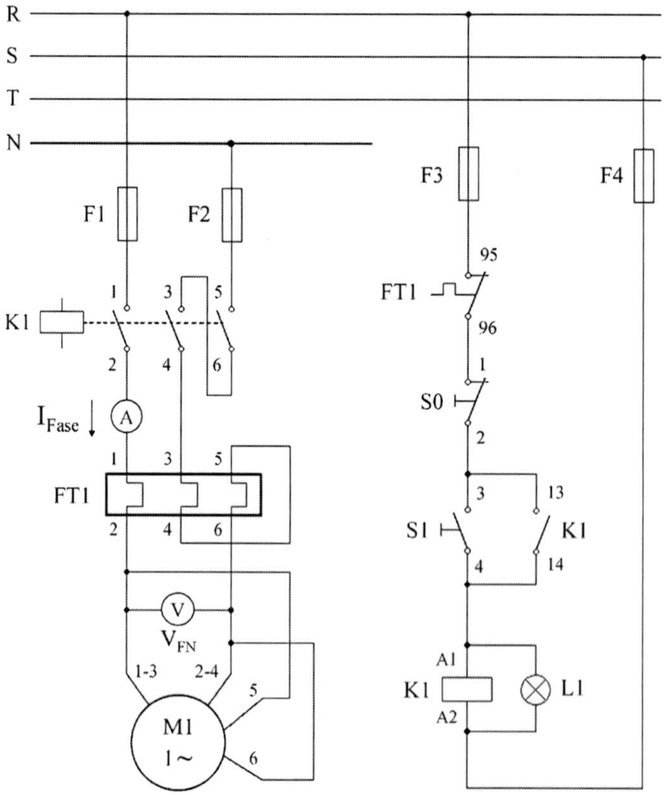

Fonte: o autor

Alimentação em 220 V

Os diagramas de comando e de carga para a partida direta de um motor monofásico conectado a uma rede de 220 V são vistos na Figura 5.3. Observa-se que o diagrama de comando é o mesmo. Verifique atentamente as ligações dos terminais do motor monofásico tendo como base o circuito da Figura 5.4.

Figura 5.3 – Diagramas de carga e de comando para o motor monofásico em 220 V

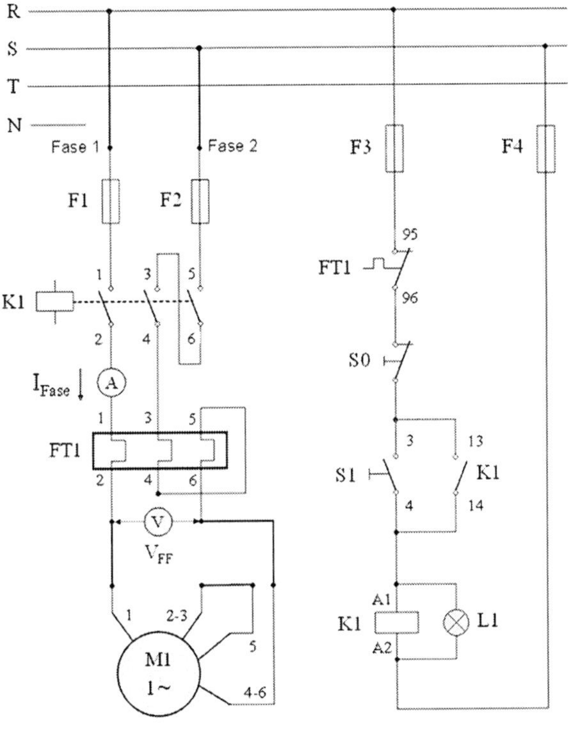

Fonte: o autor

Figura 5.4 – Circuito do motor monofásico e conexões das bobinas em 220 V

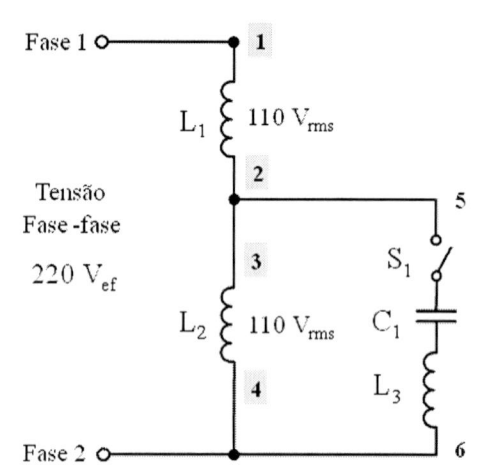

Fonte: o autor

5.3 Reversão de rotação

Para a reversão de rotação do motor monofásico, basta inverter a ligação dos bornes 5 e 6 do enrolamento auxiliar para os terminais 1-3 e 2-4 do enrolamento principal, o que garante a inversão do sentido da corrente e, obviamente, do campo magnético. A mudança nessa ligação deve ser feita com o motor parado ou em uma rotação baixa o suficiente para que a chave centrífuga seja novamente fechada, para um novo evento de partida[86].

Neste texto, serão apresentadas as etapas para a reversão de rotação do motor monofásico alimentado em 127 V. A reversão com alimentação em 220 V fica proposta como exercício. Sugestão: efetuar esse acionamento em simulação, inicialmente.

Na Figura 5.5, são utilizados 3 contatores no circuito de carga do motor monofásico alimentado em 127 V. Os bornes 1-3 e 2-4 são conectados entre si por cabos, no painel de ligações. O acionamento do contator K_1 liga esses bornes à fase e ao neutro da rede de alimentação CA e os contatores K_2 e K_3, acionados em modo complementar, efetuam a troca de ligação dos terminais 5 e 6 ao enrolamento principal.

---

[86] NASCIMENTO JÚNIOR, 2011, p. 18.

Figura 5.5 – Diagrama de carga com os contatos de força ou principais dos contatores K_1, K_2 e K_3

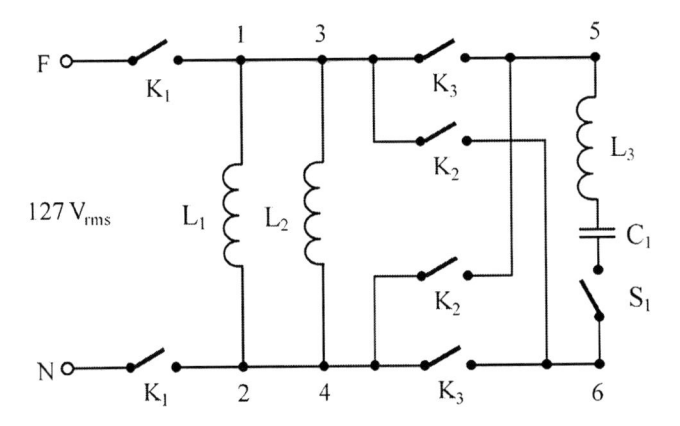

Fonte: o autor

- Etapas de operação do motor

A Figura 5.6 mostra a primeira etapa com os estados dos contatores. Somente o contator K_1 está comandado, o que permite energizar somente o enrolamento principal (bobinas L_1 e L_2). A Tabela 5.1 mostra as etapas de operação do motor, os estados dos contatores K_1, K_2 e K_3 e as respectivas atuações na configuração do circuito de carga. Para o estado de cada contator, será utilizado ON para ligado e OFF para desligado.

Figura 5.6 – Etapa 1: somente o contator K_1 acionado

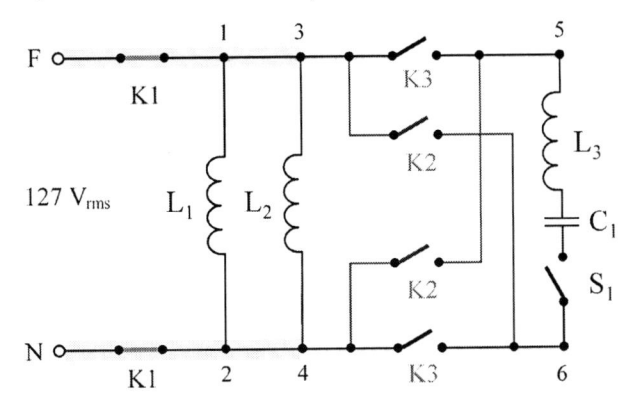

Fonte: o autor

Tabela 5.1 – Etapas de operação do circuito de carga de um motor monofásico de 6 terminais

Etapas / contatores energizados	Contator K1	Contator K2	Contator K3	Estado do circuito
Etapa 1	ON	OFF	OFF	Enrolamento principal conectado à rede CA
Etapa 2	ON	OFF	ON	Partida do motor
Etapa 3	ON	ON	OFF	Reversão de rotação

Fonte: o autor

Na segunda etapa, temos energizados os contatores K_1 e K_3, como se verifica na Figura 5.7.

Figura 5.7 – Etapa 2: contatores K_1 e K_3 acionados

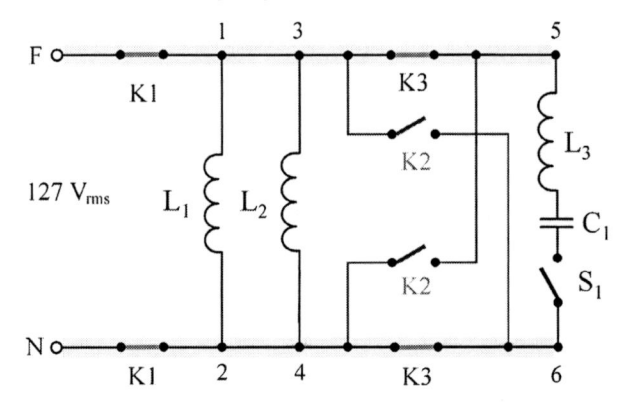

Fonte: o autor

O enrolamento principal é energizado e ocorre a partida do motor, com a conexão dos terminais 5 e 6 aos pares de terminais 1-3 e 2-4, respectivamente, e à rede CA, monofásica.

Reversão de rotação

Na Etapa 3, ocorre a reversão de rotação do motor monofásico. Estão acionados somente os contatores K_1 e K_2, como mostra a Figura 5.8.

O contator K_3 é desligado e a configuração do circuito é alterada, com a troca de ligação dos terminais 5 e 6 ao enrolamento principal.

Figura 5.8 – Etapa 3, com os contatores K_1 e K_2 acionados (reversão de rotação)

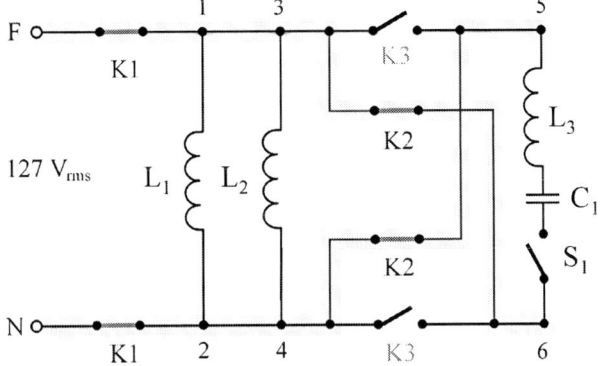

Fonte: o autor

5.3.1 Partida do motor monofásico com reversão temporizada em 127 V

Este acionamento é denominado na prática de reversão de rotação semiautomática, devido ao uso de relés de tempo (no caso, do tipo TRE, ao trabalho). Esses dispositivos são ajustados para um tempo de operação e na sequência, uma parada do motor.

Uma proposta para a reversão semiautomática do motor monofásico em 127 V é apresentada nas Figuras 5.9a (diagrama de carga) e 5.9b (diagrama de comando). Esse sistema opera em três etapas.

Etapa 1 - Partida do motor: acionamento dos contatores K_1 e K_3 e do relé de tempo RT1.

- Ao acionar a botoeira S_1, o contator K_1 é energizado, o seu selo (contatos 13-14) é fechado e o relé de tempo RT_1 é imediatamente energizado.

- Com isso, o contator K_3 é energizado por meio dos contatos 15-16 de RT1 e por 10s o motor opera em um sentido de rotação (horário, por exemplo). Nesse intervalo, o contator K_2 não pode ser energizado, pois o contator NF de K_3 está ativo (aberto) no seu ramo.

- Observar no diagrama de carga que com K_1 e K_3 acionados os terminais 5 e 6 do motor monofásico estão conectados respectivamente aos terminais 1-3 e 2-4.

Figura 5.9 – Partida do motor monofásico e reversão temporizada. Diagramas de (a) carga e (b) comando

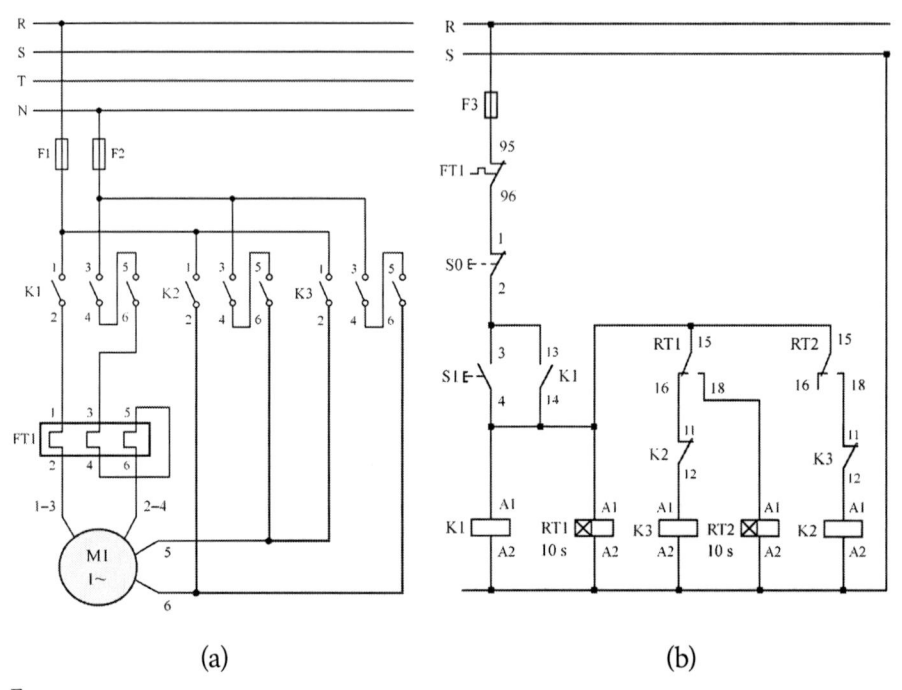

(a)   (b)

Fonte: o autor

Etapa 2 - Parada: interrupção do contator K_3 e acionamento do relé RT2.

- Decorrido o tempo ajustado em RT_1 (10 s), o seu contato NF 15-16 comuta para a posição 15-18. O relé RT_2 é acionado.

- Ocorre então a interrupção de operação do motor por 10 s, pois o contator K_3 é desativado e o motor é acionado nesse intervalo somente pelo contator K_1. O contato NF de K_3 volta para a posição de repouso no ramo de K_2.

- Dependendo da inércia do eixo do motor, a sua rotação pode ser interrompida (motor parado).

Etapa 3 - Reversão de rotação: acionamento do contator K_2.

- Após o tempo ajustado no relé de tempo RT_2 (10 s, na Figura 5.9b), o seu contato NF 15-16 comuta para a posição 15-18 e o contator K_2 é acionado.

- O motor agora opera com K_1 e K_2 acionados, girando no sentido contrário ao anterior, indefinidamente.

- Os contatos 5 e 6 estão agora conectados aos contatos 2-4 e 1-3 respectivamente (verifique).

- Para desligar o motor, basta acionar manualmente a botoeira S_0.

- Para melhorar a confiabilidade desse acionamento, podem ser utilizados contatos de selo para os contatores K_2 e K_3. Tal estratégia evita um desligamento indevido devido a falhas de comutação nos contatos 15-16 e 15-18 dos relés de tempo RT1 e RT2.

Exercícios de Fixação – *Série 7*

EF 7.1 – A Figura 5.10 mostra o esquema de ligação de um motor monofásico de 6 terminais em 127 V, para a reversão de sua rotação, com o uso de contatores. Qual das afirmativas a seguir é INCORRETA a respeito desse esquema?

Figura 5.10 – Contatores utilizados para reversão de rotação de um motor monofásico de 6 terminais

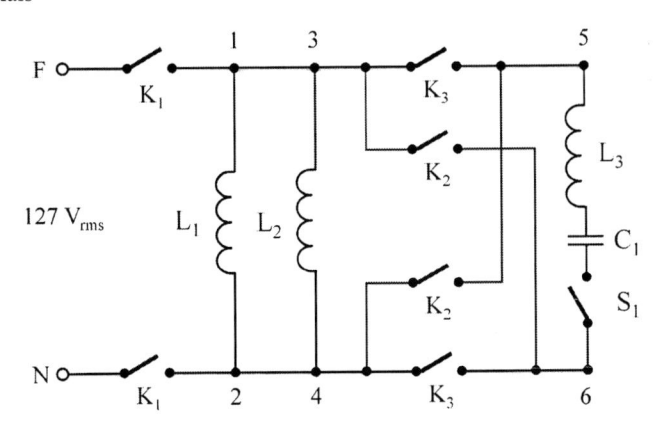

Fonte: o autor

a. ( ) O contator K1 liga o motor à rede CA de alimentação.

b. ( ) Os pares de contatores K2 e K3 não devem ser acionados simultaneamente.

c. ( ) Os pares de contatores K2 e K3 são utilizados para a reversão de rotação.

d. ( ) O enrolamento principal é energizado via contator K2 somente.

EF 7.2 – Considere-se ainda o circuito da Figura 5.10. Foi projetado para esse circuito o uso de uma função lógica S com sinais digitais para o acionamento dos contatores K1, K2 e K3, para partida direta e reversão de rotação do motor. O nível alto significa contator acionado e o nível baixo, desligado. Por exemplo, $S = K1.K2$ (lê-se K1 *and* K2) significa que os contatores K1 e K2 estão acionados. A função lógica para o acionamento desse circuito é representada CORRETAMENTE por:

a. ( ) $S = K1.(K2 + K3)$

b. ( ) $S = K1.(K2.\overline{K3} + \overline{K2})$

c. ( ) $S = K1.(K2.\overline{K3} + \overline{K2}.K3)$

d. ( ) $S = K1.(K2.K3 + \overline{K2}.\overline{K3})$

EF 7.3 – Motor monofásico – reversão de rotação no modo semiautomático. O diagrama de comando da Figura 5.11 representa uma das etapas de operação de reversão semiautomática de um motor monofásico de 6 terminais (ver as Figuras 5.9a e 5.9b). As linhas em tom de cinza indicam um circuito aberto (não circula corrente elétrica).

Figura 5.11 – Circuito de comando de um motor monofásico de 6 terminais

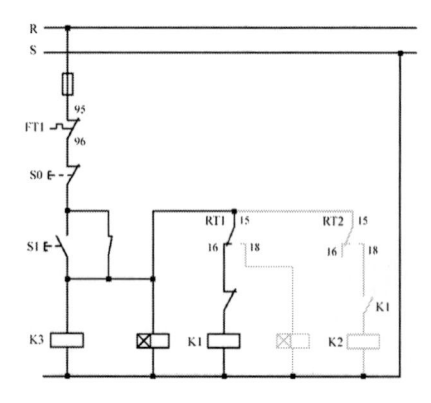

Fonte: o autor

a. Identifique corretamente os dispositivos e suas funções nesse diagrama.

b. Descreva essa etapa de operação do motor monofásico.

EF 7.4 – O diagrama da Figura 5.12 mostra os enrolamentos de um motor monofásico de 6 terminais, com a disposição dos contatos NA de contatores para a sua partida e reversão de rotação. O diagrama de comando é apresentado na Figura 5.13. Selecione a alternativa que descreve a sequência correta dos nomes dos dispositivos assinalados por (1), (2), (3) e (4) neste diagrama.

Figura 5.12 – Circuito de carga para a partida de um motor monofásico de 6 terminais

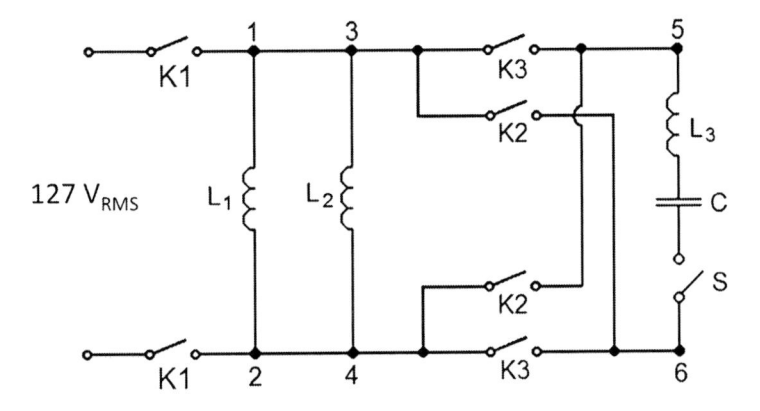

Fonte: o autor

a. (   ) K1, K2, K3 e K2.

b. (   ) K1, K3, K2 e K3.

c. (   ) K2, K3, K3 e K1.

d. (   ) K3, K2, K1 e K3.

Figura 5.13 – Circuito de comando para a partida de um motor monofásico de 6 terminais

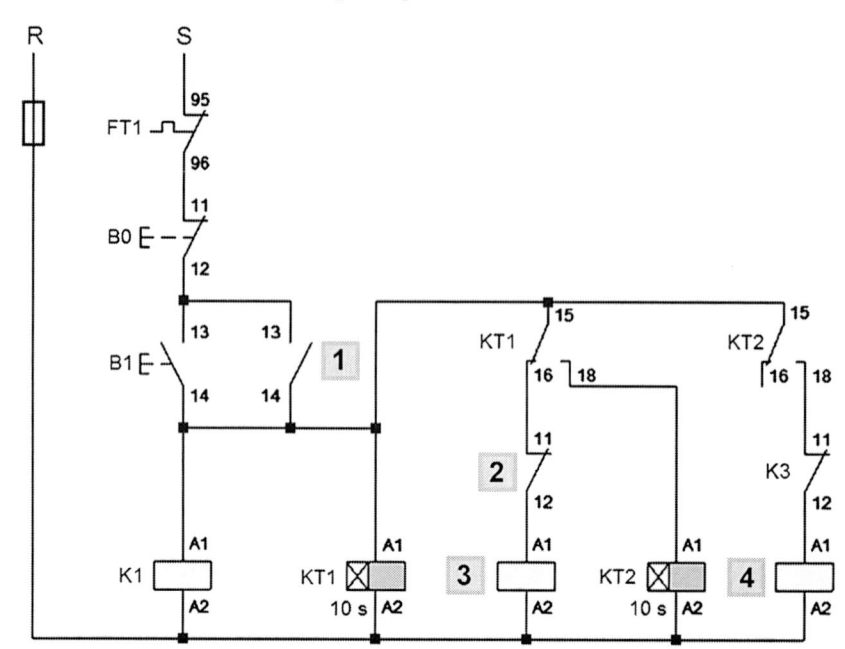

Fonte: o autor

Capítulo 6

COMANDO DO MOTOR TRIFÁSICO

6.1 Introdução

Neste capítulo, serão apresentados os principais circuitos de comando com o motor trifásico, conhecidos como "chaves de partida", divididos em chaves de partida direta e indireta. Serão estudados em maior profundidade, com suas aplicações, vantagens e desvantagens, os seguintes métodos de partida direta: partida estrela-triângulo, reversão de rotação, chave compensadora, partida com duas velocidades (comutação de polos) e partida com aceleração rotórica.

Nesses circuitos são comumente utilizados dispositivos específicos como relés de tempo, relés de falta de fase, relés de sequência de fase e outros. Para os métodos de partida estrela-triângulo e chave compensadora, serão apresentados exemplos de dimensionamento dos dispositivos utilizados, para melhor entendimento de suas características de operação.

6.2 Partida direta e indireta do MIT

6.2.1 Partida direta

Um sistema de partida de motor elétrico muitas vezes é denominado de "chave de partida". O modo mais simples de ligar ou dar a partida a um motor elétrico de indução é o de "partida direta", onde o motor é ligado diretamente à rede CA por meio de um contator, como mostra a Figura 6.1.

As concessionárias de energia elétrica recomendam esse método de partida para motores elétricos com potência até 10 CV, devido aos valores elevados de corrente de partida, de 6 a 10 vezes maior do que a corrente nominal (corrente de pico ou *inrush*, ver a curva *i´ t*, Figura 6.2). Conforme algumas concessionárias, é consenso adotar os limites de potência para os motores de indução trifásicos:

(1) 5 CV nas redes de 220 V/127 V e

(2) 7,5 CV nas redes de 380 V/ 220 V.

Figura 6.1 – Exemplo de um comando de partida direta de um MIT

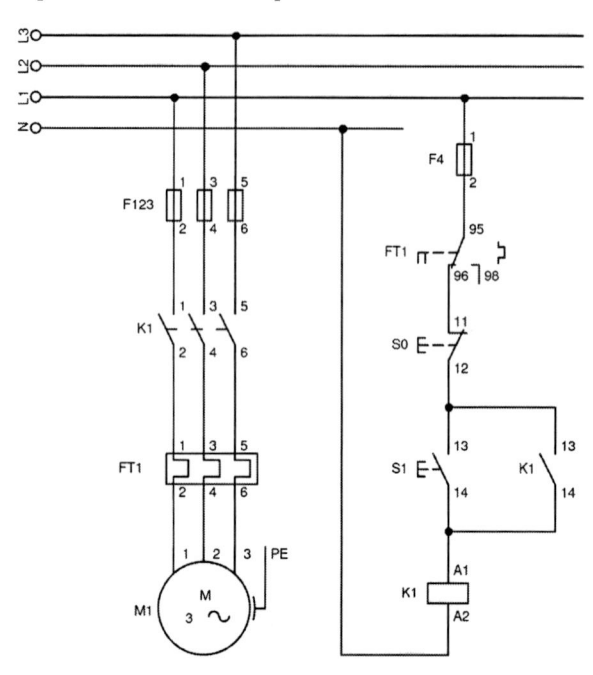

Fonte: o autor

Figura 6.2 – Aspecto da corrente no MIT durante a partida e em regime permanente

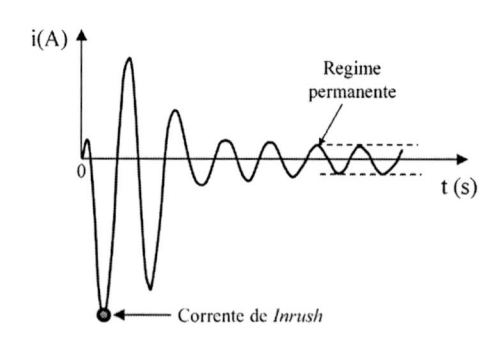

Fonte: o autor

A partida direta apresenta vantagens, como facilidade de instalação e baixo custo, rápida aceleração e maior conjugado de partida do motor. Em contrapartida, a corrente de partida é muito elevada, inviabilizando a sua aplicação com motores de maiores potências, podendo ocasionar elevadas quedas de tensão na rede de alimentação; os cabos, contatores, fusíveis e disjuntores terão de ser superdimensionados, elevando os custos de instalação e o desgaste do motor, nos mancais (mecânico) e nos enrolamentos do rotor e do estator (devido aos elevados picos de corrente na partida).

6.2.2 Partida indireta

Existem métodos de acionamento de motores elétricos em que a ideia consiste em reduzir a tensão aplicada sobre as suas bobinas e, consequentemente, os elevados níveis de corrente e conjugado durante a sua partida. Esses métodos são conhecidos como de "partida indireta", ilustrados pela Figura 6.3.

Figura 6.3 – Curvas I_p/I_n X rotação: partidas direta e indireta

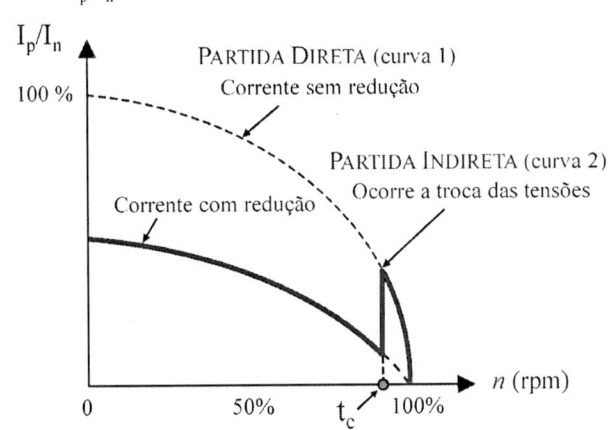

Fonte: o autor

Essa curva mostra a relação entre a corrente de partida e a nominal (I_p/I_n), nos métodos de partida direta (curva 1) e indireta (curva 2). Como se observa na Figura 6.3, para a partida indireta: (1) existe um instante de comutação das tensões do MIT (identificado por t_c), a partir do qual ele opera em condições nominais e (2) a relação I_p/I_n é bastante reduzida.

Exemplos de chave de partida indireta

- Partida Estrela-Triângulo (Y-D), para MIT que operam em dupla tensão (127V/220V, 220V/380V e 380V/660V)

- Chave compensadora, com o uso de autotransformador;

- Chave de partida com aceleração rotórica (motor de indução com rotor bobinado);

- Partidas eletrônicas, com o uso de equipamentos de Eletrônica de Potência, por exemplo, por meio da conexão do motor a um *inversor de frequência* ou a uma chave de partida *soft-starter* (partida suave).

Os sistemas de partida indireta são mais caros e complexos. Obviamente é preciso projetar os custos de realização. O método de partida com *Soft-starter*, por exemplo, é bem mais caro que uma chave Estrela-Triângulo, para uma mesma potência no motor.

6.3 Comando local e a distância

O *comando local* e *a distância* de um acionamento elétrico podem ser utilizados em chaves de partida direta e indireta. Se o circuito de comando está muito próximo do circuito de carga, temos um circuito de comando local, como mostra a Figura 6.4: o contator K_1 é acionado pelo interruptor S_1 (local). O seu contato de selo (13-14) é fechado, mantendo a energização da bobina do contator K_1. As cargas ligadas por esse contator permanecem acionada pela ação desse selo.

Figura 6.4 – Exemplo de um comando local e remoto

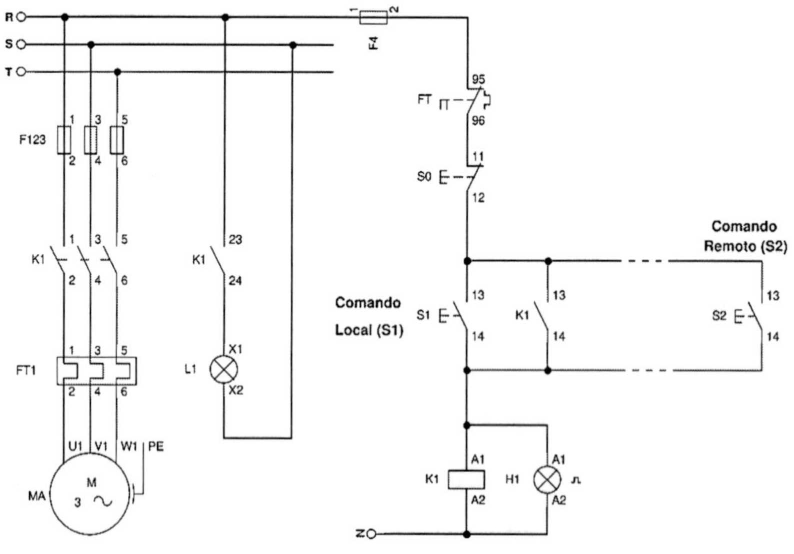

Fonte: o autor

A estratégia de usar um comando local é interessante, pois possibilita o comando da máquina ou carga do local onde se está realizando a sua manutenção, por exemplo, facilitando a realização de testes.

No *comando a distância* ou *remoto*, a botoeira de acionamento (S_2, na Figura 6.4) também está em paralelo com o selo de K_1, mas distante da carga acionada. Nesse tipo de comando, a carga pode ser acionada de um ou mais locais diferentes.

É recomendável sinalizar/identificar, por segurança, cada ponto de acionamento local e remoto de uma instalação, utilizando, por exemplo, lâmpadas de cores diferentes no painel de comando.

Alguns exemplos de acionamento remoto: equipamentos como bombas, exaustores, centrais de ar-condicionado, aquecedores etc. Nesse contexto, o controle a distância é realizado a partir de uma central instalada longe dos equipamentos, como uma sala de manutenção de uma indústria, um painel de portaria de um condomínio etc.

6.4 Reversão de rotação – modos manual e semiautomático

Nos motores elétricos, a reversão de rotação é utilizada em diversas situações no dia a dia, como no acionamento de elevadores, de esteiras e escadas rolantes etc. Como visto no Capítulo 1, para um MIT, o campo magnético H (campo girante), obtido por meio da interação das correntes de alimentação trifásicas, determina o sentido de rotação do seu eixo. Vimos também que para reverter a rotação desse eixo, basta reverter o sentido do campo girante, pela troca de duas das três fases da fonte de alimentação CA, como se verifica na Figura 6.5.

Figura 6.5 - Sequência de fases em um MIT para rotação nos sentidos (a) horário e (b) anti-horário

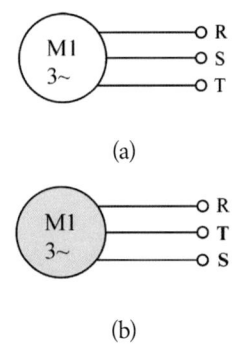

(a)

(b)

Fonte: o autor

A reversão de rotação em motores elétricos pode ser realizada nos seguintes modos: (1) manual, por exemplo, em furadeiras de impacto e em chaves reversoras, como visto em destaque na Figura 6.6 (já apresentadas no Capítulo 1, por meio de um esquema genérico) e (2) semiautomático, com a utilização de contatores.

Figura 6.6 – Exemplo de acionamento de reversão de rotação com chave manual

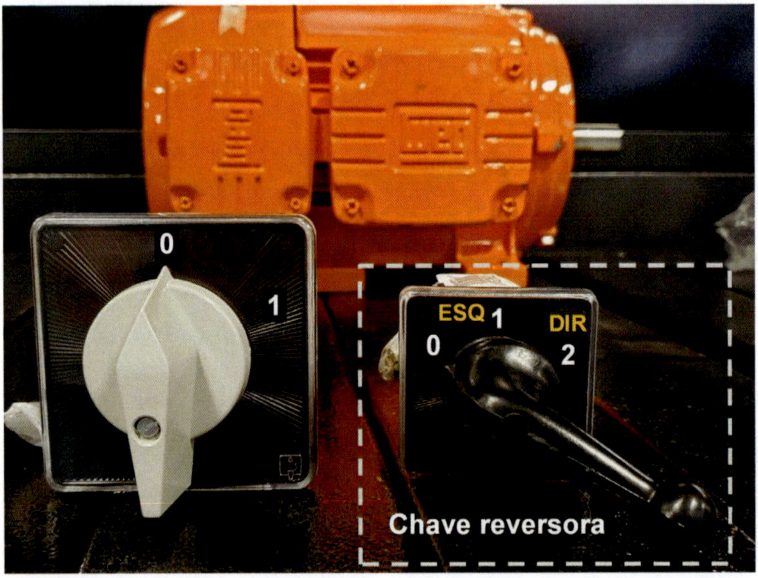

Fonte: o autor

6.4.1 Chave reversora com o uso de contatores

A Figura 6.7 mostra um acionamento com reversão de rotação para um motor de indução trifásico (MIT), no modo MANUAL, com o uso de contatores.

Figura 6.7 – Diagramas de carga e de comando para a reversão MANUAL de rotação de um MIT

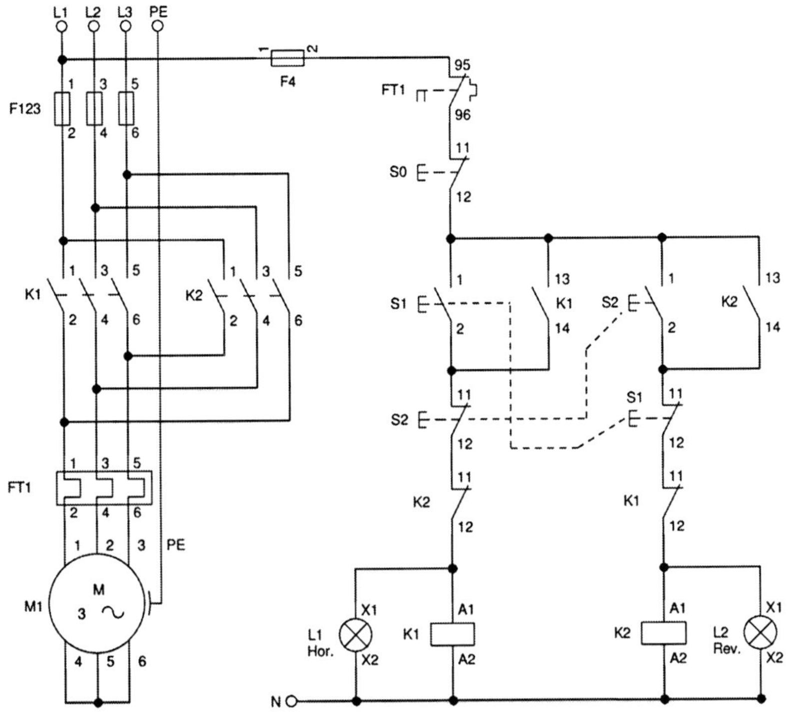

Fonte: o autor

São utilizados os seguintes dispositivos: contatores K_1 e K_2 e seus contatos principais e auxiliares, botoeira S_0 (desliga geral), botoeiras S_1 e S_2 (intertravadas), fusíveis (F_{123} e F_4), relé térmico (FT_1) e as lâmpadas de sinalização (L_1 e L_2). O MIT está conectado em estrela (ver a conexão em comum dos terminais 4, 5 e 6).

Operação do circuito de acionamento

- O motor M_1 é ligado por meio das botoeiras S_1 ou S_2. O intertravamento elétrico dessas botoeiras impede um curto-circuito nos enrolamentos do motor.

- Acionando a botoeira S_1, por exemplo, ocorre a partida direta do motor via contator K_1. O ramo de K_2 permanece aberto nesse intervalo, devido à abertura da chave NF de K_1 (contatos 11-12).

187

- Pode-se inverter a rotação do motor pressionando S_2 no ramo de K_1 ou no de K_2, devido ao intertravamento destes contatores.

- As lâmpadas de sinalização identificam qual contator está operando e o respectivo sentido de rotação do motor.

Convenções:

1. Para K_1 acionado, lâmpada L_1 acesa: o eixo do motor gira no sentido horário.

2. Para K_2 acionado, lâmpada L_2 acesa: o eixo do motor gira no sentido anti-horário.

  - Existe outro intertravamento elétrico na Figura 6.7, devido à ação dos contatos NF de K_1 e de K_2: o contato NF de K_2 no ramo de K_1, por exemplo, é acionado com o contator K_2 ligado, via botoeira S_2.

6.4.2 Chave reversora de comando (modo semiautomático)

Este tipo de comando possui muitas aplicações. É muito utilizado, por exemplo, no acionamento de portões de garagem, conhecidos como "portões eletrônicos", onde, por meio de um controle remoto, o usuário abre e fecha um portão (Figura 6.8).

Nesse acionamento ocorrem os seguintes eventos:

- partida do motor (abertura do portão, sequências 1 para 2);

- parada (pausa) do motor, para entrada/saída de veículos;

- reversão de rotação, para o fechamento/desligamento do portão.

 **PROJETO**
Acionamento de portão eletrônico de garagem

Neste item, é apresentado como exercício um projeto para o acionamento de um sistema de "portão eletrônico". Projetar, desenhar e explicar esse sistema de acionamento, desde a abertura até o fechamento do portão eletrônico.

Figura 6.8 – Portão eletrônico e posições das chaves de fim-de-curso

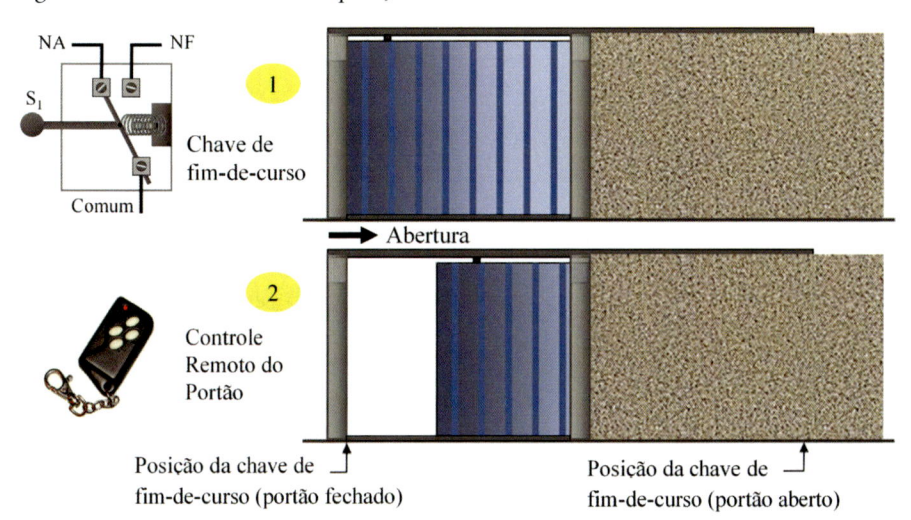

LEGENDA: (1) Portão na posição de repouso (fechado). (2) Portão comandado (em abertura).
Fonte: o autor

Nesse projeto, o "portão eletrônico" será acionado por um motor de indução trifásico. Poderão ser utilizados os seguintes componentes, dentre outros: chaves de fim-de-curso; botoeiras (NA e NF); fusíveis Diazed; relé térmico; contatores e relé de tempo.

Recomendações:

1. No lugar do controle remoto e das chaves de fim-de-curso, deverá ser utilizado um conjunto de botoeiras.

2. O tempo de ajuste do relé de tempo deve ser o suficiente para a entrada/saída de um veículo, com segurança.

3. Recomenda-se utilizar lâmpadas de sinalização, para indicar os eventos "portão em movimento" e "motor em modo de espera, antes de fechar".

6.5 Comando condicionado de motores elétricos

O comando condicionado ou subsequente é aquele que ocorre entre, pelo menos, duas cargas, onde uma carga só é acionada após o acionamento da anterior.

Exemplo 6.1 – Comando condicionado de dois motores elétricos M_1 e M_2 (Figura 6.9).

Objetivo: acionar inicialmente o motor M_1 e, após, o motor M_2 (manualmente). Na sequência ao acionamento desses motores, o sistema deve ser mantido ligado por 30 segundos.

Figura 6.9 – Circuito de comando de dois motores elétricos trifásicos

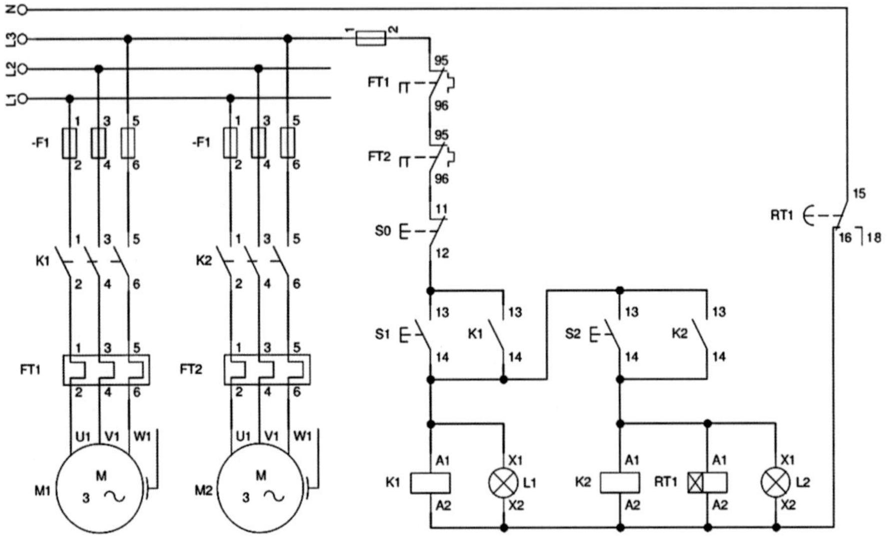

Fonte: o autor

Esse acionamento obedece à seguinte sequência:

- com o acionamento da botoeira S_1 no circuito de comando, o contator K_1 é energizado e o seu selo se fecha (chave NA com os contatos 13-14). Ocorre assim a partida do motor M_1 (os contatos NA de K_1 se fecham no circuito de carga);

- com o selo de K_1 fechado, pode-se energizar o contator K_2 pela ação da botoeira S_2 e, consequentemente, o seu selo será fechado (chave NA com os contatos 13-14). O motor M_2 é ligado pelos contatos NA de K_2 no circuito de carga;

- o acionamento da botoeira S_2 energiza também o relé de tempo RT_1, em paralelo com K_1 e tem-se o início da contagem de tempo ajustado no seu cursor (10 segundos, por exemplo);

- o motor M_2 permanece ligado até o final do tempo ajustado em RT_1, quando ocorre a comutação dos contatos de seus contatos, de 15-16 (NF) para 15-18 (NA);

- ocorre então a interrupção da alimentação do circuito de comando e consequentemente dos dois motores, pois as chaves do circuito voltam para o estado de repouso (situação original).

Observar para esse acionamento que a partida do motor M_2 só é possível pela conexão de seu barramento ao contato 14 do selo do contator K_1. É essa conexão que condiciona a operação do motor M_2 ao motor M_1.

Exemplo 6.2 – *Sistema de esteiras transportadoras*

Neste exemplo (Figura 6.10), temos o transporte de um material até a sua moagem e o seu armazenamento em um recipiente. Esse processo ocorre da seguinte forma:

1. inicialmente, o material é transportado pela esteira 1, acionada pelo motor M_3;

2. o material é então depositado no moinho, acionado pelo motor M_2;

3. Após a moagem, ocorre o transporte do material até o recipiente, pela esteira 2, acionada pelo motor M_1.

Nessa instalação, é necessário que os motores entrem em funcionamento sucessivo pela seguinte ordem: M_1, M_2 e M_3. Tente explicar o motivo.

Figura 6.10 – Comando condicionado de três motores – esteira rolante

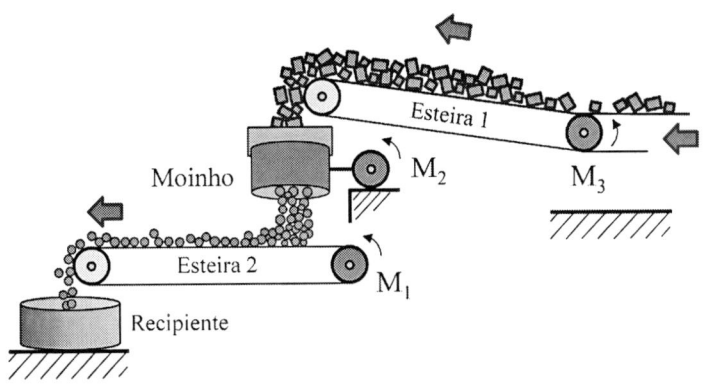

Fonte: o autor

Se o leitor não conseguiu responder, vai aqui uma explicação:

- Na sequência indicada, $M_1 \to M_2 \to M_3$, evitar-se-á o acúmulo do material transportado, pois a esteira 2 (acionada por M_1) só deve ser ligada com o moinho em operação (motor M_2) e este, por sua vez, se a esteira 1 estiver transportando material (acionada por M_3).

- Para desligar os motores, um deles deve ser desligado primeiro. Para evitar o acúmulo de material nas esteiras e no moinho, é coerente a sequência:

    1. desligar o motor M_3 (um sensor pode ser utilizado, indicando a esteira 1 sem material);

    2. a seguir, após o moinho esvaziar, desligar M_2;

    3. desligar o motor M_1, após a esteira 2 também ficar sem material.

6.6 Comando do Motor Dahlander

O motor *Dahlander*, como vimos no primeiro capítulo, possui um enrolamento especial, com conexões que possibilitam alterar o número de polos, o que permite a sua operação em duas velocidades distintas, uma o dobro da outra ($v_2 = 2v_1$). Esse motor, apesar do avanço tecnológico hoje em dia, com o uso de equipamentos como os inversores de frequência, ainda é uma aplicação viável e econômica, em casos em que se demanda somente uma mudança discreta de velocidade.

A sua velocidade em RPM depende, além da frequência da fonte de alimentação CA (f, em Hz), também do número de polos (P), de acordo com a equação (6.1).

$$n = \frac{120 \times f}{P} \qquad (6.1)$$

Em 60 Hz, temos diversas possibilidades de variação de velocidade para esse motor, por exemplo, 4/2 polos: variação de 1800 para 3600 RPM; 8/4 polos: variação de 900 para 1800 RPM.

Conexões do motor Dahlander

As bobinas do motor *Dahlander* podem ser combinadas, por exemplo, nos formatos apresentados nas Figuras 6.11 e 6.12.

Figura 6.11 – (a) Bobinas do motor *Dahlander* – conexão para baixa rotação (v_1); (b) Painel de ligações

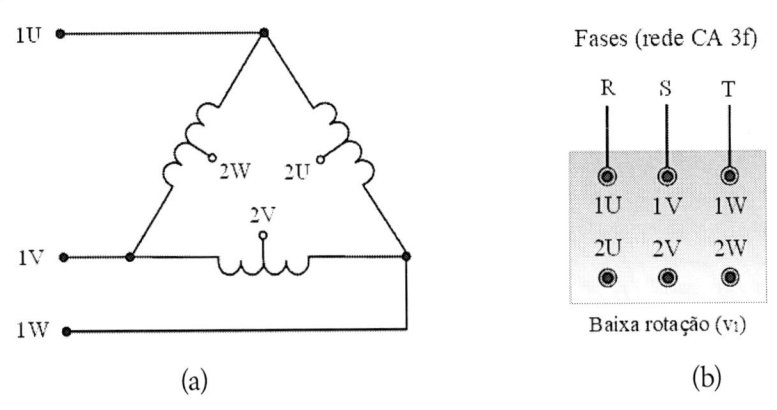

(a) (b)

Fonte: o autor

Figura 6.12 – (a) Bobinas do motor *Dahlander* – conexão para alta rotação (v_2); (b) Painel de ligações

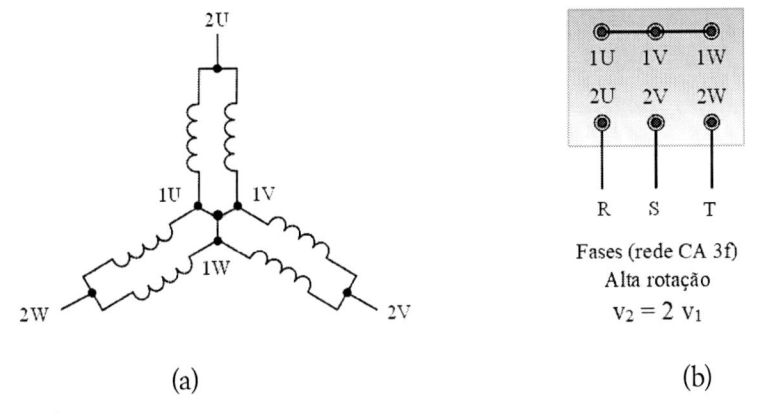

(a) (b)

Fonte: o autor

Operação em velocidade baixa ($\mathbf{v_1}$)

As bobinas do motor *Dahlander* são dispostas como mostra a Figura 6.11a. Os bornes 1U, 1V e 1W recebem a rede trifásica (fases R, S e T), como visto na Figura 6.11b, painel de ligações do motor. Os terminais 2U, 2V e 2W ficam abertos.

Operação em velocidade alta ($\mathbf{v_2}$, **igual a 2v$_1$**)

Nesta condição temos as bobinas do motor *Dahlander* conectadas conforme a Figura 6.12a. Assim, são conectados em curto-circuito os terminais 1U, 1V e 1W e as fases R, S e T são ligadas aos terminais 2U, 2V e 2W, como mostra a Figura 6.12b.

6.6.1 Chave de partida do motor *Dahlander* em modo manual

A Figura 6.13 apresenta uma ideia para os diagramas de carga e de comando na partida manual do motor *Dahlander*[87]. A comutação de velocidades é realizada por meio das botoeiras S_1 e S_2, mas com o desligamento do motor, via botoeira S0.

Figura 6.13 – Acionamento manual do motor *Dahlander*. Diagramas de carga e de comando

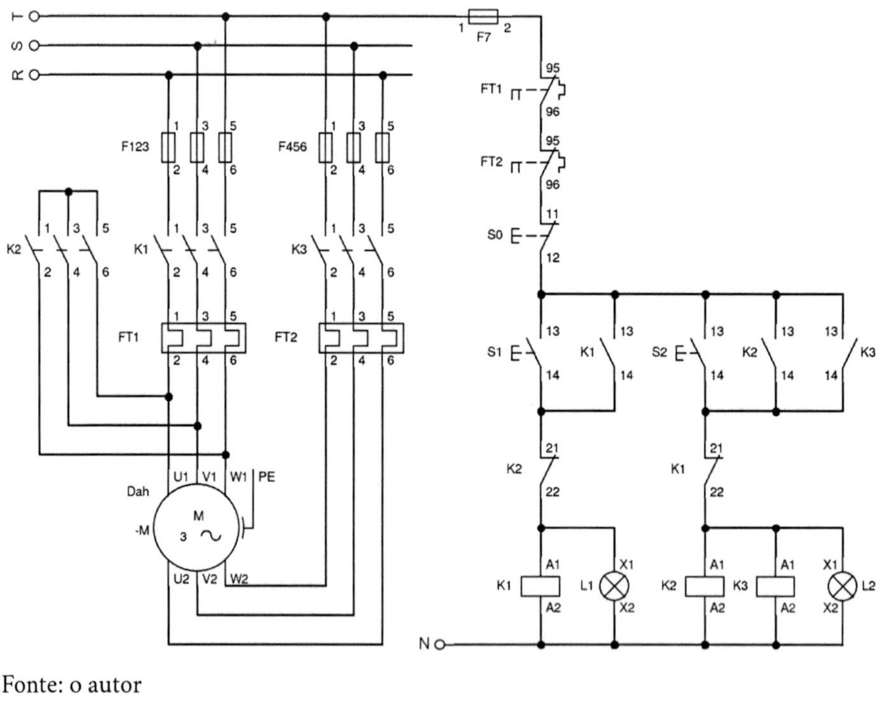

Fonte: o autor

---

[87] NOGUEIRA, 2019, p. 231.

1ª Etapa de operação – Operação em velocidade baixa (**Figura 6.14**)

- Acionando-se a botoeira S1, é energizado o contator K1;

- o selo de K1 atua e o seu contato NF abre no ramo de K2 e K3;

- o motor é alimentado pela rede trifásica através dos terminais 1U, 1V e 1W;

- os terminais 2U, 2V e 2W ficam abertos pois os contatores K2 e K3 estão desenergizados;

- a lâmpada de sinalização L1 identifica a rotação v_1.

Figura 6.14 – Acionamento manual do motor *Dahlander* em velocidade baixa (v_1)

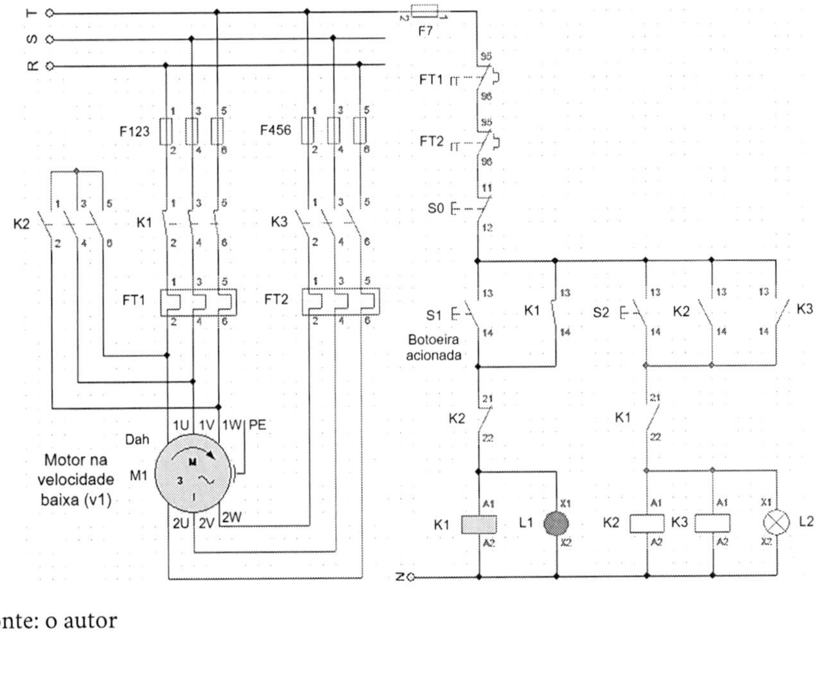

Fonte: o autor

2ª Etapa de operação – Operação do motor M1 em alta rotação

Na 2ª etapa de operação, o motor opera com velocidade alta (v_2), como mostra a Figura 6.15. Os terminais da série 1 (1U, 1V e 1W) estão em curto-circuito via contator K2 e o motor é alimentado pela rede elétrica nos terminais da série 2 (2U, 2V e 2W), através do contator K3. A lâmpada de sinalização L2 sinaliza a operação na velocidade alta, v_2.

A sequência de operação é:

- se o motor estiver na velocidade v_1, pressionar a botoeira S0 para desligar o motor e para que o circuito retorne ao estado de repouso (todos os contatores desenergizados);

- pressionar a botoeira S2, o que aciona os contatores K2 e K3 e os seus respectivos selos, K2 (13-14) e K3 (13-14);

- a chave K2 NF (21-22) se abre no ramo de K1;

- o motor opera nesta situação com a rotação mais alta (v_2).

Figura 6.15 – Acionamento manual do motor *Dahlander* em velocidade alta (v_2)

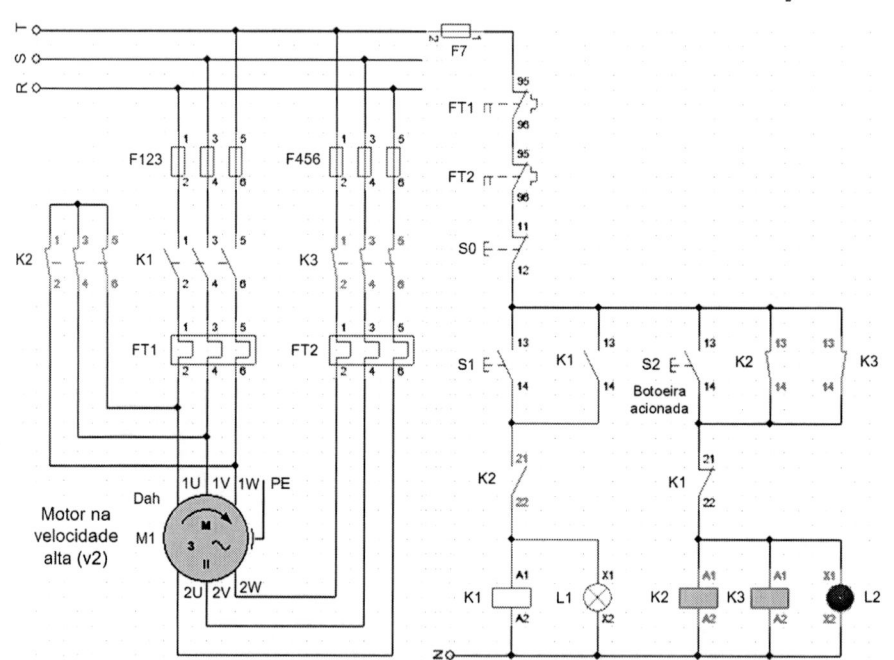

Fonte: o autor

Exemplo 6.3 – *Acionamento manual do motor Dahlander* (modo 2)

Outra maneira de acionar manualmente o motor *Dahlander* é por meio do circuito de comando da Figura 6.16. Nesse modo, é possível mudar diretamente da velocidade v_1 para a velocidade v_2, com as botoeiras de duplo contato, S1 e S2.

Na Figura 6.17, é apresentada a simulação para a etapa 1 de operação dessa configuração, em baixa rotação.

1ª Etapa – Motor opera em velocidade baixa **(Figura 6.17)**

Em uma breve descrição, acionando-se a botoeira S1, é energizado o contator K1. O selo (13-14) se fecha, bem como os seus contatos no diagrama de carga, acionando o motor M1. O contato NF (11-12) no ramo de K2 se abre.

Portanto, somente o contator K1 é acionado e o motor opera com velocidade baixa (v_1). A lâmpada intermitente H1 sinaliza esse evento.

Figura 6.16 – Acionamento manual do motor *Dahlander* – MODO 2

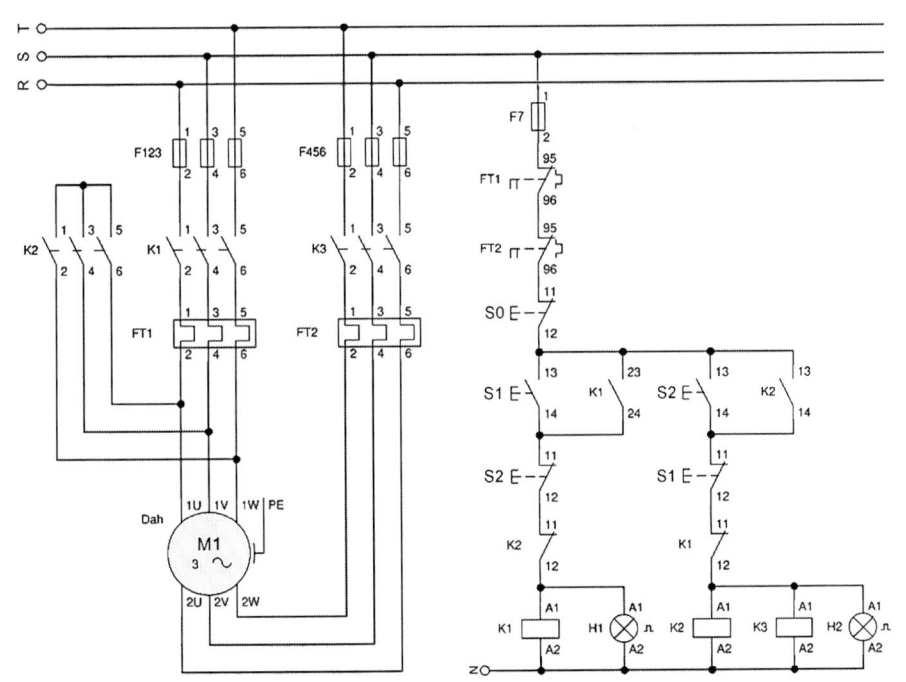

Fonte: o autor

Figura 6.17 – Acionamento manual do motor *Dahlander* – Etapa 1, em baixa rotação

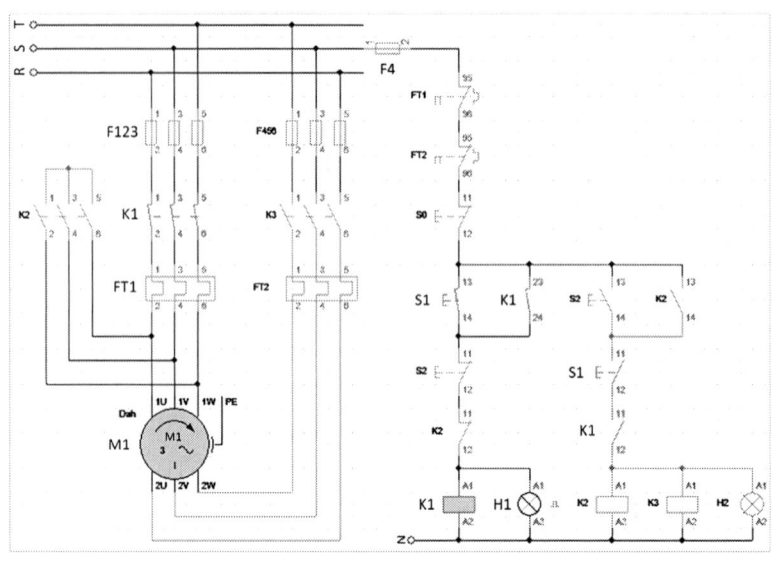

Fonte: o autor

2ª Etapa – Motor Dahlander operando em velocidade alta

EXERCÍCIO de simulação – simular o circuito para a 2ª etapa e descrever a sequência de operação (dispositivos ativados).

» DESAFIO
É possível acionar um motor Dahlander com a possibilidade de reversão de rotação?
Quantos contatores seriam necessários nessa configuração?

QR Code do vídeo: **Motor Dahlander – Vídeo aula** (5:03 min.)[88]

Partida direta de motor Dahlander (parte prática) – Figura 6.18.

Aula da disciplina de CFE 464 – Acionamentos e Comandos Elétricos, oferecida ao curso técnico em Eletrotécnica da UFV – Campus Florestal

---

[88] AULA 11 - Partida direta de motor Dahlander (parte prática). [S .l.: s. n.], 2021. 1 vídeo (5min 3s). Publicado pelo canal Gesep – Sistemas Elétricos de Potência. Playlist: Curso de Acionamentos e Comandos Elétricos - Técnico em Eletrotécnica (UFV). Disponível em: https://www.youtube.com/watch?v=cgulnNLQnQA. Acesso em: 22 dez. 2022.

Figura 6.18 – Vídeo aula sobre o motor Dahlander – partida direta

Fonte: GESEP[89]

6.6.2 Acionamento semiautomático do motor *Dahlander*

Na Figura 6.19, são apresentados os diagramas de carga e de comando para a partida do motor Dahlander, na velocidade baixa. A mudança de rotação ocorre com a atuação de dois relés de tempo.

Figura 6.19 – Diagramas de (a) carga e de (b) comando do motor *Dahlander* (modo semiautomático)

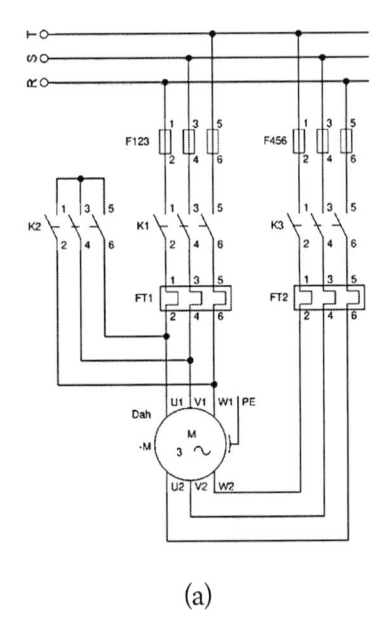

(a)

---

[89] *Idem.*

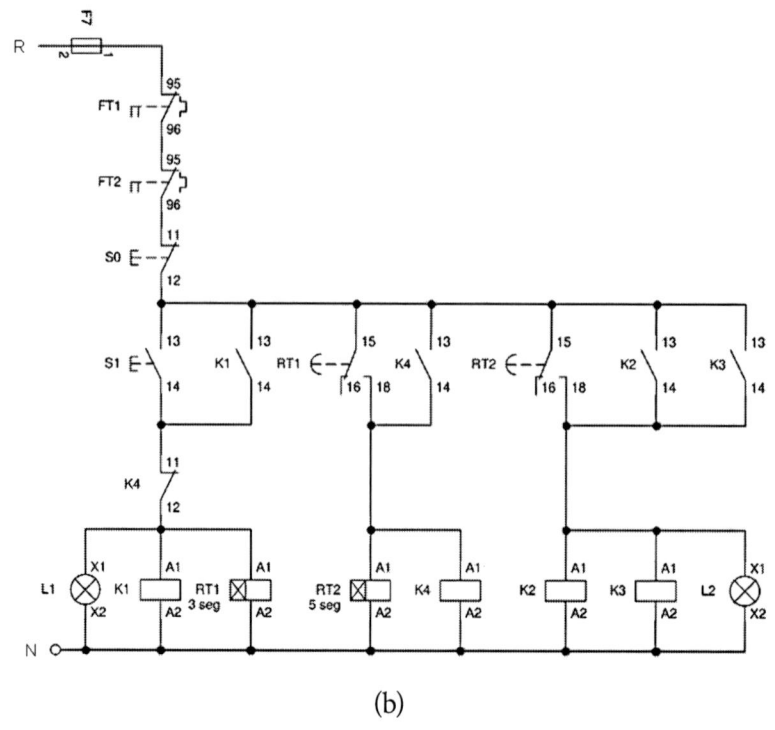

(b)

Fonte: o autor

- Relé de tempo RT1

Este relé é acionado pelo contator K1 e mantém a rotação v_1 (velocidade baixa) do motor por um tempo determinado.

- Relé de tempo RT2

Acionado pelo contato NA de RT1, o relé RT2 desliga temporariamente o motor, através do contator K4. O motor é ligado novamente na velocidade v_2 (alta rotação), pela ação dos contatores K2 e K3.

6.7 Chave de partida estrela-triângulo

Esta chave de partida é amplamente utilizada, sendo indicada para partida sem carga (a vazio), como ocorre em fresadoras, tornos, retificadoras e furadeiras. Também é aplicada no acionamento de cargas ou máquinas onde o conjugado resistente é baixo, como os exaustores e as máquinas dobradeiras.

A sua principal característica é a redução da tensão nas bobinas do motor no evento de sua partida, com a ligação em estrela. Nessa conexão, a tensão é reduzida a 58% da tensão nominal. Após um determinado tempo, em função da rotação do motor, é realizada a mudança para a conexão em triângulo em suas bobinas e assim o motor assume a tensão nominal.

Essa chave pode ser realizada nos modos manual ou automático, sendo interligada aos enrolamentos do motor, os quais que devem ser desmembrados em 6 terminais disponíveis (ver a Figura 6.20a).

Figura 6.20 – (a) Enrolamentos do MIT. (b) Conexão Y: tensão de fase. (c) Conexão D: tensão de linha

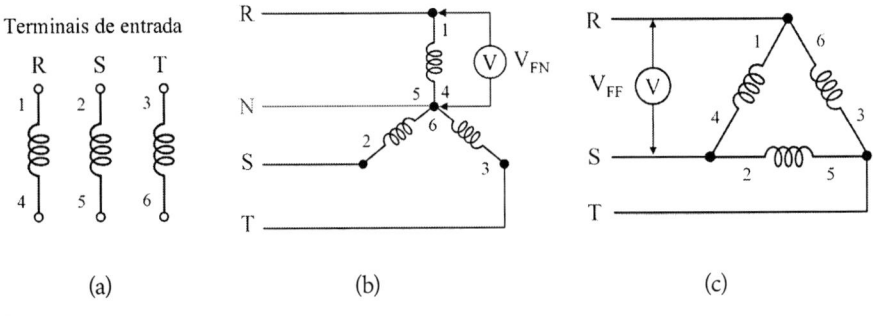

(a) (b) (c)

Fonte: o autor

Verificação da partida Y-Δ medindo a tensão em uma das bobinas

Um modo de verificar se a mudança de conexão estrela para triângulo foi efetuada corretamente é pela medição da tensão em uma das bobinas do motor, como vemos nas Figuras 6.20b e 6.20c, com a medição da tensão na bobina 1-4, por exemplo. Para o motor conectado a um sistema trifásico com tensão de linha de 220 V, teremos:

1. Na partida do motor com a conexão Y: $V_{\text{Bobina } 1-4} = V_{FN} = 220V/\sqrt{3} = 127\ V$

2. Na conexão do motor em triângulo: $V_{\text{Bobina } 1-4} = V_{FF} = 220\ V$

Como na conexão estrela ocorre menor tensão nas bobinas, teremos uma diminuição da corrente de partida. Também ocorre redução do conjugado, como comprovaremos em demonstração mais à frente.

6.7.1 Vantagens e desvantagens da partida estrela-triângulo

A chave de partida estrela-triângulo apresenta as seguintes vantagens:

- esse tipo de chave é muito utilizado, devido ao seu custo reduzido;
- não tem limites quanto ao seu número de manobras;
- os componentes utilizados ocupam pouco espaço;
- a corrente de partida fica reduzida para aproximadamente 1/3 da nominal, como se verifica na Figura 6.21[90].

Como desvantagens, podemos citar:

- a tensão de linha da rede deve coincidir com a tensão da ligação triângulo do motor;
- se o motor não atingir em torno de 90% da velocidade nominal no momento da troca de ligação, o pico de corrente na comutação será quase como se fosse uma partida direta, o que não justifica o seu uso;
- para ser possível a conversão estrela-triângulo, faz-se necessário que os motores tenham a possibilidade de serem ligados em dupla tensão, segundo os níveis, por exemplo: 220 V/ 380 V ou 380 V/660 V ou 440 V/760 V, além de terem no mínimo, seis bornes de ligação.

Figura 6.21 – Corrente de partida na chave estrela-triângulo

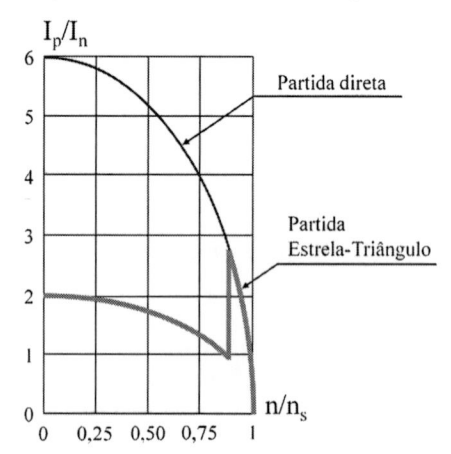

Fonte: o autor

---

90   FRANCHI, 2014.

Comentários

- Nessa manobra, o motor realiza uma partida mais suave: a corrente de partida é reduzida a $1/3$ do seu valor em acionamento via partida direta (ver a Figura 6.22). Outra alteração é a redução do torque de partida a 33% do torque nominal[91].

Figura 6.22 – Alteração do conjugado de partida na chave estrela-triângulo

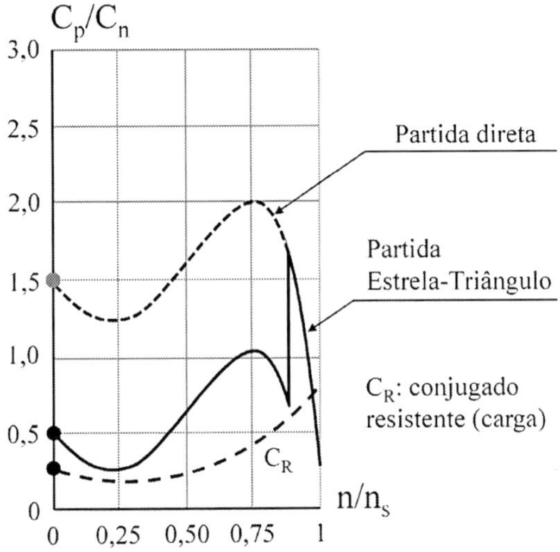

Fonte: o autor

- Essa chave, portanto, deve ser utilizada em aplicações com uma curva de conjugado resistente ou conjugado de carga (C_R) que se situe abaixo da curva estrela-triângulo. Na Figura 6.22, destaca-se o ponto de conjugado de partida em estrela-triângulo, superior ao ponto de conjugado de partida da curva C_R.

- No modo manual, utilizam-se chaves comutadoras específicas estrela-triângulo (Figura 6.23) e contatores. No modo semiautomático, a passagem de ligação estrela para triângulo é controlada por um relé temporizador.

---

91 *Ibidem*, p. 105.

Figura 6.23 – (a) Chave comutadora estrela-triângulo manual. Conexões em (b) estrela e (c) triângulo

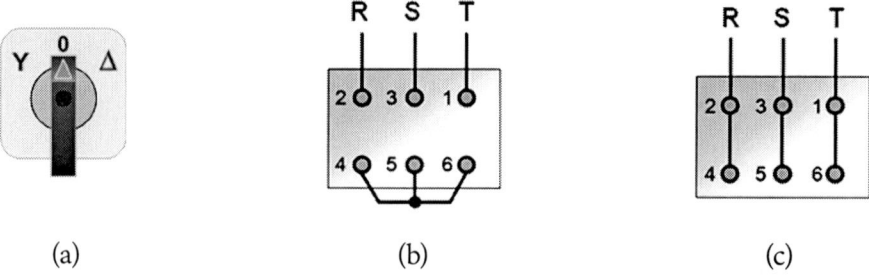

(a) (b) (c)

Fonte: o autor

- No relé de tempo, recomenda-se ajustar o tempo para a mudança de conexão Y para Δ com base no tempo que o motor leva para atingir em torno de 90% de sua velocidade nominal, em RPM. O uso de um tacômetro é essencial nessa tarefa, para se determinar bem esse tempo.

- Na passagem da conexão estrela para a conexão triângulo é recomendável um atraso de 30 a 100 ms para se evitar um curto-circuito entre as fases do motor[92].

6.7.2 Chave de partida estrela-triângulo no modo manual

Um exemplo de diagrama de carga e de comando para a partida estrela-triângulo em modo manual é apresentado na Figura 6.24, cuja operação é descrita a seguir.

Partida na ligação em estrela

- Inicialmente, para a partida manual em estrela, pressiona-se a botoeira S_1. O contator K1 é energizado e o seu selo (chave NA K1, contatos 13-14) se fecha. Com isso, a lâmpada L_1 é acesa, indicando esse evento.

- Os contatos de força de K_1 no circuito de carga, à esquerda, fecham-se, ligando os terminais 1, 2 e 3 do motor M_1 às fases da rede CA trifásica.

---

[92] *Ibidem*, p. 106.

- Ao mesmo tempo, a bobina de K_2 é energizada, pois está no mesmo ramo da botoeira S2 NF e do contato K3 NF. Os contatos de força de K2 acionados, possibilitam, por meio da conexão de seus contatos 1, 3 e 5 em comum, ligar em comum os contatos 4, 5 e 6 do motor. Observa-se então o MIT conectado em estrela.

- A chave K_2 NF se abre no ramo do contator K_3 (o que impede a energização de sua bobina). O motor opera na ligação estrela, com K_1 e K_2 energizados.

Figura 6.24 - Partida estrela-triângulo no modo manual

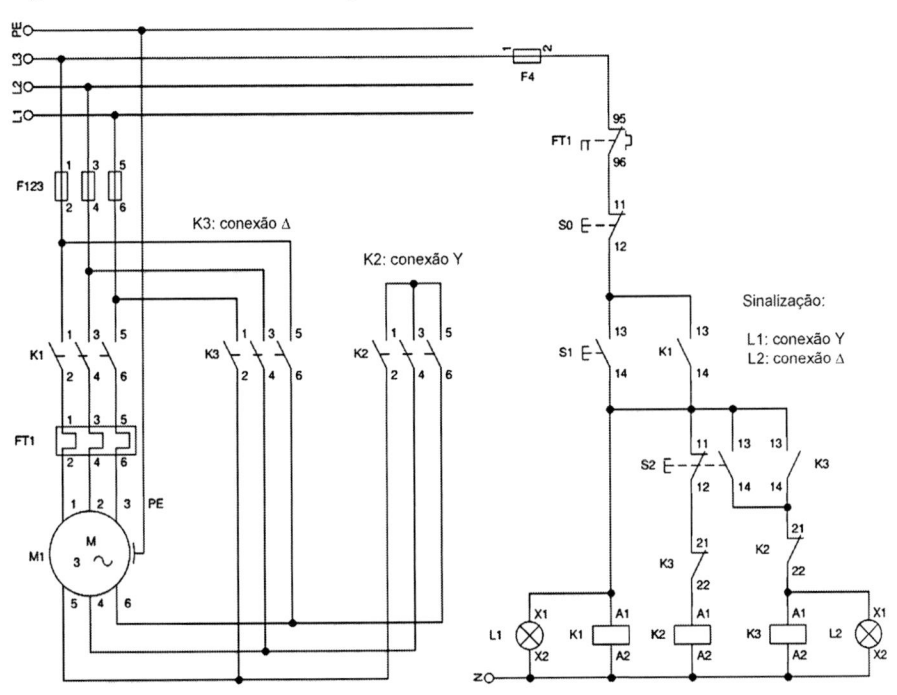

Fonte: o autor

Conversão para a ligação triângulo

- Pressionando a botoeira S_2 (contatos intertravados NA e NF), o ramo de K_2 é aberto, o que desfaz a ligação estrela. A chave K_2 NF volta a se fechar no ramo de K_3, energizado pela ação do contato NA de S_2. O selo e os contatos de força de K_3 se fecham. Agora o contato NF de K_3 está aberto no ramo de K_2.

- Nesse contexto, somente os contatores K_1 e K_3 estão energizados e o motor opera na conexão triângulo.

6.7.3 Chave de partida estrela-triângulo no modo semiautomático

As Figuras 6.25a e 6.25b mostram uma solução para uma chave de partida estrela-triângulo no modo semiautomático.

Figura 6.25 – Partida estrela-triângulo semiautomática: (a) Diagrama de carga; (b) Diagrama de comando

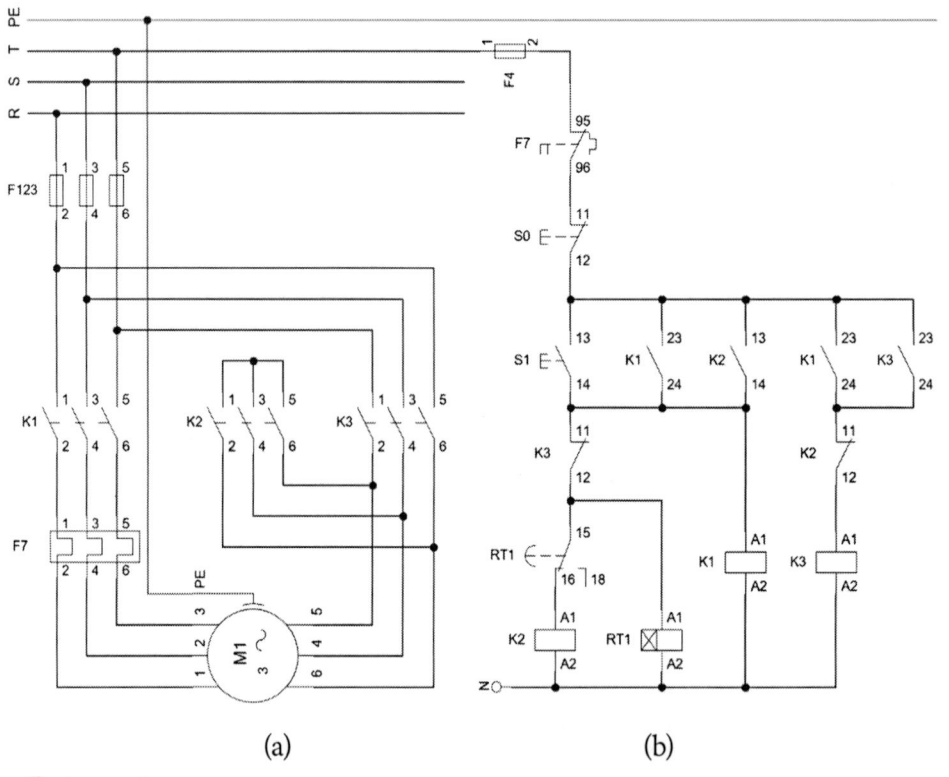

(a)   (b)

Fonte: o autor

A sequência de eventos nesse acionamento, com o motor conectado em estrela, é descrita a seguir, por meio da Figura 6.26.

Partida do motor em estrela

Figura 6.26 – Circuito de comando para a operação em (a) estrela e (b) triângulo

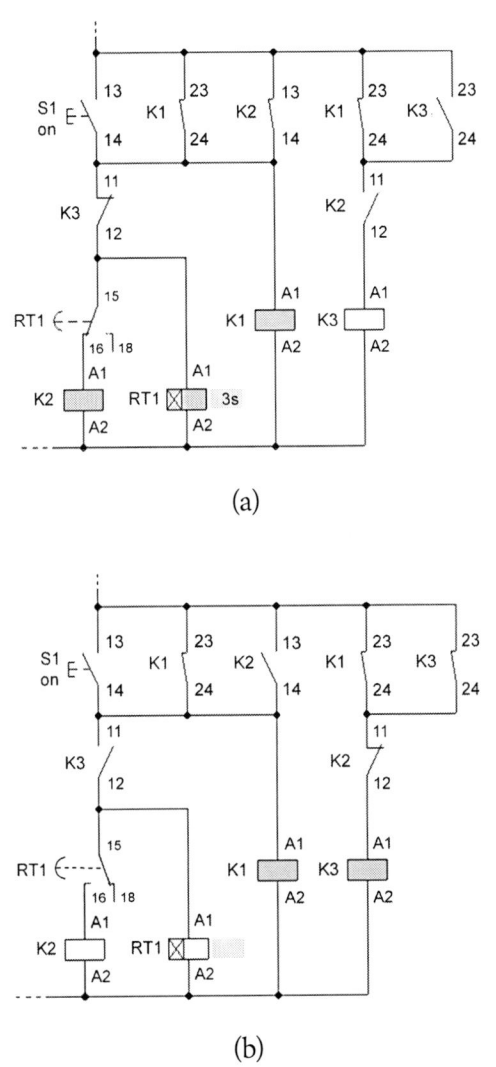

(a)

(b)

Fonte: o autor

- Por meio da botoeira S_1, os contatores K_1 e K_2 são energizados, bem como o relé de tempo RT_1 (Figura 6.26a). Note que o ramo de K_3 está aberto (a chave NF de K_2 atuou).

- Decorrido o tempo ajustado no relé RT_1, a sua chave comuta de 15-16 para 15-18. São desligados o contator K_2 e o relé RT_1 (acompanhe pela Figura 6.26b).

- Com isso, no ramo de K_3 a chave NF de K_2 volta à sua posição de repouso (fechada). No mesmo ramo, observa-se a chave de K_1 fechada em paralelo com o selo de K_3.

- Nessa condição, o contator K_3 está energizado e é realizada a transição da conexão Y-Δ. A chave NF de K_3 no ramo de K_2 se encontra aberta, o que não permite a energização do contator K_2.

- Observe no diagrama de carga que a ligação dos bornes 1-6, 2-4 e 3-5 no MIT ocorre por meio dos contatores K_1 e K_3. E que o motor só pode ser desligado pela botoeira S0.

6.7.4 Dimensionamento dos contatores para a chave de partida estrela-triângulo

Para dimensionar as correntes dos contatores da chave estrela-triângulo, tomaremos como base o diagrama de carga apresentado na Figura 6.27.

Figura 6.27 – Diagrama de carga da partida Y-Δ: conexões dos contatores K_1, K_2 e K_3

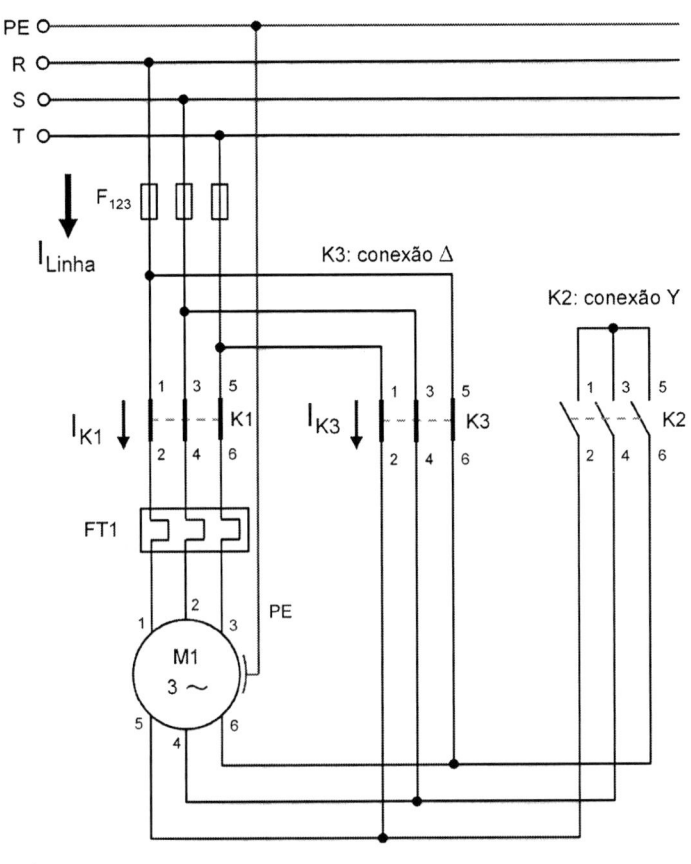

Fonte: o autor

O contator K_1 é utilizado para a conexão direta do motor trifásico à rede elétrica, o contator K_2 efetua a conexão em estrela e o contator K_3 atua na conexão em triângulo. Inicialmente, serão realizados os cálculos das correntes nos contatores para essa conexão.

Na Figura 6.27, a corrente de linha (I_L) é a corrente nominal do motor (I_n) e as correntes nos contatores K_1 e K_3 são I_{K1} e I_{K3}, respectivamente (conexão em triângulo). Essa conexão das bobinas do motor é representada na Figura 6.28[93]. Com as chaves NA desse circuito acionadas, a corrente em cada fase (ou bobina do motor) é calculada em função da corrente de linha, como se verifica em (6.2).

---

[93] FRANCHI, C. M. *Acionamentos Elétricos*. 4. ed. São Paulo: Érica, 2008. p. 163.

$$I_F = I_\Delta = I_L/\sqrt{3} \tag{6.2}$$

Figura 6.28 – Contatores utilizados para a conexão das bobinas do motor em triângulo

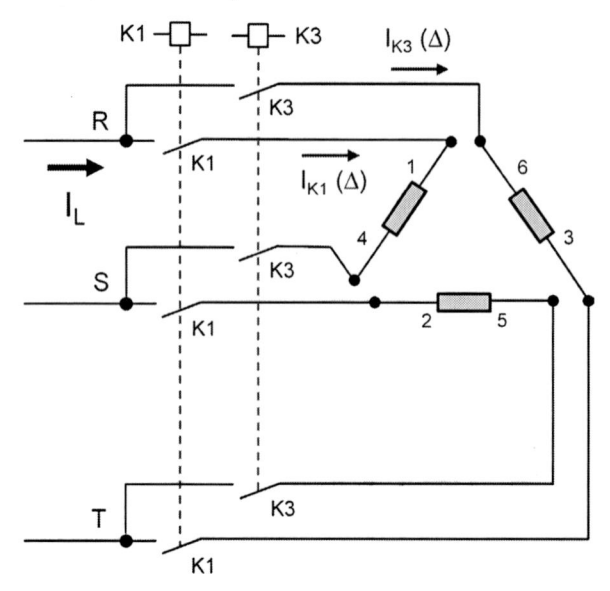

Fonte: o autor

Assim, podemos dimensionar:

$$I_{K1} = I_{K3} = I_\Delta = \frac{I_L}{\sqrt{3}} \quad \rightarrow \quad I_\Delta = 0{,}58 \times I_n$$

A impedância de cada fase do motor é dada por (6.3), a partir da qual se obtém (6.4), observando-se que na ligação triângulo, a tensão de fase é igual à tensão de linha.

$$Z_F = V_F/I_F \tag{6.3}$$

$$Z_F = \frac{V_F}{I_F} = \frac{V_L}{I_L/\sqrt{3}} = \frac{V_L \times \sqrt{3}}{I_n} \tag{6.4}$$

Na conexão em estrela (Figura 6.29), a corrente em cada chave do contator K_2 é obtida por (6.5)[94], lembrando que a tensão de linha é a tensão nominal do motor ($V_L = V_n$). A corrente nos contatores K_1 e K_2 é a mesma, portanto podemos escrever:

$$I_{K1} = I_{K2} = 0,33\, I_n$$

$$I_Y = \frac{V_F}{Z_F} = \frac{\frac{V_n}{\sqrt{3}}}{\frac{V_n \times \sqrt{3}}{I_n}} = \frac{I_n}{3} = 0,33\, I_n \qquad (6.5)$$

Figura 6.29 – Conexão em estrela: dimensionamento da corrente I_{K2}

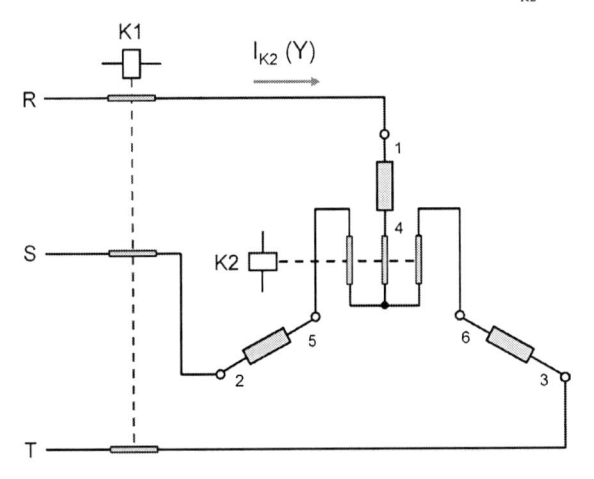

Fonte: o autor

6.7.5 O conjugado de partida da chave estrela-triângulo

Como já mencionamos antes, a chave de partida Y-Δ é empregada para a partida do motor a vazio (sem carga) ou para os casos em que o conjugado resistente de partida é limitado até 1/3 do conjugado nominal.

Na conexão em triângulo, sendo V_n a tensão nominal de cada uma das fases do enrolamento do motor, o conjugado desenvolvido pelo mesmo é obtido por (6.6), onde T_D é o torque na ligação triângulo, k é uma constante

---

[94] *Ibidem*, p. 164.

do motor e V_n é a tensão nominal em cada uma das fases do MIT. A equação (6.6) pode ser reescrita como em (6.7).

$$T_\Delta = k \cdot V_n^2 \tag{6.6}$$

$$T_\Delta = k \cdot V_L^2 \tag{6.7}$$

Na partida em conexão estrela, a tensão em cada fase do MIT é

$$V_F = V_L/\sqrt{3}$$

O torque de partida nessa conexão, T_Y, é encontrado por (6.8).

$$T_Y = k \cdot V_F^2 = k \cdot \left(\frac{V_L}{\sqrt{3}}\right)^2 = k \cdot \frac{V_L^2}{3} \tag{6.8}$$

Desenvolvendo essa equação (verifique), obtém-se o valor de T_Y em função do torque T_Δ, em (6.9), o que comprova que, na partida do MIT em Y, o seu conjugado fica reduzido a 33% do seu valor nominal em triângulo. A curva da Figura 6.30 mostra, para efeito de comparação, as curvas de conjugado para a partida na conexão triângulo e para a partida na conexão estrela.

$$T_Y = \frac{T_\Delta}{3} \tag{6.9}$$

Figura 6.30 – Curvas de conjugado do MIT: partida direta e partida na conexão estrela

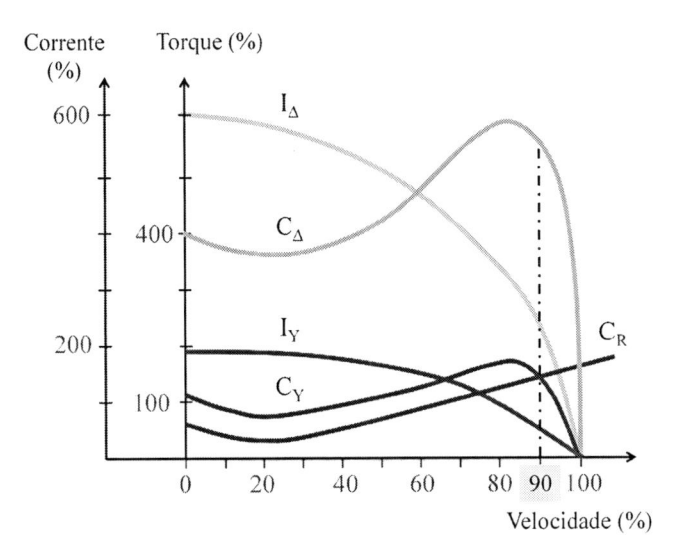

Fonte: o autor

Comentários

- Na Figura 6.35, observa-se uma curva de conjugado de carga ou conjugado resistente (C_R) inferior ao conjugado de partida desenvolvido na conexão Y (C_Y), até o instante em que o motor atinge em torno de 90% da rotação nominal. Nesse ponto, a curva C_R torna-se superior à curva de conjugado C_Y.

- O uso da conexão em Y só deve ser empregada para as situações de partida de motores em vazio ou sem carga. Quando a rotação do motor atinge 90% da rotação nominal, a carga é aplicada e ocorre a conversão para a conexão das bobinas do motor em triângulo.

- Por meio das curvas da corrente do motor, observa-se, na conexão em Y, que a partida ocorre com um valor de 33% da corrente nominal, ou seja, ocorre de maneira mais suave. Na conversão para operação em triângulo, a corrente I_D é a corrente nominal do motor.

- Concluindo, só se justifica o uso da chave estrela-triângulo se a curva de conjugado de partida do motor em estrela for superior ao conjugado resistente no instante de partida[95].

---

[95] NASCIMENTO JÚNIOR, 2011, p. 107.

6.7.6 Uso do relé específico estrela-triângulo

Nos circuitos de partida estrela-triângulo semiautomáticos, são utilizados geralmente temporizadores com retardo na energização com apenas um relé reversível com contatos NA e NF. Esses contatos possibilitam a comutação entre os contatores que fazem as conexões estrela e triângulo.

Existem temporizadores dedicados exclusivamente para a partida estrela-triângulo, os quais possuem dois relés reversíveis, onde um deles aciona o contator para a conexão em estrela e o outro aciona o contator para a conexão em triângulo. Nesse relé específico, as formas de onda de atuação são representadas na Figura 6.31.

Figura 6.31 – Relé específico Y-Δ. Formas de onda características

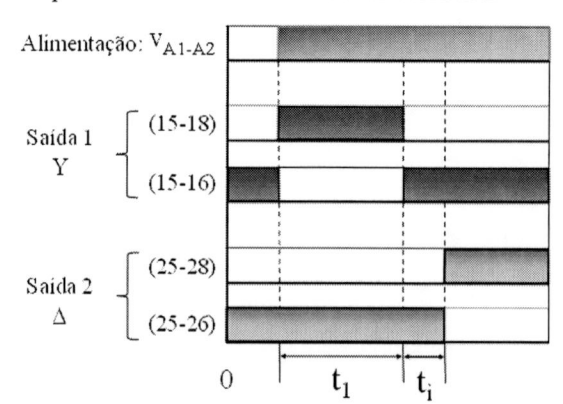

Fonte: o autor

O temporizador proporciona um tempo de atraso entre o desligamento da conexão em estrela e a conexão em triângulo, evitando a possibilidade de curto-circuito na comutação entre essas conexões.

Energizando-se os contatos A_1 e A_2 (forma de onda v_{A1-A2}), temos:

- o relé comuta os contatos os contatos da posição (15-16) para a posição (15-18);

- após o intervalo de tempo (t_1), ajustado na escala do temporizador, o contado da saída 1 retorna para a posição de repouso (15-16);

- decorrido o tempo de atraso t_i, ocorre a comutação dos contatos na saída 2 do relé (25-26) para (25-28), que proporciona a conexão das bobinas do motor conectado em triângulo. Essa situação permanece até que o relé de tempo seja desenergizado.

Exercícios de Fixação – *Série 8*

EF 8.1 – Sejam os circuitos da Figura 6.32, para uma chave de partida estrela-triângulo de um MIT. Faça uma análise e descreva a sua operação, a partir do acionamento da botoeira S1.

Figura 6.32 – Chave de partida estrela-triângulo: (a) Diagrama de carga; (b) Diagrama de comando

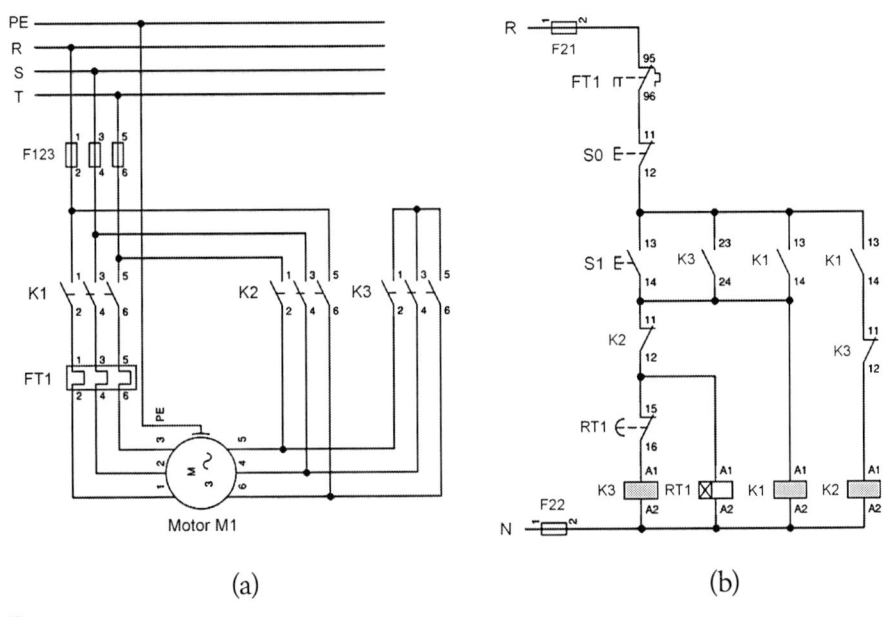

(a)   (b)

Fonte: o autor

EF 8.2 – Considere ainda o circuito da Figura 6.32 e a corrente nominal do motor M1, de 12 A. Calcular as correntes do relé térmico FT1 e dos contatores K1, K2 e K3.

EF 8.3 – Complete as frases a seguir, com base na Figura 6.33.

1. Por meio da chave de partida _____,
   o motor realiza uma partida mais suave: a corrente de partida é

reduzida a aproximadamente _____ do seu valor em acionamento via partida direta. Outra alteração nesse método é a redução
do _____de partida a _____% do torque nominal.

2. Essa chave de partida, portanto, deve ser utilizada em aplicações
com uma curva de conjugado resistente (C_R, conjugado de carga)
que se situe _____ da curva estrela-triângulo.

3. Nessa figura, destaca-se o ponto de conjugado de partida em
_____, superior ao ponto de conjugado de partida da curva C_R.

Figura 6.33 – Alteração do conjugado de partida de uma chave estrela-triângulo

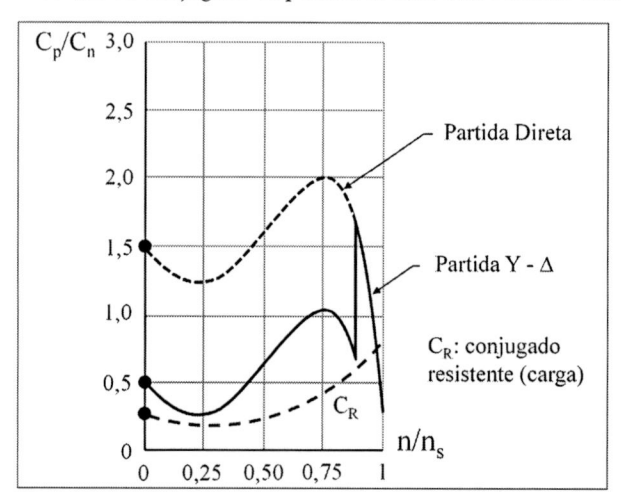

Fonte: o autor

EF 8.4 – *Diagnóstico de falhas* – chave de partida estrela-triângulo semiautomática.

Sejam os circuitos das Figuras 6.34a e 6.34b, para uma chave de
partida estrela-triângulo, os quais contêm erros e conexões incompletas.

a. Identifique esses erros.

b. Complete as ligações e os dispositivos que faltam.

Figura 6.34 – Chave de partida Y-D: (a) Diagrama de carga e (b) diagrama de comando

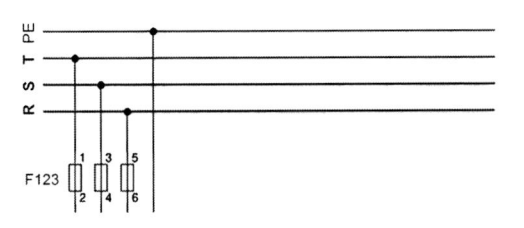

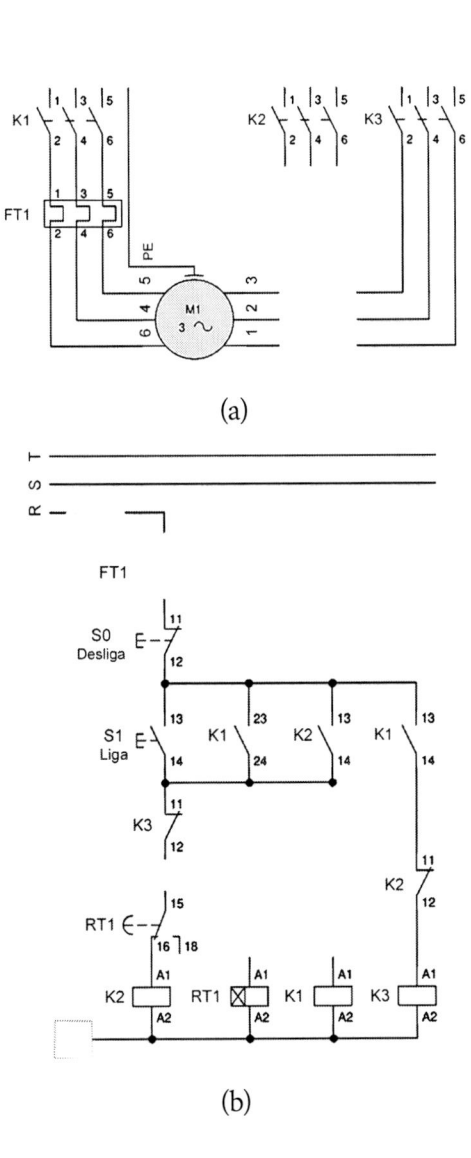

(a)

(b)

Fonte: o autor

6.7.7 Comando com partida estrela-triângulo com reversão

A partida Y-D com reversão proporciona, além da redução da corrente de partida, uma melhor eficiência e baixo custo em determinadas aplicações e a possibilidade de alterar o sentido de giro do motor.

Nas Figuras 6.35 e 6.36, são apresentados os diagramas de carga e de comando respectivamente, como uma ideia para esse acionamento[96].

» **DESAFIO** – Interpretar e simular os diagramas das Figura 6.35 e 6.36, identificando os contatores envolvidos na partida estrela-triângulo e na reversão de rotação.

Figura 6.35 – Chave de partida Y-Δ com reversão – diagrama de carga

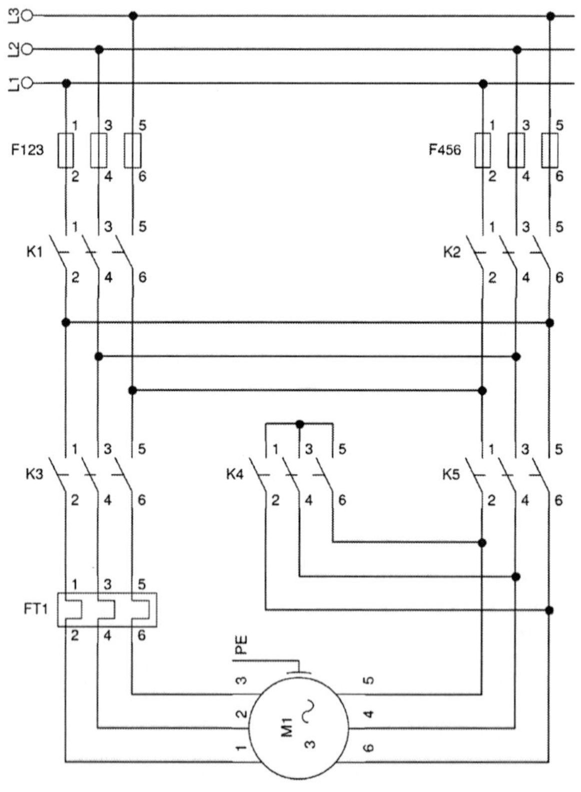

Fonte: o autor

---

[96] FONSECA, D. S.; TAKENAKA, F. O. *Acionamentos Elétricos I e II. Apostila*. Belo Horizonte: CEFET-MG – Coordenação de Eletromecânica – DEMAT, 2018.

Figura 6.36 – Chave de partida Y-Δ com reversão – diagrama de comando

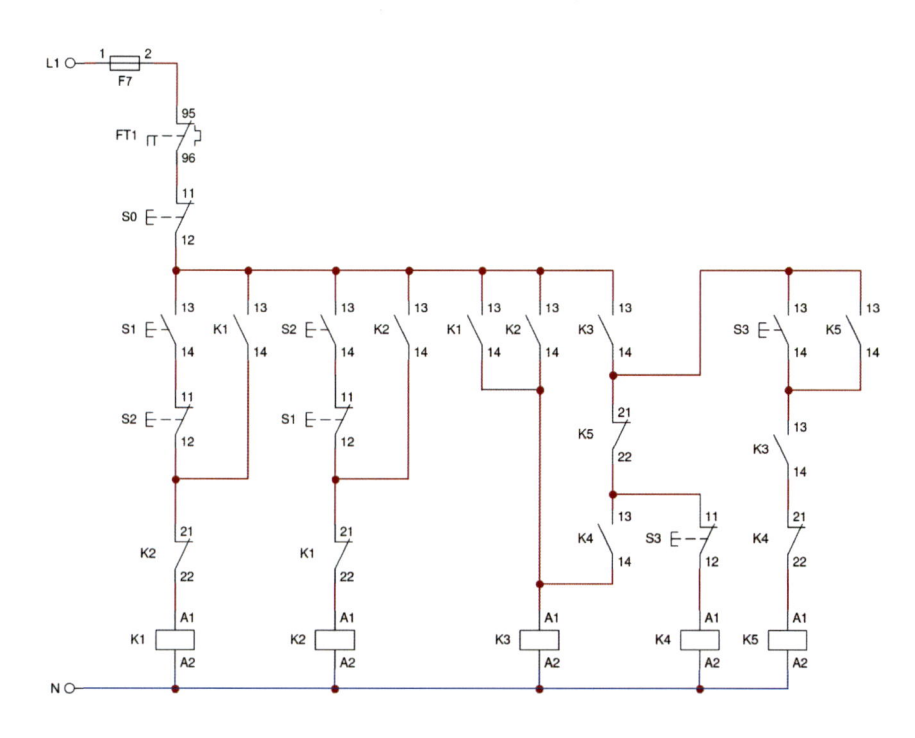

Fonte: o autor

6.8 Chave de partida compensadora

A chave compensadora é um sistema indireto de partida de motores trifásicos, no qual, por meio de um autotransformador, as bobinas do motor são alimentadas na partida com redução de tensão e da corrente, sem perda considerável do torque. É adequada para diversas aplicações, nas quais a partida estrela-triângulo não pode ser utilizada.

6.8.1 O autotransformador

A Figura 6.37 mostra o esquema de um autotransformador monofásico, no qual podem ser selecionados diferentes níveis de tensão, disponíveis em TAPs ou terminais de ajuste, os quais possuem uma determinada quantidade de espiras que representam um percentual da tensão da rede CA.

Figura 6.37 – Aspecto de um autotransformador

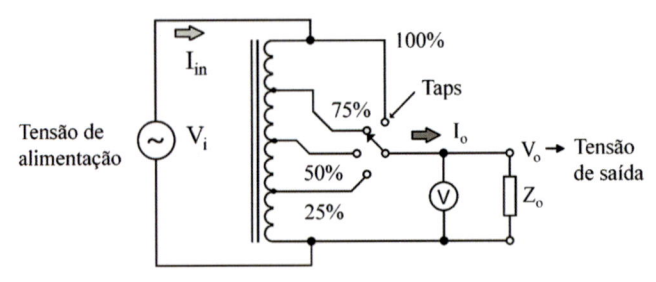

Dessa forma, além da redução de corrente na partida, como na partida estrela-triângulo, a chave compensadora proporciona o ajuste da tensão aplicada às bobinas do motor, pois encontramos nos autotransformadores trifásicos alguns TAPs disponíveis. Essa chave de partida proporciona também maiores valores de conjugado[97].

A Figura 6.38 mostra o esquema típico de um autotransformador trifásico utilizado nos circuitos de partida compensadora. Esse dispositivo apresenta quatro TAPs, sendo três de ajuste de tensão, com 50%, 65% e 80% da tensão nominal. Logo, dois deles superam 58% da tensão nominal, o percentual de tensão na partida de um MIT com a chave estrela-triângulo. Então, teremos duas opções maiores de conjugado[98], o que constitui uma interessante vantagem desse equipamento.

Figura 6.38 – Aspecto de um autotransformador trifásico e seus terminais de ajuste

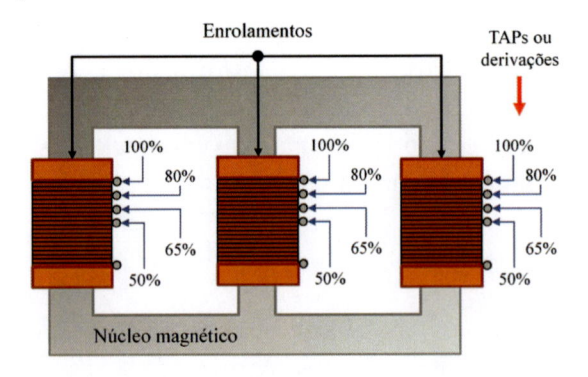

---

[97] NASCIMENTO JÚNIOR, 2011, p. 121.

[98] *Ibidem*, p. 121.

No caso de motores elétricos com partida a vazio ou com demanda mínima de carga, podemos utilizar o TAP de 50% da tensão nominal[99]. Para outros níveis de demanda, o comando deve ser projetado em função de um TAP que proporcione maior tensão na partida e, consequentemente, maior corrente de partida e maior conjugado.

6.8.2 Aplicações da chave compensadora

A chave compensadora, pelas normas técnicas, é recomendada na partida de motores de indução trifásicos assíncronos com potência nominal maior ou igual a 15 CV, nas seguintes situações:

1. quando se necessita de um valor específico de torque na partida, isto é, o motor desenvolve a partida com carga parcial ou com plena carga, dependendo do ajuste realizado nos TAPs do autotransformador;

2. quando a tensão da rede elétrica coincide com a tensão nominal de placa do MIT em estrela, ao invés da tensão em triângulo, o que inviabiliza a partida com a chave estrela-triângulo

Em resumo, essa chave de partida reduz a corrente de partida e evita sobrecarregar a linha de alimentação trifásica, ao mesmo tempo possibilitando um conjugado suficiente na partida do MIT. A tensão entregue ao motor é dimensionada por meio do uso de um autotransformador trifásico, com TAPs de ajuste típicos de 50 %, 65 % e 80 % da tensão nominal.

Os circuitos de comando com chave compensadora ainda são utilizados na partida de MIT, mas, segundo Guimarães[100],

> [...] existem diversas aplicações com autotransformadores instalados nos painéis de acionamento, porém estão aos poucos sendo substituídos por chaves de partida eletrônica ou inversores de frequência, por apresentarem mais eficiência e mais controle para corrente de partida. E com relação ao custo de investimento, principalmente para motores maiores, a diferença fica cada vez menor comparando-se com as chaves de partida eletrônica e inversores de frequência.

---

[99] FRANCHI, 2014, p. 111.

[100] GUIMARÃES, H. O. *Acionamento de Motores Elétricos*. Londrina: Editora e Distribuidora Educacional S. A., 2018. p. 75.

6.8.3 Montagem da chave compensadora e esquema de ligação

A Figura 6.39 mostra um esquema típico de ligação da chave compensadora, para os circuitos de carga e de comando, no modo semiautomático.

Figura 6.39 – Chave compensadora. Diagramas de (a) carga e (b) de comando (modo semiautomático)

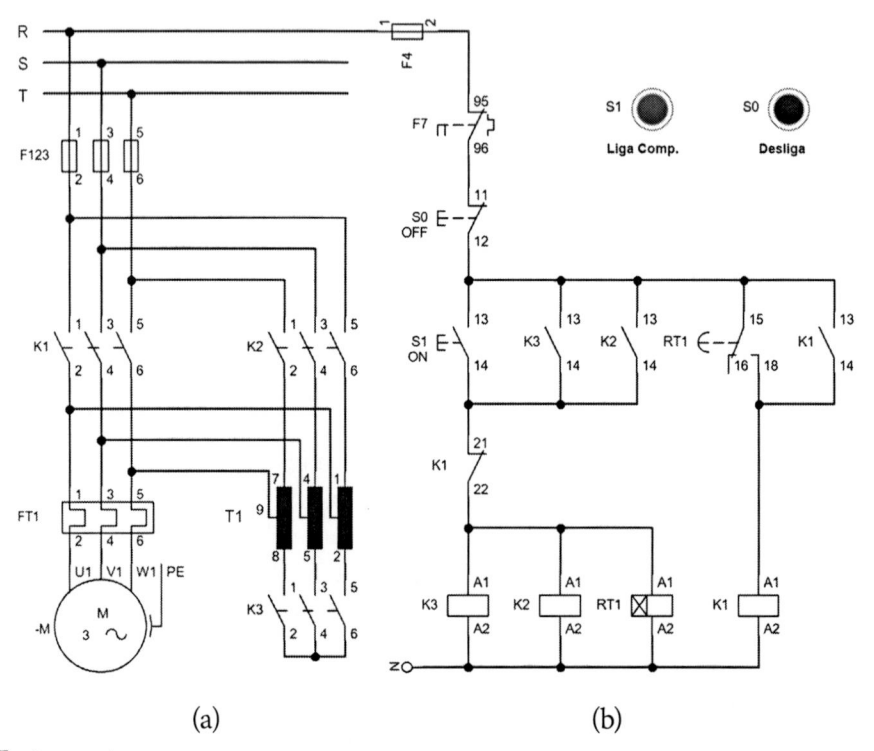

(a)   (b)

Fonte: o autor

Essa chave de partida é composta, na maioria dos casos, dos seguintes equipamentos:

1. um autotransformador, conectado em estrela;

2. três contatores;

3. um relé de sobrecarga;

4. três fusíveis retardados;

5. um relé de tempo.

Na 1ª etapa de operação, ocorre a partida do motor com tensão reduzida, de acordo com a sequência:

1. Ao acionar a botoeira S1 no circuito de comando, os contatores K2 e K3 são energizados (ver a Figura 6.40) e os seus respectivos contatos de selo se fecham. O relé de tempo RT1 é energizado.

2. Com os contatores K2 e K3 energizados, verifica-se no circuito de carga que o motor parte acionado com tensão reduzida, ajustada no TAP selecionado no autotransformador T1. Essa etapa termina quando vence o tempo ajustado no relé de tempo RT1, quando ocorre a comutação em seus contatos, de 15-16 para 15-18.

Figura 6.40 – Chave compensadora (modo semiautomático) – 1ª etapa de operação

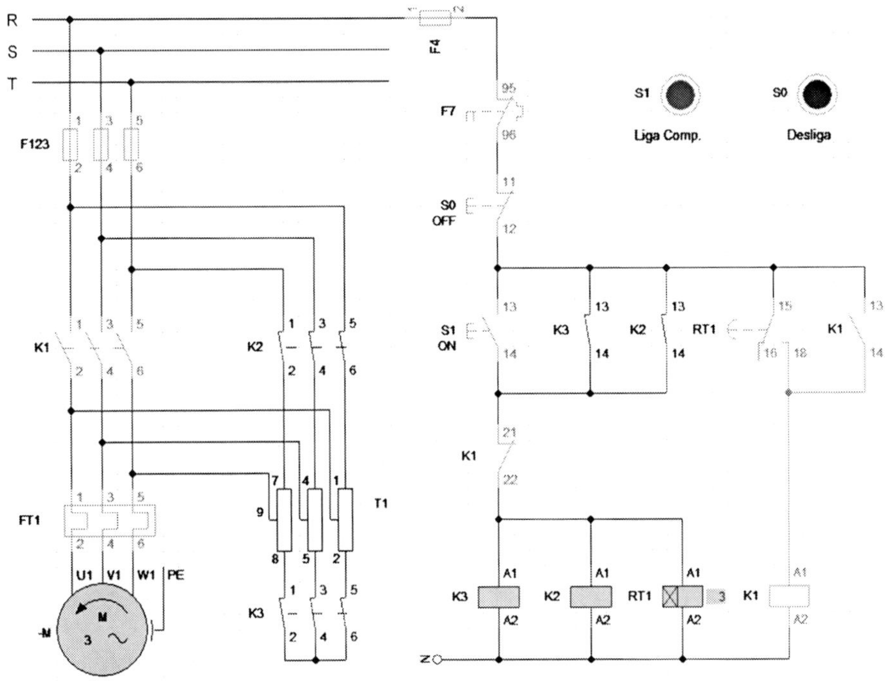

Fonte: o autor

Na 2ª etapa de operação, descrita pela Figura 6.41, o motor é ligado diretamente à rede trifásica. Ela se inicia com o contato 15-18 do relé de tempo acionado, o que provoca a energização do contator K1 e o acionamento de seu selo (contatos 13-14). O contato (21-22) de K1 é aberto e os contatores K2 e K3 são desativados. O motor opera com tensão nominal, estando conectado à rede trifásica somente pelo contator K1. O motor pode ser desligado pela botoeira NF S0.

Figura 6.41 – Chave compensadora (modo semiautomático) – 2ª etapa de operação

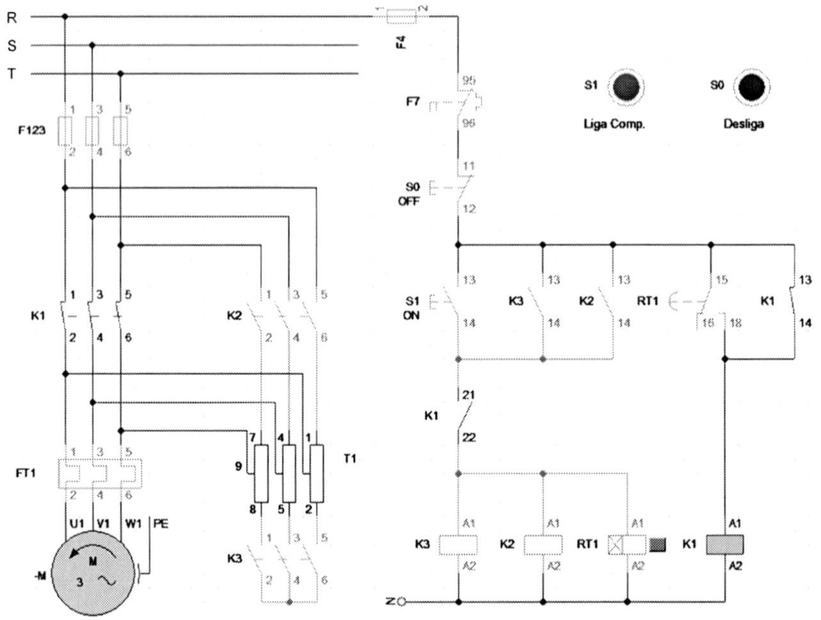

Fonte: o autor

6.8.4 Equacionamento do torque na chave de partida compensadora

Para encontrar a alteração do torque do motor trifásico com o uso da chave de partida compensadora, é necessário dimensionar a relação de espiras em um autotransformador.

Esse dispositivo é um transformador de enrolamentos múltiplos, como o da Figura 6.42, com os enrolamentos primário e secundário adaptados com uma conexão de seus enrolamentos em série (nos modos aditivo ou subtrativo).

Como visto na Figura 6.43, esses enrolamentos formam um enrolamento único[101]. A relação de espiras no transformador é encontrada por (6.10).

---

[101]   O QUE É um autotransformador e como funciona? *Aprendendo Elétrica*, [s. l.], 2021. Disponível em: https://aprendendoeletrica.com/o-que-e-um-autotransformador-e-como-funciona/. Acesso em: 12 nov. 2022.

$$a = V_1/V_2 = I_2/I_1 = N_1/N_2 \tag{6.10}$$

Figura 6.42 – Esquema de um transformador monofásico, abaixador de tensão

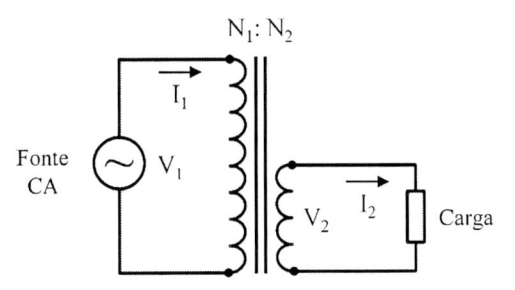

Fonte: o autor

Figura 6.43 – Esquema de um autotransformador monofásico

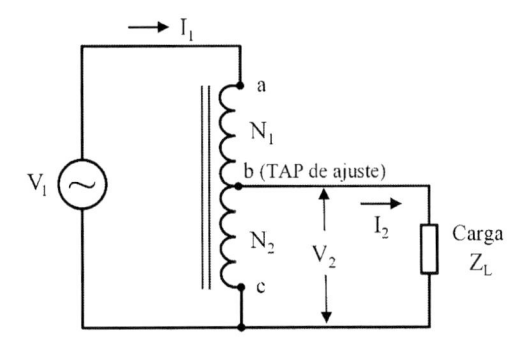

Fonte: o autor

Em uma definição clássica, o autotransformador constitui um enrolamento eletricamente contínuo em um núcleo magnético, com um ou mais pontos de tomada (TAG ou TAP)[102]. Do seu circuito magnético, obtém-se a relação de transformação de tensão, em (6.11), onde a é a relação de espiras, como de um transformador convencional da Figura 6.42.

$$\frac{V_1}{V_2} = \frac{N_1 + N_2}{N_2} = a + 1 \tag{6.11}$$

---

[102] EDMINISTER, J. A. *Circuitos Elétricos*. 2. ed. São Paulo: McGraw-Hill do Brasil, 1985. p. 376.

A partir de (6.10), obtém-se $(V_1/V_2) = (I_2/I_1) = a + 1$, da qual resulta a relação de correntes do autotransformador, em (6.12).

$$I_2 = (a + 1)\, I_1 \tag{6.12}$$

A relação de transformação de correntes do autotransformador, em (6.10), excede por uma unidade a relação de transformação de um transformador ideal de dois enrolamentos com a mesma relação de espiras. Por aproximação, as correntes do autotransformador terão a mesma relação de transformação de um transformador ideal.

Denominando de $N_{12} = N_1 + N_2$, o número total de espiras do primário, do ponto **a** até o ponto **c** no circuito da Figura 6.43, podemos escrever, em (6.13):

$$\frac{V_1}{V_2} = \frac{I_2}{I_1} = \frac{N_1 + N_2}{N_2} = \frac{N_{12}}{N_2} = a + 1 \tag{6.13}$$

Se fizermos a relação de espiras $(a + 1)$ do autotransformador igual ao fator n, teremos (6.13) reescrita como em (6.14).

$$\frac{V_1}{V_2} = \frac{I_2}{I_1} = n = \frac{N_{12}}{N_2} \tag{6.14}$$

Torque do motor com chave compensadora

O torque de partida de um motor trifásico em condições nominais é encontrado por (6.15), onde $k_{p(n)}$ é uma constante do motor e V_n a sua tensão nominal (obtida dos dados de placa).

$$T_{p(n)} = k_{p(n)} \times (V_n)^2 \tag{6.15}$$

A redução percentual no torque de partida do motor com a chave compensadora ocorre, portanto, em função do ajuste dos TAPs, pois nesse contexto a tensão do motor será a tensão de saída do autotransformador.

Essa tensão é dada por $V_c = nV_e$, onde n é a relação de transformação (TAP selecionado) e V_e é a tensão de entrada do autotransformador. Nessa condição, o torque será indicado por $T_{p(c)}$, descrito por (6.16).

$$T_{p(c)} = k_{p(c)} \cdot V_c^2 = k_{p(c)} \cdot (n \cdot V_i)^2 = k_{p(c)} \cdot n^2 \cdot V_i^2 \qquad (6.16)$$

Considerando a constante do motor inalterada, $k_{p(c)} = k_{p(n)}$, podemos reescrever esta equação como em (6.17).

$$T_{p(c)} = k_{p(c)} \, n^2 \, V_n^2 = n^2 \cdot \left(k_{p(n)} V_n^2 \right)$$

$$T_{p(c)} = n^2 \cdot T_{p(n)} \qquad (6.17)$$

Logo, o conjugado compensado é o produto da relação do número de espiras ao quadrado pelo conjugado nominal do motor.

Exemplo 6.4

Se fossem aplicadas em uma chave compensadora para a partida de um MIT as relações de TAP de 65% e 80%, quais seriam as reduções obtidas no torque de partida?

Com um TAP de 65%, teremos:

$$T_{p(c)} = 0,65^2 \cdot T_{p(n)} = 42,20\% \cdot T_{p(n)}$$

Para um TAP de 80%, a redução será de 64% no torque de partida:

$$T_{p(c)} = 0,80^2 \cdot T_{p(n)} = 64\% \cdot T_{p(n)}$$

Por que é importante conhecer o conjugado da carga para a aplicação de uma chave compensadora?

Resposta: *é importante e fundamental conhecer o conjugado resistente (ex.: o peso máximo da carga de um elevador), para escolher o TAP correto.*

Ocorre nesse método uma redução significativa no conjugado de partida e, para partir, o motor tem que apresentar um conjugado de partida maior que o conjugado resistente.[103]

6.8.5 Correntes da chave de partida compensadora

As correntes nos contatores da chave compensadora são calculadas com base no seu diagrama unifilar, apresentado na Figura 6.44[104]. Neste diagrama, temos vários TAPs de ajuste que permitem dimensionar o torque de partida do motor.

Figura 6.44 – Diagrama unifilar da chave compensadora (circuito de carga)

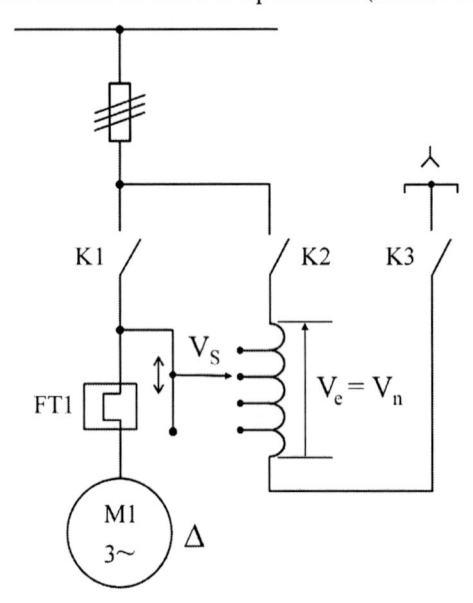

Fonte: o autor

Desse circuito, observa-se que no contator K_1 flui a corrente nominal, I_n. A impedância do motor, constante, é dada por (6.18).

$$Z = V_n/Z_n \qquad (6.18)$$

---

[103] FRANCHI, 2014, p. 114.
[104] FRANCHI, 2008, p. 163.

Partida com tensão reduzida

Quando da aplicação da tensão reduzida, com K2 e K3 energizados, temos em (6.19), a tensão disponível no TAP selecionado, de acordo com n (relação de espiras), onde $V_e = V_n$ é a tensão nominal.

$$V_S = n \times V_e \qquad (6.19)$$

A impedância do motor é constante e da conexão com os contatores K2 e K3 (ver a Figura 6.45) teremos a impedância Z' em (6.20).

$$Z' = \frac{V_S}{I_S} = n\frac{V_n}{I_S} \qquad (6.20)$$

Figura 6.45 – Diagrama unifilar da chave compensadora com K2 e K3 energizados

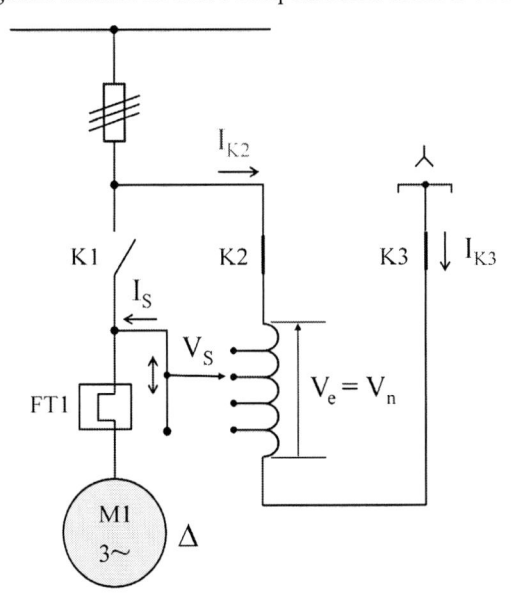

Fonte: o autor

Como a impedância do motor é constante, $Z = Z'$ e sendo conhecidas a corrente e a tensão nominais, tem-se, em (6.21), onde $k = n$, o fator de transformação ou de redução de cada TAP selecionado.

$$Z = Z' \quad \rightarrow \quad \frac{V_n}{I_n} = k\frac{V_n}{I_S} \qquad (6.21)$$

A partir da equação (6.21), isolando-se a corrente I_S, obtém-se, em (6.22):

$$\frac{V_n}{I_n} = k\frac{V_n}{I_S}$$

$$I_S = k\, I_n \qquad (6.22)$$

Tomando ainda como base o esquema da Figura 6.45 e considerando o autotransformador sem perdas (ideal), podemos escrever:

$P_S = P_e$ (potências do secundário e do primário)

$$V_S\, I_S = V_e\, I_e$$

De $V_S = k\, V_n$ e de $I_S = k\, I_n$ e tendo $I_e = I_{K2}$, podemos escrever, na equação (6.23):

$$V_S\, I_S = V_e\, I_e \quad \rightarrow \quad k\, V_n\, k\, I_n = V_n\, I_{K2} \qquad (6.23)$$

A corrente no contator K2 é, portanto:

$$I_{K2} = k^2\, I_n \qquad (6.24)$$

Correntes nos contatores **K1** *e* **K3**

A corrente I_{K1} é a própria corrente nominal do motor, ocorrendo somente quando o contator K_1 é acionado (operação com tensão plena). Logo, em (6.25):

$$I_{K1} = I_n \qquad (6.25)$$

Para os contatores K2 e K3 energizados, aplicando-se a LKC (Lei de Kirchhoff das Correntes) no TAP selecionado (ver novamente a Figura 6.45), obtém-se (6.26).

$$I_S = I_{K2} + I_{K3}$$

$$I_{K3} = I_S - I_{K2} = k.I_n - k^2.I_n$$

$$I_{K3} = I_n(k - k^2) \qquad (6.26)$$

Corrente no relé de sobrecarga (**FT1**)

Esta corrente é a mesma do contator K_1, pois esses componentes estão em série (veja a Figura 6.46, diagrama unifilar). Assim, $I_{FT1} = I_{K1}$.

Em resumo, todas as correntes dos contatores e do relé térmico no circuito da chave de partida compensadora são:

$I_{K1} = I_n$
$I_{K2} = k^2 I_n$
$I_{K3} = (k - k^2) I_n$
$I_{FT1} = I_{K1}$

Figura 6.46 – Diagrama unifilar da chave compensadora com K1 energizado

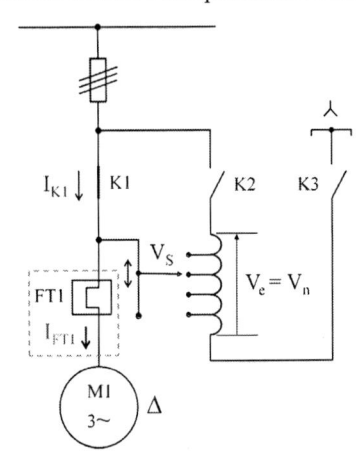

Fonte: o autor

A Tabela 6.1 apresenta o cálculo das correntes nos contatores K_2 e K_3 para valores típicos ajustados nos TAPs de um autotransformador utilizado em uma chave compensadora[105].

Tabela 6.1 – Correntes nos contatores K_2 e K_3 a partir da relação de TAPs do autotransformador

Taps do autotransformador (ajuste em % de V_n)	Fator de redução (k)	Corrente I_{K2}	Corrente I_{K3}
85	0,85	0,72 I_n	0,13 I_n
80	0,80	0,64 I_n	0,16 I_n
65	0,65	0,42 I_n	0,23 I_n
50	0,50	0,25 I_n	0,25 I_n

Fonte: Franchi[106]

6.9 Chave para motor de indução com rotor bobinado

A chave de partida com variação da resistência rotórica é utilizada em motores de rotor bobinado, onde os terminais são acessíveis. Com isso, é possível a alteração da resistência do enrolamento de cada fase, por meio da introdução de resistências externas, em série com o circuito do rotor. A conexão dessas resistências (reostato de partida) com o motor é realizada por três anéis coletores, como mostra a Figura 6.47.

Figura 6.47 – Esquema de ligação do reostato ao motor CA de rotor bobinado

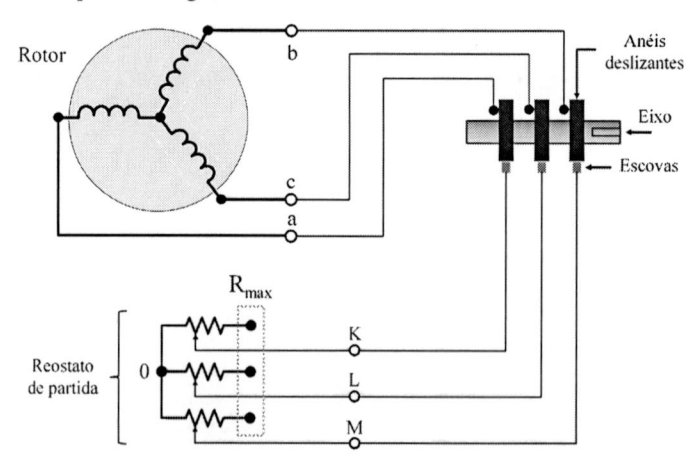

Fonte: o autor

[105] FRANCHI, 2014, p. 115.

[106] Ibidem, p. 115.

Como se verifica nessa figura, o enrolamento do rotor é constituído por um enrolamento trifásico formado por bobinas com condutores de cobre isolados e dispostos em ranhuras. As bobinas estão conectadas em estrela e os seus terminais livres, *a*, *b* e *c*, são conectados aos anéis coletores, nos quais estão localizadas escovas, para contato com o reostato de partida.

Segundo o fabricante WEG Equipamentos Elétricos[107],

> Os motores de rotor bobinado são recomendados nos casos em que a carga possui alto conjugado resistente ou alta inércia na partida. As resistências externas são utilizadas apenas para partir o motor, proporcionando elevado conjugado e redução acentuada na corrente de partida. As escovas ficam em contato com os anéis coletores somente durante a partida do motor, evitando desta forma, desgaste desnecessário das escovas e anéis coletores durante o funcionamento em regime, permitindo um maior tempo de uso para o conjunto.

A Figura 6.48 mostra a curva conjugado ´ velocidade, de um motor de indução com rotor bobinado. O conjugado máximo do motor se desloca para a esquerda com o aumento da resistência aplicada aos enrolamentos do rotor, de R_0 para R_1 e desta para R_2. Como o conjugado é uma função da corrente do rotor, suas curvas são fortemente influenciadas pela variação da resistência rotórica.

Figura 6.48 – Efeitos da introdução de resistências sobre as curvas C x n

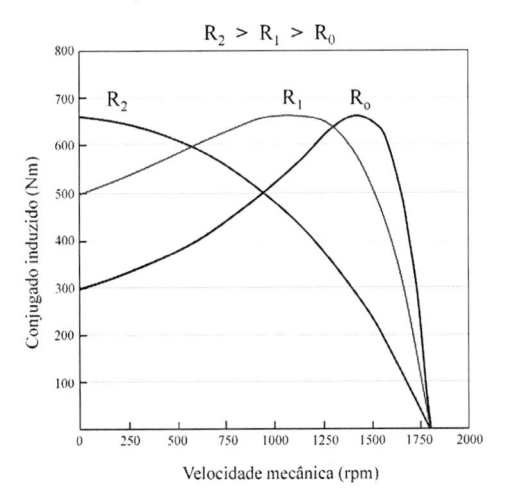

Fonte: o autor

---

[107] MOTOR de indução trifásico. Rotor bobinado com sistema motorizado de levantamento das escovas de rotor bobinado. Jaraguá do Sul: WEG Equipamentos Elétricos, 2010. Disponível em: https://static.weg.net/medias/downloadcenter/h70/h17/WEG-sistema-motorizado-de-levantamento-das-escovas-602-catalogo-portugues-br.pdf. Acesso em: 10 jun. 2022.

Como observa Chapman a partir dessa figura,

> [...] quando a resistência do rotor é aumentada, a velocidade do conjugado máximo do rotor diminui, mas o conjugado máximo permanece constante. É possível tirar proveito dessa característica dos motores de indução de rotor bobinado para dar partida a cargas muito pesadas. Se uma resistência for inserida no circuito do rotor, o conjugado máximo poderá ser ajustado para que ocorra nas condições de partida. Portanto, o conjugado máximo possível fica disponível para ser usado na partida de cargas pesadas. Por outro lado, logo que a carga esteja girando, a resistência extra poderá ser removida do circuito e o conjugado máximo será deslocado para próximo da velocidade síncrona para operar em condições normais de funcionamento[108].

Apesar da viabilidade, esse método apresenta desvantagens:

1. o controle de velocidade pela variação de resistências não é muito indicado, pois acarreta perdas ao sistema;

2. aumento de custos, devido à necessidade de reostatos e à maior demanda de manutenção das escovas utilizadas no sistema, que apresentam desgaste com o tempo.

6.9.1 Chave de partida para motor de indução com rotor bobinado

A Figura 6.49 apresenta os diagramas de carga e de comando para uma chave de partida de um MIT com variação de resistência rotórica. Como exercício, efetue a simulação desse sistema e descreva a sua operação.

---

[108] CHAPMAN, 2013, p. 339.

Figura 6.49 – Acionamento de um MIT por variação da resistência rotórica. Diagramas de (a) carga e (b) de comando

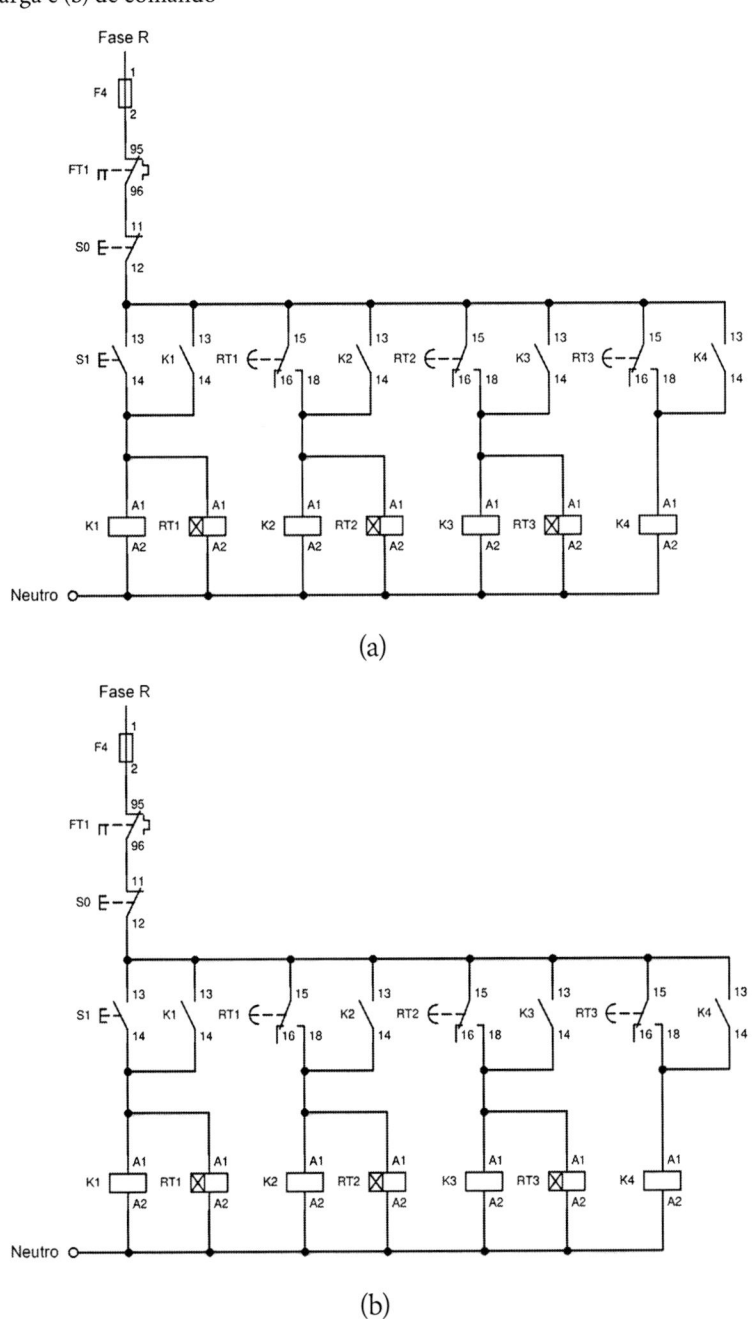

(a)

(b)

Fonte: o autor

QR Code do vídeo:

Relé temporizador Estrela-Triângulo[109]

Descrição em vídeo da montagem do circuito de comando, passo a passo, com base no esquema elétrico (ver a Figura 6.50).

Canal MARCOS INSTALAÇÃO ELÉTRICA.

Figura 6.50 – Chave de partida estrela-triângulo. Montagem do diagrama de comando, em vídeo

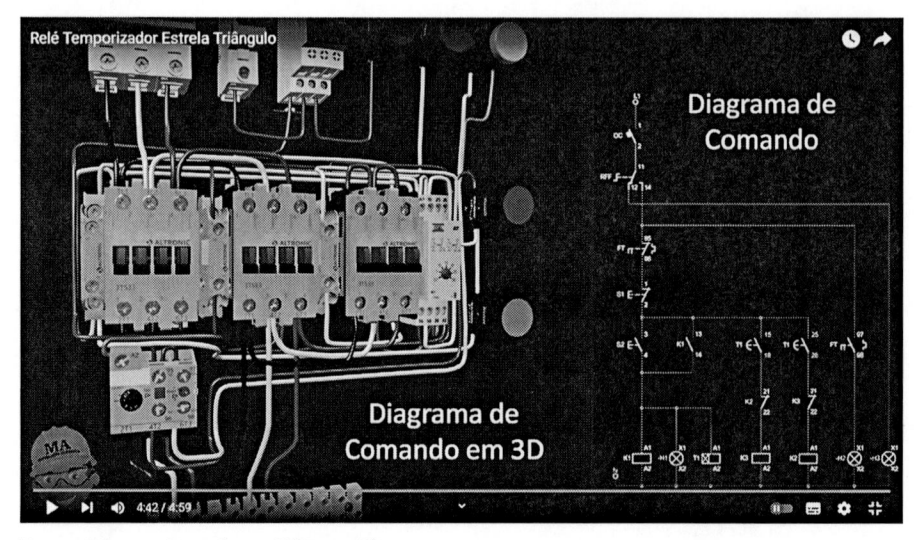

Fonte: Marcos Instalação Elétrica[110]

Exercícios de Fixação – *Série 9*

EF 9.1 – Sobre a chave de partida ESTRELA-TRIÂNGULO, podemos afirmar, EXCETO:

    a. ( ) É indicada para partida sem carga (a vazio).

    b. ( ) A corrente de partida fica reduzida para aproximadamente 1/3 da nominal.

---

[109] RELÉ temporizador Estrela-Triângulo. [*S. l.: s. n.*], 2023. 1 vídeo (4min 59s). Publicado pelo canal Marcos Instalação Elétrica. Disponível em: https://www.youtube.com/watch?v=GB2cmxTM1iU. Acesso em: 27 nov. 2023.

[110] *Idem*.

c. ( ) Apresenta a desvantagem de que a tensão de linha da rede deve coincidir com a tensão da ligação triângulo do motor.

d. ( ) O motor parte em ligação estrela, com tensão nominal. O torque de partida não é alterado neste método de partida.

EF 9.2 – As Figuras 6.51a e 6.51b apresentam o esquema incompleto de uma chave de partida estrela-triângulo no modo semiautomático. Complete as linhas que faltam no desenho e identifique corretamente os dispositivos nos quadros em destaque.

Figura 6.51 – Chave de partida estrela-triângulo: (a) diagrama de carga e (b) diagrama de comando

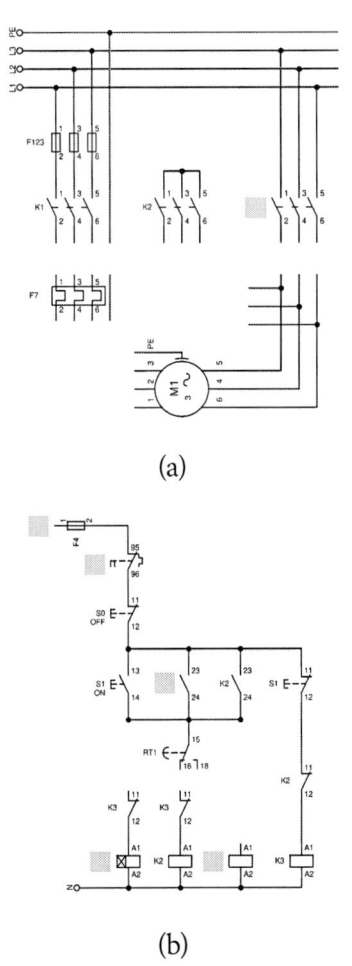

Fonte: o autor

EF 9.3 – Um motor trifásico é acionado com a chave de partida estrela--triângulo, através de três contatores (Figura 6.52). Os dados nominais do motor são: V_L = 220 V; I_L = 13,0 A; FP (cos φ) = 0,85; 3500 RPM; e kW (CV) = 3,7 (5,0).

Figura 6.52 – Chave de partida Y-D: (a) ligação do contator K3 e (b) ligação dos contatores K1 e K3

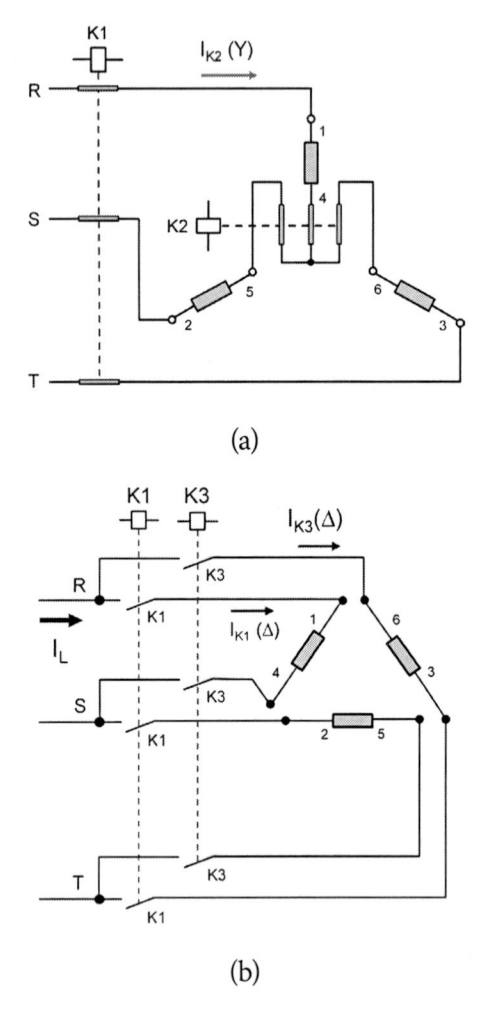

(a)

(b)

Fonte: o autor

Assinalar a opção que contém os valores aproximados do rendimento do motor e da corrente no contator K3.

a. ( ) 0,87 e 7,53 A.

b. (   ) 0,87 e 15,06 A.

c. (   ) 0,95 e 2,48 A.

d. (   ) 0,95 e 13 A.

EF 9.4 – Sobre a chave de partida compensadora, podemos afirmar, EXCETO:

a. (   ) O autotransformador é um de seus componentes, no qual ocorre o ajuste da tensão de partida do motor, por meio da seleção do TAP adequado ao conjugado resistente de carga.

b. (   ) A partida com chave compensadora é um sistema indireto para reduzir a corrente de partida, sem perda significativa do torque de um motor.

c. (   ) Com a chave compensadora, a tensão aplicada ao motor na partida é a de saída do autotransformador.

d. (   ) O conjugado compensado é o produto do conjugado nominal pela relação do número de espiras ao cubo.

EF 9.5 – A Figura 6.53 apresenta o diagrama de uma chave compensadora aplicada à partida de um motor de indução trifásico, em (220 V), com corrente nominal de 80 A. Para um comando em 220 V e o TAP do auto-transformador ajustado em 50%, resultam, respectivamente, as seguintes correntes em Ampères dos contatores K1, K2 e K3:

Figura 6.53 – Partida com chave compensadora. Diagramas de carga e de comando

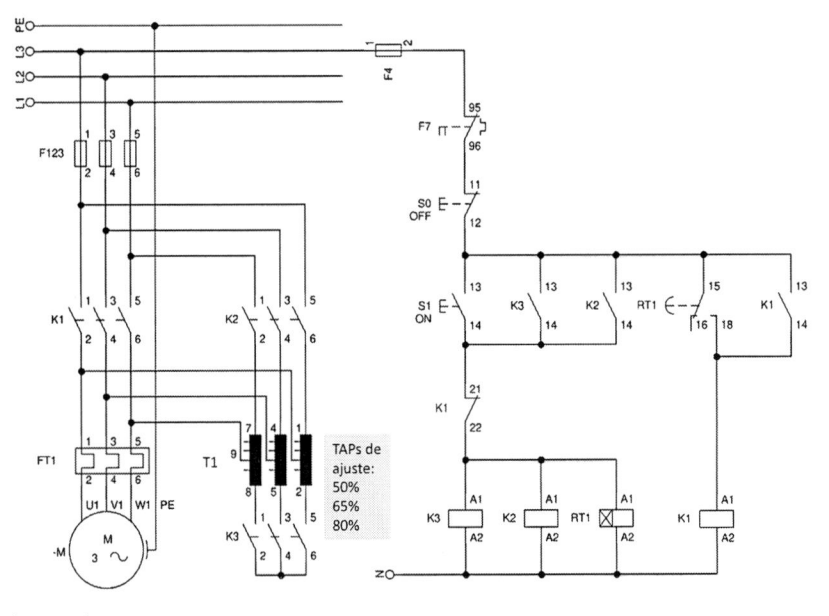

Fonte: o autor

a. ( ) 40, 20 e 20.

b. ( ) 80, 20 e 40.

c. ( ) 80, 40 e 20.

d. ( ) 80, 20 e 20.

EF 9.6 – Considere ainda o motor de indução da questão anterior, onde a relação I_p/I_n é igual a 8, acionado pela chave compensadora com k = 0,5. Considerando os dados da Tabela 6.2 para o autotransformador, qual é a corrente de partida nessa condição? E qual será o torque de partida compensado (T_{pc}) em função do torque de partida nominal (T_{pn})? Dentre as alternativas a seguir, a resposta CORRETA é:

a. ( ) 80 A; $T_{pc} = 0,50\ T_{pn}$

b. ( ) 80 A; $T_{pc} = 0,25\ T_{pn}$

c. ( ) 160 A; $T_{pc} = 0,25\ T_{pn}$

d. ( ) 40 A; $T_{pc} = 0,75\ T_{pn}$

Tabela 6.2 – Correntes nos contatores K_2 e K_3 a partir da relação de TAPs do autotransformador

Tap do autotransformador (ajuste em % de V_n)	Fator de redução (k)	Corrente I_{K2}	Corrente I_{K3}
50	0,50	$0,25\ I_n$	$0,25\ I_n$

Fonte: o autor

Corrente de partida: $I_p = \left(\frac{I_p}{I_n} \times I_n\right) \times k^2$

EF 9.7 – Seja um MIT acionado por chave compensadora, como mostra o diagrama de carga da Figura 6.54.

Nesse sistema, temos:

- no autotransformador o fator de redução k foi ajustado para 0,85;
- a corrente medida no contator K2 é de 12,5 A;
- a relação I_p/I_n do motor é de 8,5.

Nessas condições, os valores aproximados da corrente nominal do motor e de sua corrente de partida são, respectivamente:

a. (   ) 17,3 A; 106 A.

b. (   ) 17,3 A; 124 A.

c. (   ) 14,7 A; 115 A.

d. (   ) 12,5 A; 83 A.

Figura 6.54 – Partida com chave compensadora. Diagrama de carga

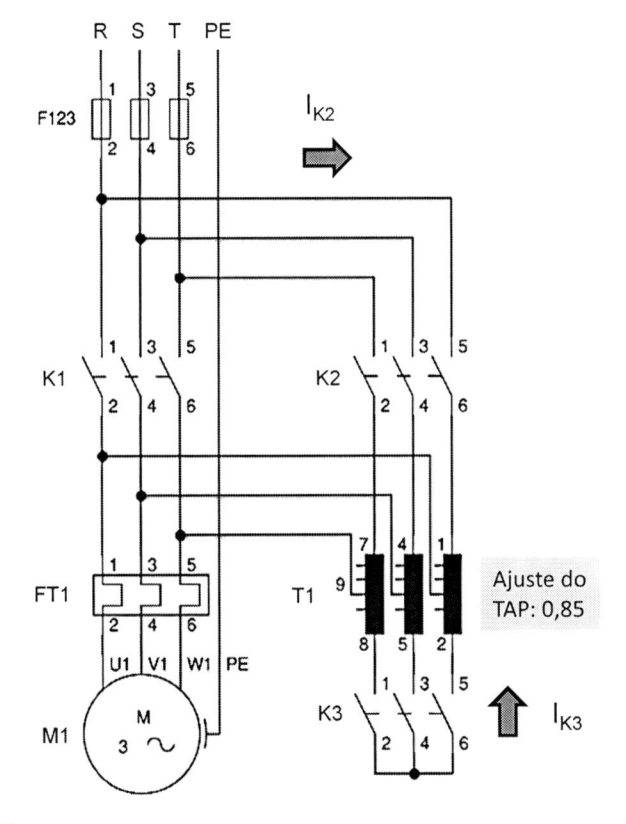

Fonte: o autor

Capítulo 7

APLICAÇÕES BÁSICAS DE COMANDOS ELÉTRICOS EM BAIXA TENSÃO

7.1 Introdução

Neste capítulo, serão apresentadas aplicações básicas de comandos elétricos em baixa tensão, algumas delas vistas no nosso dia a dia. Podemos citar, por exemplo, um circuito de iluminação de emergência, um circuito de controle remoto de um motor elétrico com desligamento a distância, o comando de um portão de garagem ou "portão eletrônico" e um circuito de acionamento de silos (depósito de grãos), dentre outros.

7.2 Sistema de iluminação de emergência

O esquema da Figura 7.1 mostra o acionamento de um motor trifásico e de um conjunto de lâmpadas. Esse sistema conta também com um circuito de iluminação de emergência (bateria de 12 V e lâmpada L_4), acionado pelo contator K_2 e pelo relé de tempo RT_2.

Simulação, etapas de operação e questões

a. Desenhar e simular os diagramas de carga e comando deste sistema, para verificar a sua operação. Ajustar um tempo de 5 s para o relé RT2.

b. Acionar a operação normal do sistema, por meio da botoeira S_1. Descreva o que ocorre.

c. Acionar a botoeira S_F, a qual simula uma situação de "falta de energia elétrica", desconectando as cargas da rede CA. O que ocorre?

d. Acionar novamente a botoeira S_1, simulando um retorno da energia elétrica. O que ocorre com o circuito de iluminação de emergência?

Figura 7.1 – Diagramas de carga e de comando, com um circuito de iluminação de emergência

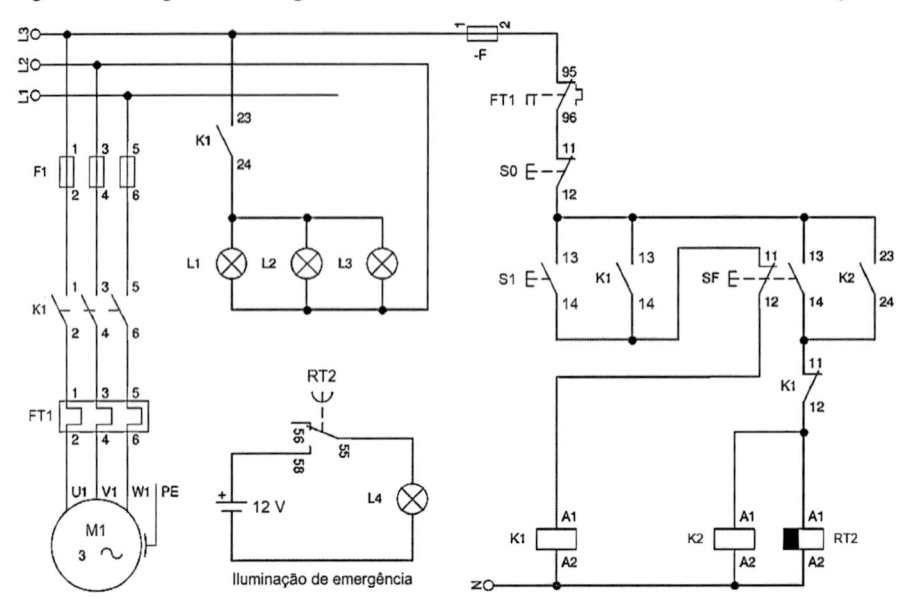

Fonte: o autor

7.3 Comando local e remoto de um motor elétrico com sinalização

O esquema de acionamento da Figura 7.2 mostra um acionamento de um motor elétrico via comandos local e remoto. Descrevendo a operação desse acionamento, temos:

- inicialmente, a opção de efetuar a partida do motor via comando local, pela botoeira S1 e contator K1;

- a lâmpada de sinalização L1 mostra que o motor M1 foi ligado localmente;

- se algum operador aciona a botoeira S2, do circuito de acionamento remoto, o contator K2 será energizado;

- o selo 13-14 de K2 e a sua chave NA 23-24 se fecham e o contator K1 será energizado, proporcionando a partida do motor M1 remotamente;

Figura 7.2 – Esquema de um comando local e remoto com sinalização

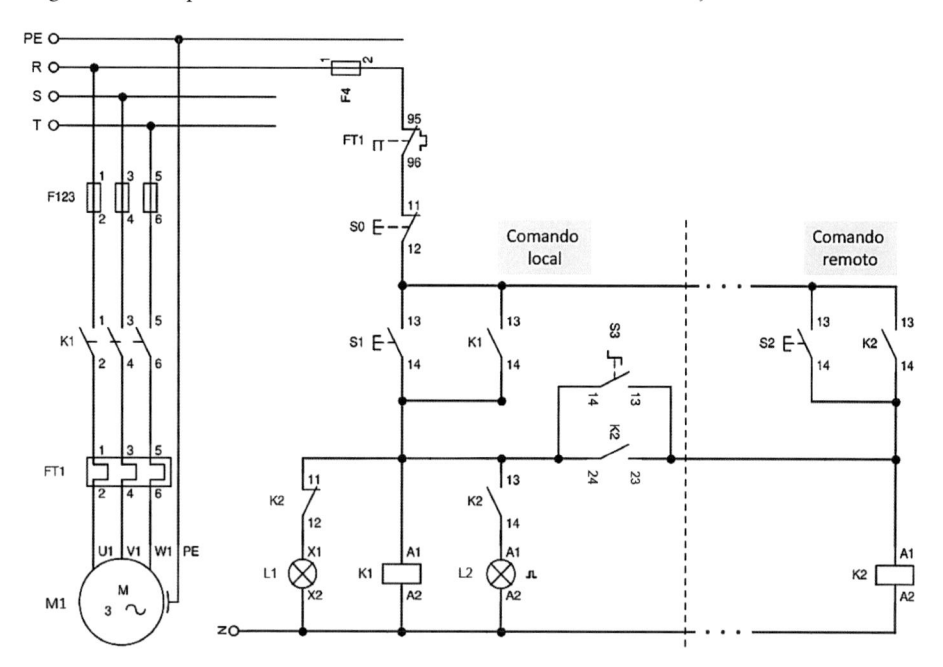

Fonte: o autor

- a lâmpada de sinalização L2 (sinalização pulsada) é acionada, indicando esse evento, e a lâmpada L1 se apaga, pela abertura da chave NF de K2 (11-12);

A chave manual S3, em paralelo com a chave NA 23-24 de K2, proporciona a opção de teste do contator K2, à distância. Estando S3 acionada, basta acionar S1 que haverá caminho para uma corrente elétrica atingir a bobina de K2 a assim o seu selo 13-14 será acionado, o que será sinalizado pela lâmpada L2.

7.4 Sistema de controle de nível de SILO, para dosagem e transporte de grãos

Na Figura 7.3, temos um exemplo de sistema de dosagem e transporte de grãos em uma indústria de alimentos. O receptáculo CX deve ser transportado até o ponto 1, onde o seu nível é completado até 30 kg. A seguir, CX será transportado para a etapa de mistura (misturador, acionado pelo motor M2), etapa final do processo.

Figura 7.3 – Sistema de transporte de grãos

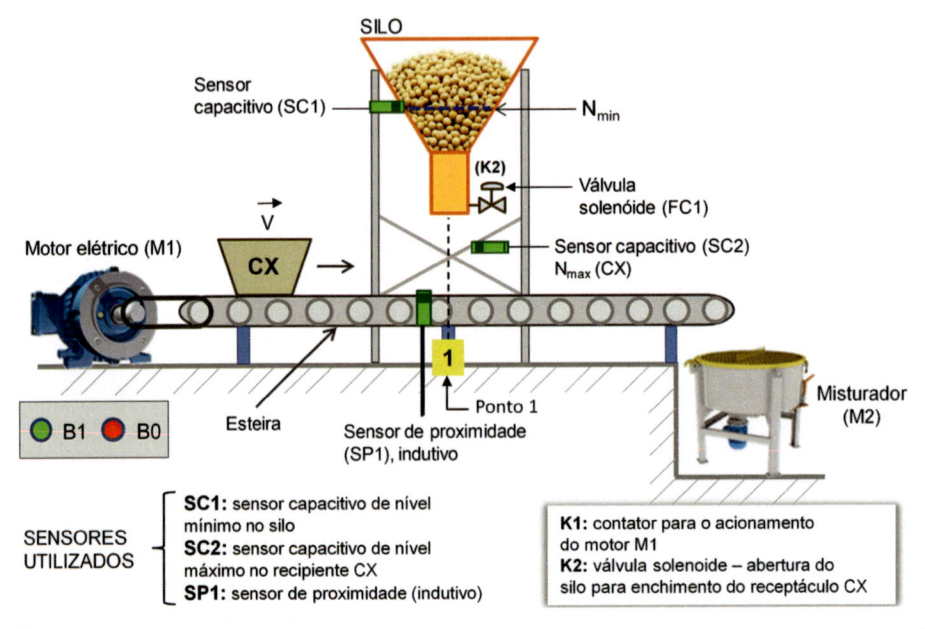

Fonte: o autor

A sequência desse acionamento (etapas 1, 2 e 3) é descrita a seguir:

Etapa 1 – Transporte do receptáculo CX até o ponto 1

- O operador do sistema verifica se o silo contém grãos em nível suficiente ou mínimo, situação designada por N_{min}.

- O sensor capacitivo SC1 detecta esse nível (ver a Figura 7.4).

- Com o sinal de SC1 em nível alto (detecção realizada), o operador aciona o motor M1, com a botoeira B1.

- O motor M_1, acionado, transporta o receptáculo CX por meio da esteira transportadora.

Figura 7.4 – Etapa 1: com nível suficiente no silo, ligar o motor M1

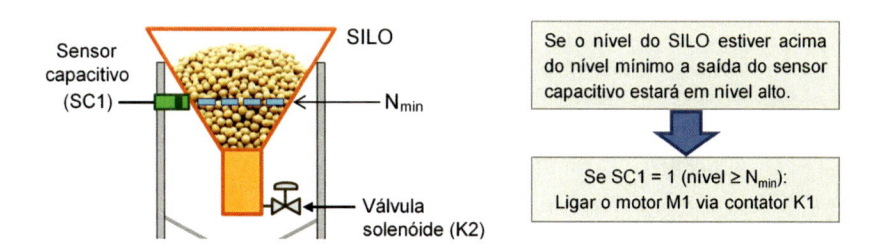

Fonte: o autor

Etapa 2 – Válvula K2 acionada para completar o nível do receptáculo CX

- O sensor de proximidade SP_1 detecta a passagem do receptáculo CX no ponto 1 da esteira (ver a Figura 7.5). Com a saída do sensor SP_1 em nível alto, o motor M_1 é desligado.

- O receptáculo fica posicionado abaixo do silo, na posição central, para o seu preenchimento com os grãos. A válvula solenoide K_2 é ligada, para encher o receptáculo.

- A válvula solenoide fica acionada até o ponto em que o receptáculo CX é cheio com a dosagem máxima de grãos, N_{max}, nível detectado pelo sensor capacitivo SC_2, em nível lógico alto.

Figura 7.5 – Etapa 2, com CX no ponto 1 da esteira: motor M_1 desligado e válvula solenoide K2 ligada

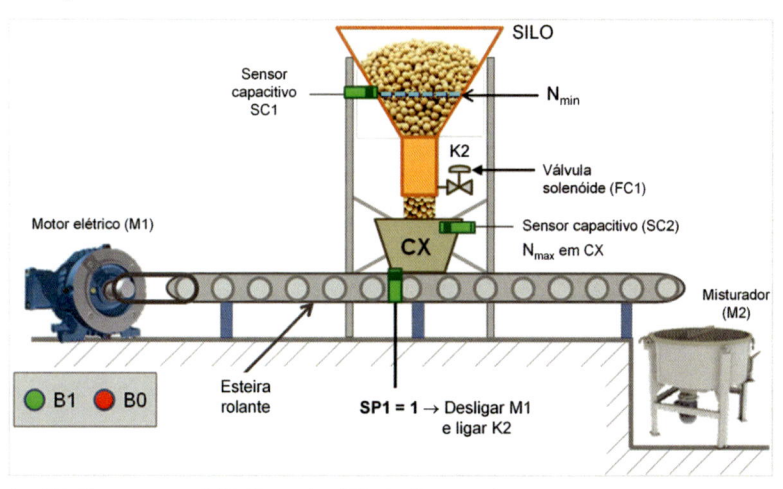

Botoeira B1: ligar motor M1. Botoeira B0: desligar o sistema.
Fonte: o autor

Etapa 3 – Transporte do receptáculo CX até o final da esteira

- A válvula K_2 é fechada e o motor M_1 é novamente ligado. O receptáculo CX deve ser transportado até o final da esteira, onde está o misturador de grãos.

Diagrama elétrico – comando e carga

Na Figura 7.6, temos os diagramas elétricos de comando e de carga para esse acionamento. Tente descrever a sua sequência de operação, a partir do acionamento do motor elétrico (pela botoeira B1).

Figura 7.6 – Diagrama de acionamento para um sistema de dosagem e transporte de grãos

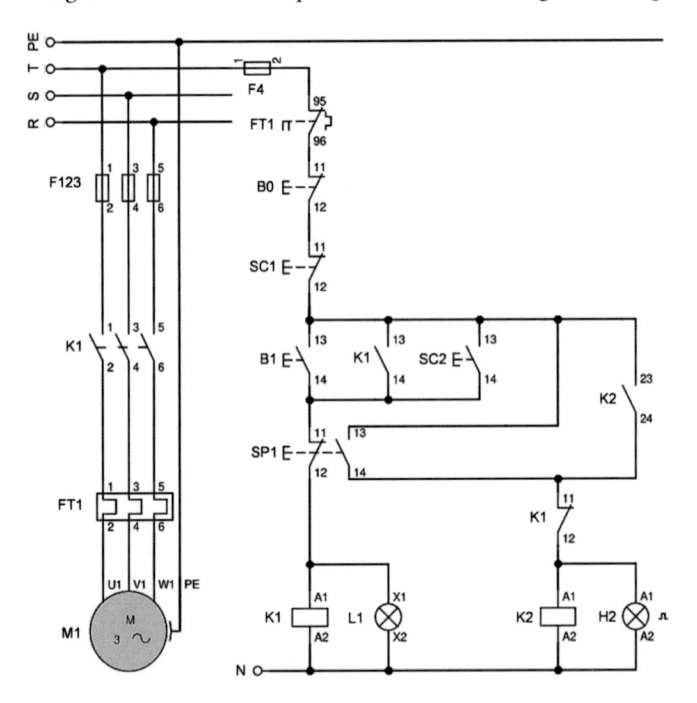

Fonte: o autor

Alteração no projeto de acionamento

Alterar o projeto de acionamento da Figura 7.6 inserindo uma situação em que o misturador M_2 (motor elétrico) seja ligado assim que o receptáculo CX atinja o ponto final da esteira transportadora.

Pode ser inserido também um temporizador no processo, para que o motor M_2 opere durante 10 minutos.

7.5 Projeto – Acionamento de uma ponte rolante

Projetar um diagrama de comando para a ponte rolante mostrada na Figura 7.7 (e desenhar o correspondente diagrama de carga, para quatro motores), a fim de se implementar a seguinte sequência de movimentos (ida e volta):

a. movimento horizontal na direção A-B (eixo de translação X), com dois motores atuando simultaneamente;

b. movimento transversal na direção E-F (eixo de translação Y), por meio de um só motor;

c. movimento vertical na direção C-D (eixo de translação Z), com um só motor (levantamento e descida da carga pelo guincho).

d. Simular a operação deste sistema utilizando o *software* CADe Simu.

Uma observação importante: prever a atuação de um relé térmico, caso a carga a ser controlada seja acima de 500 kg.

Figura 7.7 – Ponte rolante e seus movimentos, nas direções horizontal, vertical e transversal

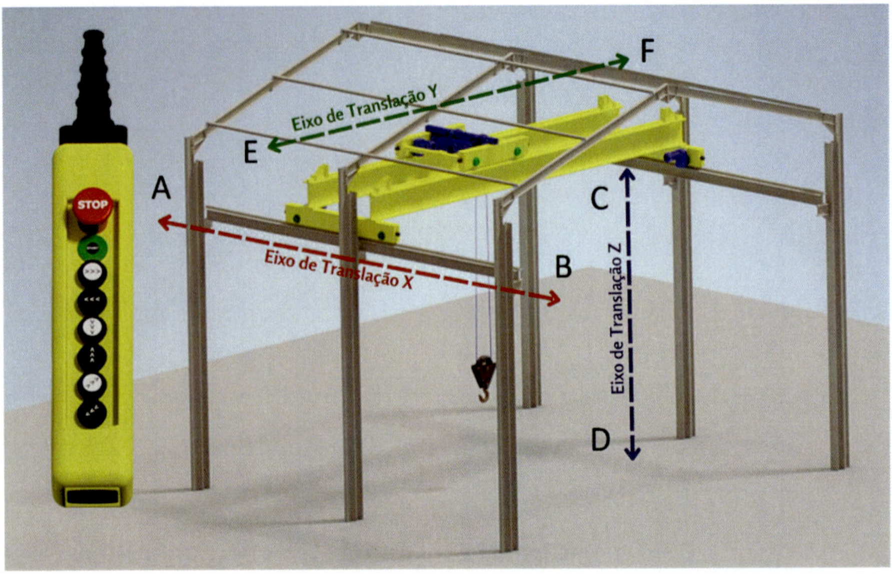

Fonte: Pedro Henrique Pires Pereira[111]

[111] PEREIRA, 2023, acervo pessoal.

REFERÊNCIAS

ABNT – ASSOCIAÇÃO BRASILEIRA DE NORMAS TÉCNICAS. *NBR 17094-1:* Máquinas elétricas girantes - Parte 1: Motores de indução trifásicos. Rio de Janeiro: ABNT, 2018. Disponível em: https://www.normas.com.br/autorizar/visualizacao-nbr/27568/. Acesso em: 11 ago. 2022.

AS 6 PRINCIPAIS Cores de Botoeiras e Sinaleiros. *Sala da Elétrica*, [s. l.], 2017. Disponível em: https://www.saladaeletrica.com.br/as-6-principais-cores-de-botoeiras-e-sinaleiros/. Acesso em: 5 abr. 2020.

AS 7 PARTES do Motor Trifásico - Entenda na prática o que é o Motor elétrico trifásico. [S. l.: s. n.], 2017. 1 vídeo (16 min 57s). Publicado pelo canal Sala da Elétrica. Disponível em: https://www.youtube.com/watch?v=dPKzVcfjL_o. Acesso em: 17 jul. 2020.

AULA 11 - Partida direta de motor Dahlander (parte prática). [S .l.: s. n.], 2021. 1 vídeo (5min 3s). Publicado pelo canal Gesep – Sistemas Elétricos de Potência. Playlist: Curso de Acionamentos e Comandos Elétricos - Técnico em Eletrotécnica (UFV). Disponível em: https://www.youtube.com/watch?v=cgulnNLQnQA. Acesso em: 22 dez. 2022.

BANCADA Didática – BDMW. Catálogo Técnico. Grupo WEG – Unidade Automação, 2016. Disponível em: https://static.weg.net/medias/downloadcenter/h22/hdb/WEG-bancada-didatica-BDMW-50023199-catalogo-pt.pdf. Acesso em: 14 abr. 2023.

BONACORSO, N. G. *Automação eletropneumática.* 11. ed. São Paulo: Érica, 2008.

CATÁLOGO técnico: *Motor de indução trifásico de rotor bobinado.* Jaraguá do Sul: WEG Equipamentos Elétricos, 2010. Disponível em: https://static.weg.net/medias/downloadcenter/h70/h17/WEG-sistema-motorizado-de-levantamento-das-escovas-602-catalogo-portugues-br.pdf. Acesso em: 10 jun. 2022.

CATEGORIA de Utilização dos Fusíveis. Você Conhece? [S. l.: s. n.], 2017. 1 vídeo (5min 16s). Publicado pelo canal Sala da Elétrica. Disponível em: https://www.youtube.com/watch?v=2vUFIFyQS3U. Acesso em: 14 set. 2023.

CHAPMAN, S. J. *Fundamentos de Máquinas Elétricas.* 5. ed. Porto Alegre: AMGH, 2013.

COMANDOS Elétricos – Série Eletroeletrônica. Brasília: SENAI/DN, 2013.

COTRIM, A. A. M. B. *Instalações elétricas*. 5. ed. São Paulo: Pearson Prentice Hall, 2009.

DINIZ, A. M. F.; ARAÚJO, R. D. Uma abordagem prática para o ensino do eletromagnetismo usando um motor de indução de baixo custo. Revista Brasileira de Ensino de Física, [s. l.], v. 41, n. 1, jan. 2019. Disponível em: https://www.scielo.br/j/rbef/a/rH9kz3bYHW5mC4XpWqfhP9R/#. Acesso em: 11 mar. 2023.

ELETROBRÁS *et al. Motor elétrico*: guia básico. Brasília: IEL/NC, 2009.

ENTENDA como funciona o relé de sobrecarga – Teoria e Prática. [*S. l.: s. n.*], 2020. 1 vídeo (8min 49s). Publicado pelo canal ELETRICITY - O CANAL DA ELÉTRICA. Disponível em: https://www.youtube.com/watch?v=h2S4fsIskF4. Acesso em: 13 nov. 2023.

FERNANDES, L. P. de F. Disjuntores. *ELETRUIZ Eletricidade*, Paranavaí, 2019. Disponível em: https://eletruiz.webnode.com/disjuntores/. Acesso em: 6 fev. 2022.

FILIPPO FILHO, G.; DIAS, R. A. *Comandos Elétricos:* Componentes Discretos, Elementos de Manobra e Aplicações. 1. ed. São Paulo: Érica, 2014.

FONSECA, D. S.; TAKENAKA, F. O. *Acionamentos Elétricos I e II. Apostila*. Belo Horizonte: CEFET-MG – Coordenação de Eletromecânica – DEMAT, 2018.

FRANCHI, C. M. *Acionamentos Elétricos*. 4. ed. São Paulo: Érica, 2008.

FRANCHI, C. M. *Sistemas de Acionamento Elétrico*. 1. ed. São Paulo: Érica, 2014.

GRUPO RANGER SMS. NR 11 – Como ser um bom Operador de Ponte Rolante, 2017. Disponível em: https://www.rangersms.com.br/nr-11-como-ser-operador--de-ponte-rolante/. Acesso em: 7 mar. 2023.

GUIA de Especificação – Motores Elétricos. Jaraguá do Sul: WEG Motors, 2023. p. 13. Disponível em: https://static2.weg.net/medias/downloadcenter/h32/hc5/WEG-motores-eletricos-guia-de-especificacao-50032749-brochure-portuguese-web.pdf. Acesso em: 13 maio 2023.

GUIMARÃES, H. O. *Acionamento de Motores Elétricos*. Londrina: Editora e Distribuidora Educacional S. A., 2018.

IEC – INTERNATIONAL ELECTROTECHNICAL COMMISSION. *Graphical Symbols for Use on Equipment*. Geneva: IEC: ISO, 2017. Disponível em: https://webstore.iec.ch/preview/info_iec60417_DB.pdf. Acesso em: 28 mar. 2022.

MATTEDE, H. Contato de selo – O que é e para que serve. *Mundo da Elétrica*, [*s. l.*], 2014. Disponível em: https://www.mundodaeletrica.com.br/contato-de-selo- -o-que-e-para-que-serve/. Acesso em: 10 out. 2022.

MATTEDE, H. Relé falta de fase – O que é e como funciona! *Mundo da Elétrica*, [*s. l.*], 2014. Disponível em: https://www.mundodaeletrica.com.br/ rele-falta-de- -fase-o- que-e-como-funciona/. Acesso em: 11 jan. 2023.

MINIDISJUNTORES 5SL, 5SY e 5SP – Catálogo. São Paulo: SIEMENS, Infraestrutura e Indústria Ltda., 2022. Disponível em: https://assets.new.siemens.com/ siemens/assets/api/uuid:5e2a000b-6c1f-43be-853e- 1799db7956e2/catalogo-minidisjuntores-janeiro-2022-net.pdf. Acesso em: 22 out. 2022.

MOTOR de indução trifásico. Rotor bobinado com sistema motorizado de levantamento das escovas de rotor bobinado. Jaraguá do Sul: WEG Equipamentos Elétricos, 2010. Disponível em: https://static.weg.net/medias/ downloadcenter/ h70/h17/WEG-sistema- motorizado-de-levantamento-das-escovas- 602-catalogo-portugues-br.pdf. Acesso em: 10 jun. 2022.

MOTORES Elétricos WEG. Jaraguá do Sul: WEG Equipamentos Elétricos S. A., 2009. Disponivel em: https://www.feis.unesp.br/Home/ departamentos/engenhariaeletrica/ catalogo_weg_motores-eletricos_4-44.pdf. Acesso em: 23 out. 2022.

MOTORES para aplicações comerciais e residenciais. Jaraguá do Sul: WEG Motores, 2021. Disponível em: https://static.weg.net/medias/downloadcenter/h71/h31/ WEG-WMO-motores -aplicacoes-comerciais-e-residenciais- 50041418-catalogo-portugues-web.pdf. Acesso em: 17 abr. 2022.

NASCIMENTO JÚNIOR, G. C. do. *Comandos Elétricos*: Teoria e Atividades. 1. ed. São Paulo: Érica, 2011.

NOGUEIRA, S. Z. S. *Comandos Elétricos*. O seu Guia Prático e Definitivo. 1. ed. Rio de Janeiro: Edição do Autor, 2019.

ONWUKA, I. *et al*. Performance Analysis of Induction Motor with Variable Air-Gaps using Finit Element Method. *NIPES*: Journal of Science and Technology Research, [*s. l.*], v. 5, n. 1, p. 112-124, 2023. ISSN-2682-5821. Disponível em: https://www. researchgate.net/publication/369261427. Acesso em: 19 dez. 2023.

O QUE É um autotransformador e como funciona? *Aprendendo Elétrica*, [*s. l.*], 2021 Disponível em: https://aprendendoeletrica.com/o-que-e-um-autotransformador- -e-como-funciona/. Acesso em: 12 nov. 2022.

O QUE É um relé supervisor de tensão? *Aprendendo Elétrica*, [s. l.], 2021. Disponível em: https://aprendendoeletrica.com/o-que-e-um-rele-supervisor-de-tensao/. Acesso em: 10 abr. 2023.

PETRUZELLA, Frank D. *Motores Elétricos e Acionamentos*. Porto Alegre: AMGH, 2013.

PONTES rolantes – tecnologia para uma operação segura e simplificada. *CSM – Engenharia de Movimentação*, [s. l.], 2022. Disponível em: https://csmmovimentacao.com.br/pontes-rolantes/. Acesso em: 5 out. 2022.

RELÉ temporizador Estrela-Triângulo. [*S. l.: s. n.*], 2023. 1 vídeo (4min 59s). Publicado pelo canal Marcos Instalação Elétrica. Disponível em: https://www.youtube.com/watch?v=GB2cmxTM1iU. Acesso em: 27 nov. 2023.

RW - RELÉS de Sobrecarga Térmicos. Jaraguá do Sul: WEG Automação, 2021. Disponível em: https://static.weg.net/medias/downloadcenter/h3f/h86/WEG--reles-de-sobrecarga-termico-linha-rw-50042397-catalogo-portugues-br-dc.pdf. Acesso em: 7 dez. 2023.

SANTOS, Guilherme. NBR 5410: Tudo o que você precisa saber sobre a Norma. *Automação Industrial*, [s. l.], 22 jan. 2022. Disponível em: https://www.automacaoindustrial.info/nbr-5410/. Acesso em: 7 abr. 2022.

SEIXAS, F. J. M. de; FERNANDES, R. C. *Máquinas Elétricas II*. 3. ed. Ilha Solteira: UNESP – Departamento de Engenharia Elétrica, 2016, p. 3. Disponível em: https://www.feis.unesp.br/Home/departamentos/engenhariaeletrica/maquinas-eletricas--ii---3a-ed---2016.pdf. Acesso em 19 abr. 2022.

SIMULAMOS um curto-circuito em uma instalação elétrica! [*S. l.: s. n.*], 2019. 1 vídeo (6min 17s). Canal ELETRICITY – O CANAL DA ELÉTRICA. Disponível em: https://www.youtube.com/watch?v=dwUk0QqRK_E. Acesso em: 17 jul. 2020.

TEMPORIZADOR Cíclico AD - Presentación y ajustes. [*S. l.: s. n.*], 2022. 1 vídeo (3min 32s). Publicado pelo canal LAB Coel. Disponível em: https://www.youtube.com/watch?v=01Atsg3pWDs. Acesso em: 11 ago. 2023.

UMANS, S. D. *Máquinas elétricas de Fitzgerald e Kingsley*. 7. ed. Porto Alegre: AMGH, 2014.

WEG – DISJUNTORES Motores – Linha MPW 50009822 – Catálogo. Jaraguá do Sul: WEG Automação, 2021. Disponível em: https://static2.weg.net/medias/downloadcenter/h1b/h43/WEG-disjuntores-motores-linha-mpw-50009822-catalogo-portugues-br-dc.pdf. Acesso em: 22 maio 2023.

GUIAS DE AULAS PRÁTICAS

Figura I.1 – Aspecto de uma bancada de Comandos Elétricos[112]

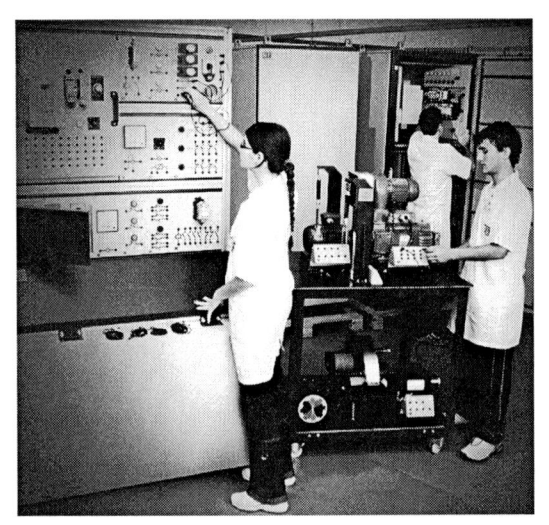

Fonte: Grupo WEG – Unidade Automação

INTRODUÇÃO AO USO DO LABORATÓRIO DE COMANDOS ELÉTRICOS

Instruções

1. As montagens devem ser realizadas em grupos de pelo menos dois alunos(as) por bancada. Não é permitida, por segurança, a realização de montagens em bancada por apenas um aluno(a).

2. É extremamente importante o cuidado com o material utilizado nas aulas de Comandos Elétricos. Manter a bancada organizada, utilizando os cabos e dispositivos de modo consciente.

3. Se houver qualquer dispositivo ou cabo com defeito, comunicar ao professor.

---

[112] BANCADA Didática – BDMW. Catálogo Técnico. Grupo WEG – Unidade Automação, 2016. Disponível em: https://static.weg.net/medias/downloadcenter/h22/hdb/WEG-bancada-didatica-BDMW-50023199-catalogo-pt.pdf. Acesso em: 14 abr. 2023.

COMANDO DO MOTOR DE INDUÇÃO TRIFÁSICO – PARTIDA DIRETA

1.1 Partida direta de um MIT - Conexões Estrela e Triângulo

A Figura 1.1 apresenta os diagramas de carga e de comando para a partida direta do Motor de Indução Trifásica (MIT).

a. Montar inicialmente o *diagrama de comando* (Figura 1.1b), o qual contém a "lógica" do sistema[113]. No lugar dos fusíveis do grupo F1, pode ser utilizado um disjuntor trifásico (essa ideia é interessante no sentido de se economizar fusíveis Diazed nas aulas práticas).

Figura 1.1 – Partida direta do MIT: (a) diagramas de carga e (b) de comando

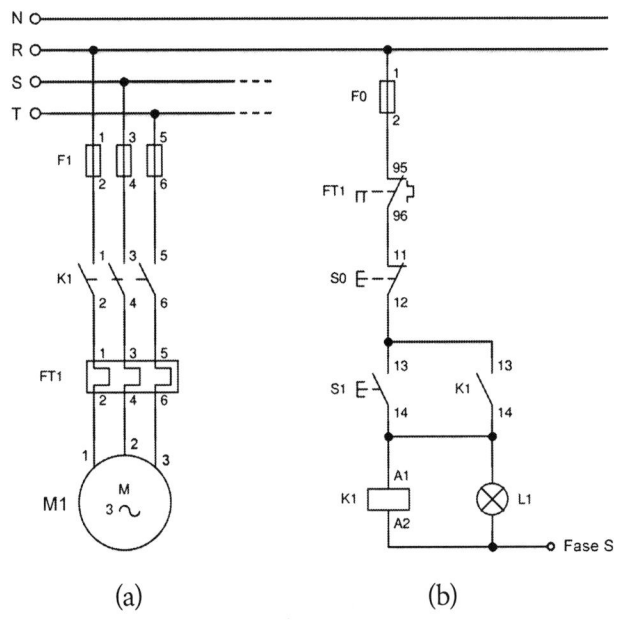

(a)   (b)

Fonte: o autor

---

[113] Por convenção, é recomendado montar primeiro o diagrama de comando e, em seguida, o de carga.

b. Conferir com o auxílio do professor, no circuito de comando: ligação à rede de alimentação trifásica em 220 V e conexões dos dispositivos fusível, relé térmico, botoeiras S0 e S1 e do contator K1 (selo e retorno à fase S).

c. Energizar o circuito de comando e acionar a botoeira S1. Verificar o funcionamento do contator K1. O contato de selo funcionou corretamente?

( ) Sim. ( ) Não.

» Se a sua resposta foi *Não*, faça um diagnóstico para identificar e corrigir os possíveis erros do diagrama de comando, até que ele funcione corretamente. Essa estratégia vale para todas as montagens deste livro!

d. Montar o circuito do diagrama de carga (Figura 1.1a). Ligar o motor em estrela (Y), como vemos nas conexões apresentadas nas Figuras 1.2a e 1.2b.

Figura 1.2 – Motor ligado em Y: (a) Conexões e (b) Painel de ligações

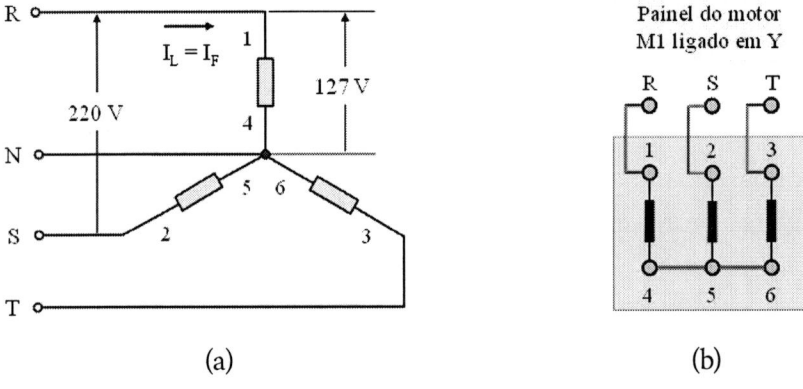

(a)   (b)

Fonte: o autor

e. Conferir nesse circuito as conexões com a rede de entrada de alimentação trifásica em 220 V, dos fusíveis (grupo F1), do contator K1, do relé térmico FT1 e do motor M1.

f. Energizar a bancada e dar a partida ao motor de indução M1, pela botoeira S1. O que ocorre?

g. Medir as seguintes grandezas na conexão Y, observando as conexões do multímetro na Figura 1.3. Anotar os valores medidos na Tabela 1.1.

Figura 1.3 – Medidas: corrente e tensão na conexão Y

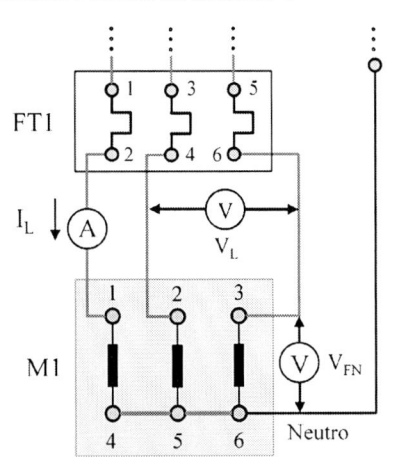

Fonte: o autor

Tabela 1.1 – Medidas das tensões de linha e de fase e da corrente de linha na conexão Y

Grandeza	Descrição	Valor
V_L	Tensão de linha (V)	
V_{FN}	Tensão fase-neutro (V)	
I_L	Corrente de linha = corrente de fase (A)	

Fonte: o autor

h. Refazer as conexões do motor para a operação em triângulo (ver as Figuras 1.4 e 1.5). Observe as conexões dos instrumentos para a medição das grandezas de fase e de linha.

Figura 1.4 – Bobinas do MIT conectadas em triângulo

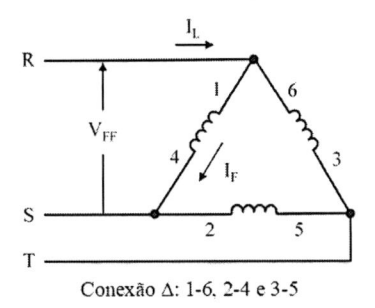

Conexão Δ: 1-6, 2-4 e 3-5

Fonte: o autor

i. Medir as correntes de linha e de fase e a tensão de linha. Anotar na Tabela 1.2.

Figura 1.5 – Medidas: corrente e tensão (motor ligado em triângulo)

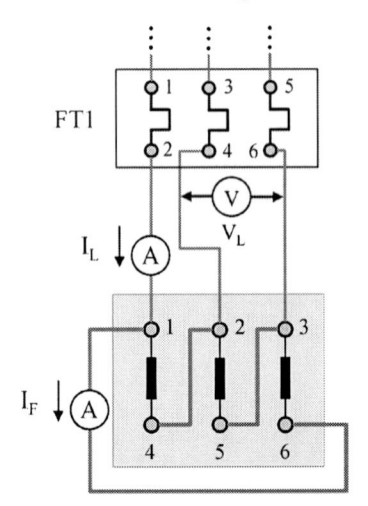

Fonte: o autor

Tabela 1.2 – Medidas das correntes de linha e de fase e da tensão de linha na conexão triângulo

Grandeza	Descrição	Valor
V_L	Tensão de linha = tensão de fase (V)	
I_L	Corrente de linha (A)	
I_F	Corrente de fase (A)	

Fonte: o autor

1.1 Questões

a. No circuito da Figura 1.1b, qual é a função do contato de SELO, K_1 (13-14)?

b. Inserir no esquema da Figura 1.1b duas lâmpadas de sinalização, para indicar as seguintes situações:
L_2 - para indicar que o motor M1 está desligado (na cor vermelha).

L_3 - para indicar a atuação do relé térmico FT1, devido à falha de sobrecorrente no motor (na cor amarela).

c. Simular no CADe Simu a partida direta do MIT da Figura 1.1 com as situações indicadas no item anterior.

PARTIDA DE UM MIT COM COMANDO DIRETO E INTERMITENTE

2.1 Comando direto e intermitente – interpretação do circuito

Tendo como base os diagramas da Figura 2.1, completar as linhas para acionamento do MIT (ligado em estrela) para a sua partida em modo direto e intermitente. No lugar do disjuntor Q1, pode ser utilizado um conjunto de fusíveis.

Figura 2.1 – Diagramas de carga e comando (direto e intermitente) de um MIT

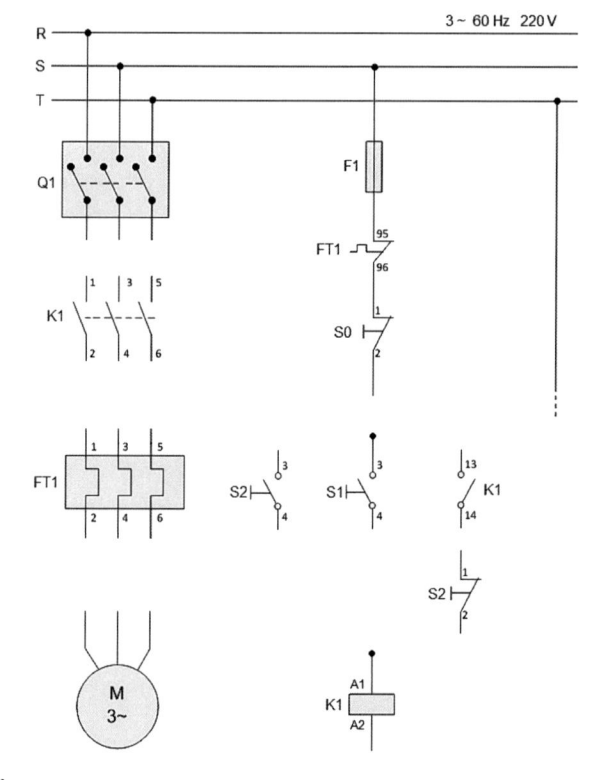

Fonte: o autor

a. Com o uso da chave S_1, o comando é _____ (direto/intermitente).

b. Com a chave S_2 acionada, o comando é _____ (direto/intermitente).

Nota: no *comando intermitente*, é possível acionar o motor com partidas e paradas frequentes. No diagrama de comando da Figura 2.1, verifica-se que o motor ameaça partir, dando pequenos arranques. Uma aplicação pode ser realizar pequenos ajustes, como um torque rápido para apertar um parafuso, ou deslocar uma carga de um ponto a outro em um galpão por meio de uma ponte rolante (ver a Figura 2.2).

Figura 2.2 – Aspecto de uma ponte rolante empilhadeira

Fonte: Grupo Ranger SMS[114]

2.2 Montagem e verificação

a. Montar primeiramente o diagrama de comando da Figura 2.1. Após conferir a montagem com a ajuda do professor ou do técnico de laboratório, energizar a bancada através da botoeira S1. Em seguida, acionar a botoeira S2. Comparar o funcionamento do diagrama de comando com o uso das duas botoeiras e observar o que ocorre.

---

[114] GRUPO Ranger SMS. *NR 11 – Como ser um bom Operador de Ponte Rolante*, 2017. Disponível em: https://www.rangersms.com.br/nr-11-como-ser-operador-de-ponte-rolante/. Acesso em: 7 mar. 2023.

b. Montar o diagrama de carga e verificar o comando intermitente do motor. Descrever corretamente a sequência de sua operação por meio deste comando.

COMANDO CONDICIONADO DE MOTORES DE INDUÇÃO TRIFÁSICOS

3.1 Comando em modo condicionado

As Figuras 3.1a e 3.1b mostram, respectivamente, os diagramas de carga e de comando para o acionamento de dois motores elétricos de indução trifásicos, M_1 e M_2. Estes diagramas estão incompletos.

Figura 3.1 – Comando condicionado de dois MIT. Diagrama de (a) carga e (b) comando

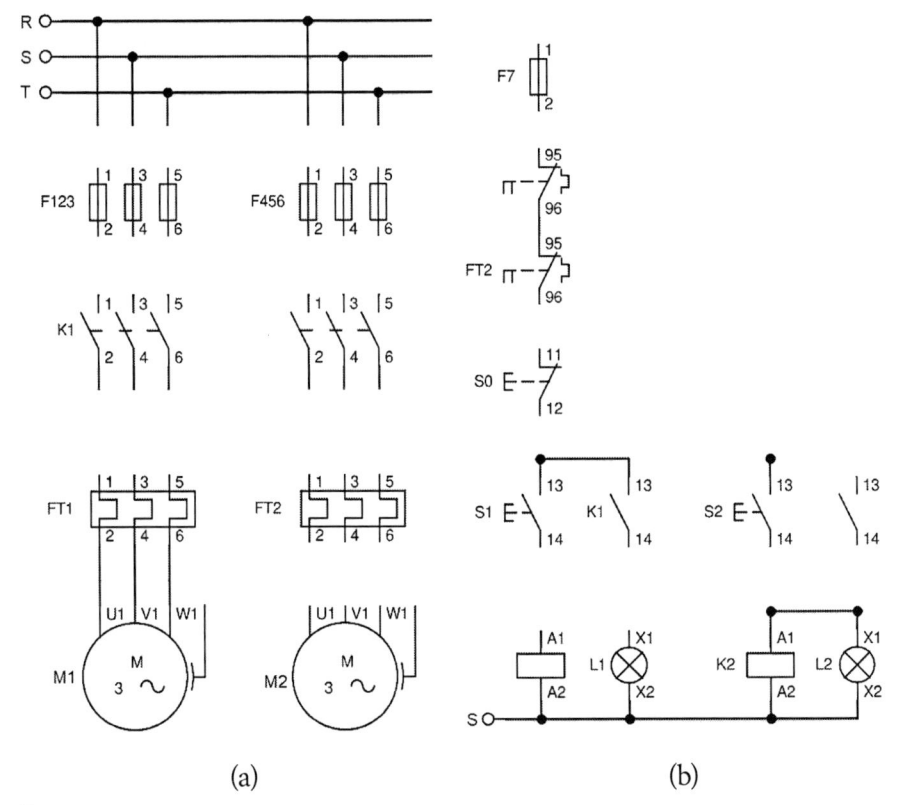

(a)   (b)

Fonte: o autor

a. Completar as linhas e identificar corretamente os dispositivos destes esquemas elétricos, para uma partida em modo condicionado, na sequência: partida do motor M_1 e, em seguida, partida do motor M_2.

b. Verificar e conferir, juntamente com o professor, a operação do circuito completo no item (a), utilizando um *software* de simulação, como o CADe Simu.

c. Montar em bancada inicialmente o diagrama de comando. Ao acionar a botoeira S_1, o que ocorre com os contatores K1 e K2?

d. Montar o circuito de carga, com os motores M1 e M2 conectados em estrela. Verificar a operação do circuito completo (carga e comando).

e. Repetir o comando dos motores M1 e M2, acionando inicialmente a botoeira S_2. Descreva a operação deste acionamento.

f. Alterar a operação do circuito da Figura 3.1b para que o comando condicionado seja realizado no modo semiautomático. Desenhar o novo esquema do circuito e simular a operação com o *software* CADe Simu.

PARTIDA DIRETA E REVERSÃO DE ROTAÇÃO DE UM MIT

4.1 Introdução

Nesta aula, será realizado o acionamento de um MIT com partida direta e sua reversão de rotação. Será utilizado um contator intermediário na montagem (K2), por meio do qual teremos a parada do motor. Com isso, a reversão ocorre com segurança, sendo realizada manualmente pelo operador desse sistema, em qualquer instante.

4.2 Montagem

a. Sejam os diagramas de carga e comando, apresentados na Figura 4.1. Montar inicialmente em bancada o DIAGRAMA DE COMANDO e, após conferir as suas ligações com o professor, energizar a bancada.

b. Acionando a botoeira S1, o que ocorre?

c. Após S1, acionar a botoeira S2. Qual é a alteração nos contatores K1 e K2?

d. Acionar a botoeira S3 e verificar a operação dos contatores.

e. Energizar o diagrama de carga e explicar a sequência de operação do motor M1.

Figura 4.1 – Diagramas de carga e comando para partida direta e reversão manual do MIT

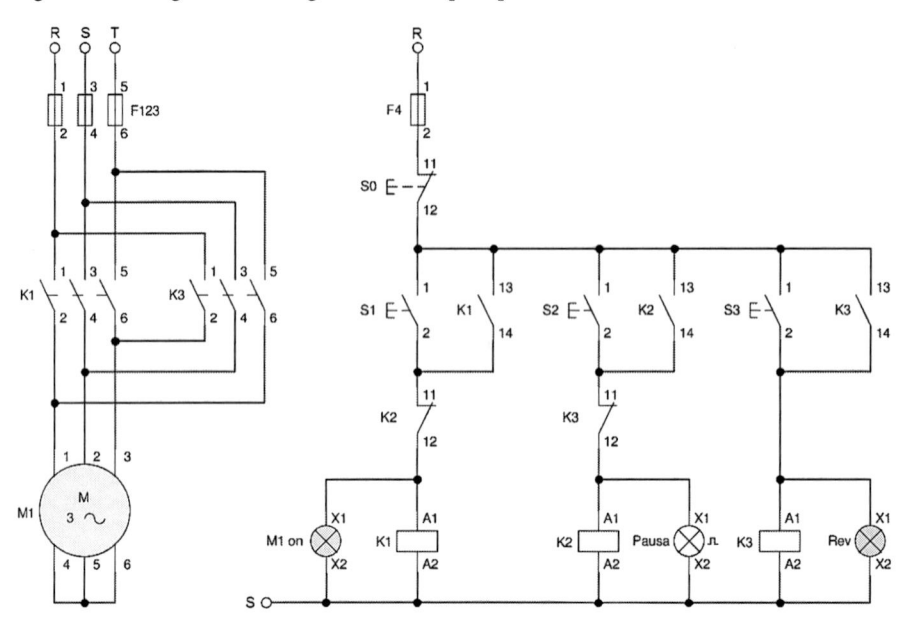

Fonte: o autor

4.3 Simulação: reversão temporizada de um MIT

As Figuras 4.2a e 4.2b apresentam, respectivamente, os diagramas de carga e de comando, como outra opção de acionamento para o MIT, com *reversão instantânea* de rotação.

a. Simular a operação desse circuito e descrever o seu funcionamento.

b. Alterar este diagrama de comando, de modo que após ligar o motor M1, ocorra uma parada de 10 segundos. Decorrido este intervalo de tempo, deve ser ligado um contator que habilita a reversão de rotação do motor.

Figura 4.2 – Reversão temporizada de um MIT. Diagramas de (a) carga e (b) comando

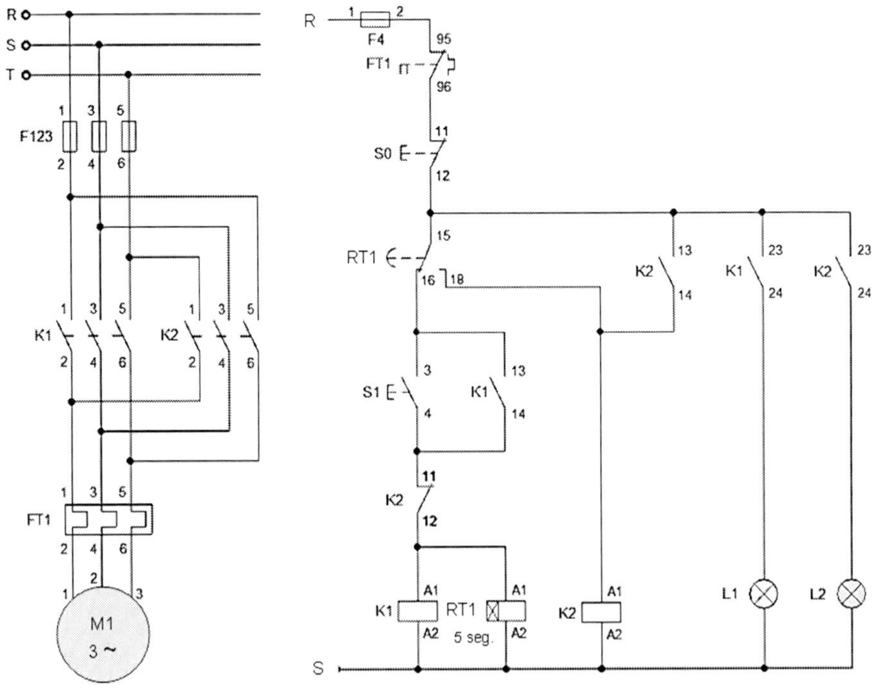

(a)

(b)

Fonte: o autor

PARTIDA DO MOTOR MONOFÁSICO EM 127 V COM REVERSÃO TEMPORIZADA

5.1 Chave de partida do motor monofásico com reversão temporizada em 127 V

As Figuras 5.1a e 5.1b mostram, respectivamente, os enrolamentos de um motor monofásico de 6 terminais e as conexões dos contatores K_1, K_2 e K_3 para a sua reversão de rotação. Na Figura 5.1c é apresentado o diagrama de carga.

Observe as conexões dos contatores e as mudanças que ocorrem nos enrolamentos do motor, com sua atuação.

Figura 5.1 – Motor monofásico. (a) Enrolamentos. (b) Conexões dos contatores. (c) Diagrama de carga

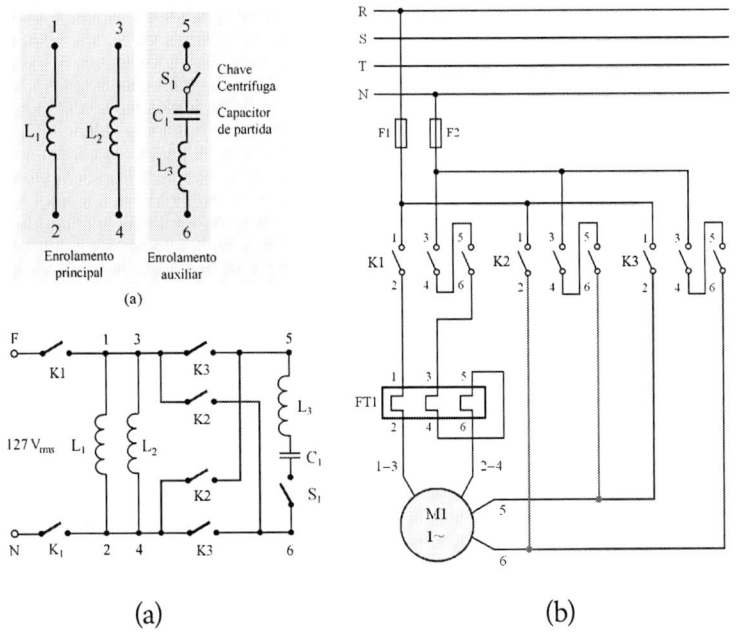

(a)   (b)

Fonte: o autor

5.2 Parte prática

Os diagramas de carga e de comando do motor monofásico são apresentados na Figura 5.2, para a reversão automática de rotação. Observar no diagrama de carga o uso de todos os contatos NA dos contatores K_1, K_2 e K_3 (ligação do borne 4 com o 5).

Figura 5.2 – Motor Monofásico: (a) Diagrama de carga. (b) Diagrama de comando – reversão automática

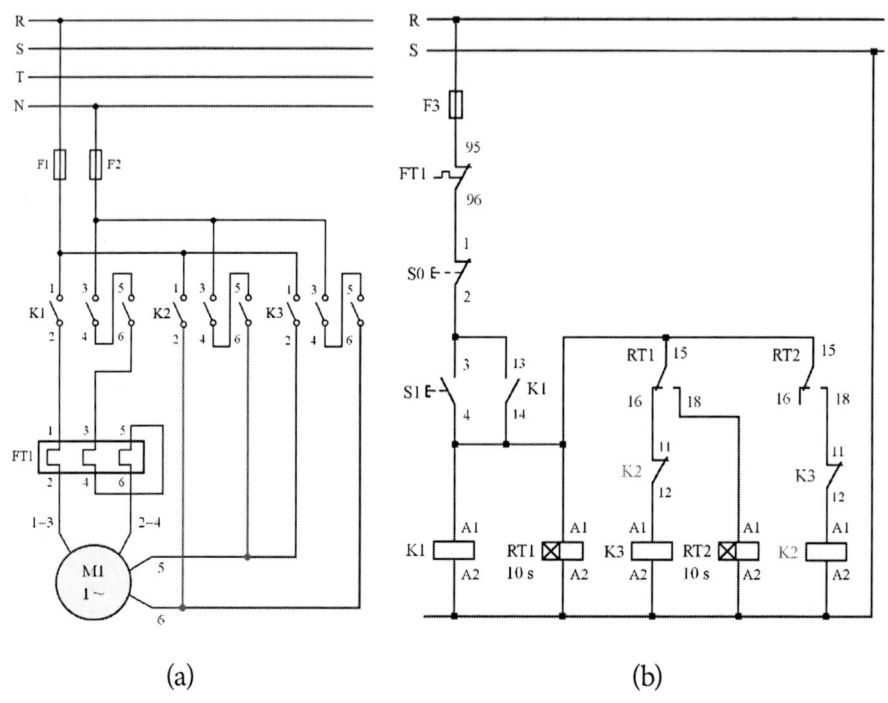

(a)   (b)

Fonte: o autor

Montagem e verificação de operação

a. Montar o diagrama de comando (Figura 5.2b), para a partida do motor, o seu desligamento e a reversão automática de rotação.

b. Montar o diagrama de carga desse comando, verificando atentamente as conexões dos terminais dos contatores K1, K2 e K3. Testar a operação de reversão de rotação do motor M1.

Em resumo, a Figura 5.3 apresenta os contatores operando nas etapas de energização (enrolamento principal), partida direta e reversão do motor monofásico em 127 V.

Figura 5.3 – (a) Etapa 1: energização do motor. (b) Etapa 2: partida do motor (sentido horário). (c) Etapa 3: reversão de rotação

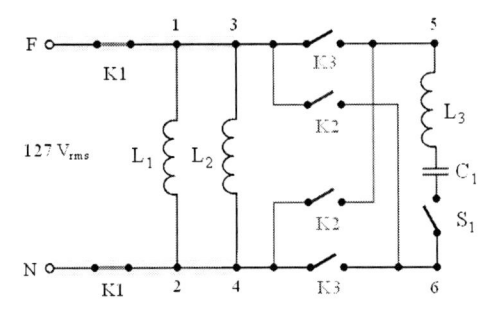

Somente o contator K1 é acionado

(a)

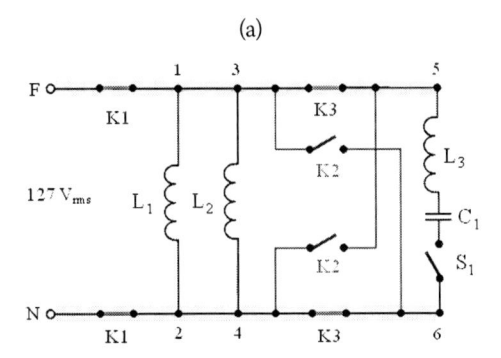

Contatores acionados: K1 e K3. O motor é ligado

(b)

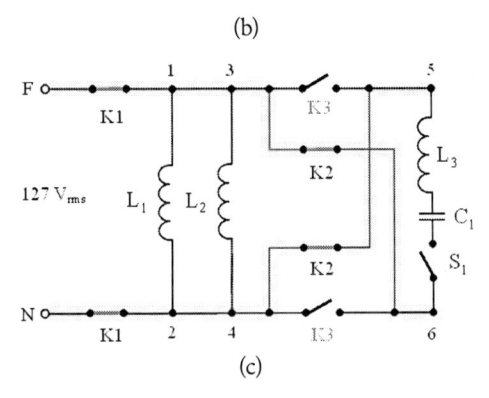

(c)

Os contatores K1 e K2 são acionados

Fonte: o autor

PARTIDA MANUAL E SEMIAUTOMÁTICA DO MOTOR DAHLANDER

6.1 Introdução

A Figura 6.1 apresenta os diagramas de carga e de comando para a partida manual do motor *Dahlander*. A comutação das velocidades v1 (baixa) e v2 (alta) é realizada através das botoeiras S_1 e S_2.

Figura 6.1 – Motor *Dahlander* – Diagramas de carga e de comando (modo manual)

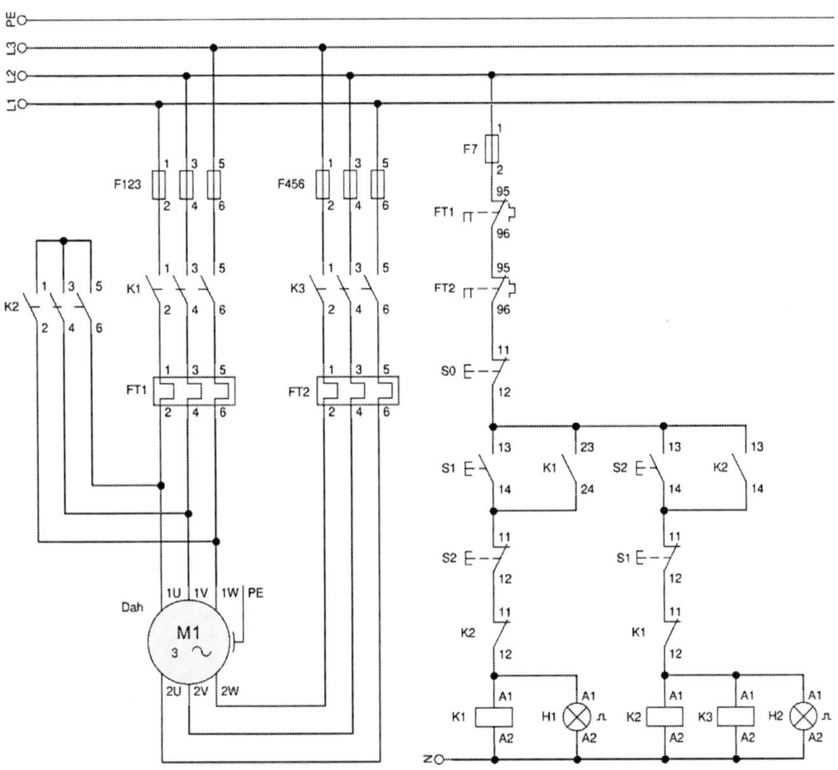

Fonte: o autor

6.1.1 Chave de partida do motor Dahlander em modo manual

O motor *Dahlander* possui um enrolamento especial, com dois tipos de conexões, o que possibilita alterar o número de polos. Obtêm-se então duas velocidades distintas de operação, sempre com relação 1:2, pois a velocidade depende, além da frequência da fonte de alimentação CA, do número de polos, pela equação n = (120.f)/p [RPM].

6.2 Parte prática

6.2.1 Montagem do diagrama de comando

a. Com base nos diagramas da Figura 6.1, montar o diagrama de comando. Conferir a montagem com o professor e energizar as ligações.

b. Explicar a sequência de acionamento dos contatores com relação às velocidades de operação do motor Dahlander, a partir do acionamento da botoeira S_1. Com a botoeira S_2 acionada, o que ocorre?

c. Fazer uma análise do diagrama de carga, sincronizado com o diagrama de comando. Especificar o(s) contator(es) que comanda(m) o motor nas velocidades baixa e alta.

6.2.2 Montagem do diagrama de carga

a. Montar o diagrama de carga, observando a conexão dos bornes do motor *Dahlander*, para baixa e alta velocidade, como mostra a Figura 6.2.

b. Energizar a montagem após conferir as suas ligações.

c. Medir, através de um tacômetro, as velocidades baixa e alta, em RPM.

N_1 = _____ RPM. N_2 = _____ RPM.

Figura 6.2 – Ligações no painel de um motor *Dahlander* (baixa e alta velocidade)

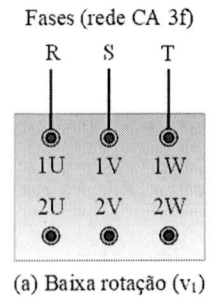

(a) Baixa rotação (v_1) (b) Alta rotação: $v_2 = 2 v_1$

Fonte: o autor

CHAVE DE PARTIDA DE UM MIT COM RELÉ CÍCLICO

7.1 Montagem e verificação do acionamento

Sejam os diagramas de carga e de comando da Figura 7.1, nos quais o relé RT1 é um relé eletrônico temporizador cíclico, comandando as chaves de saída A (15-16-18) e B (25-26-28).

Figura 7.1 – Relé cíclico: comando e sinalização de um MIT. (a) Diagramas de carga (a) e de comando (b)

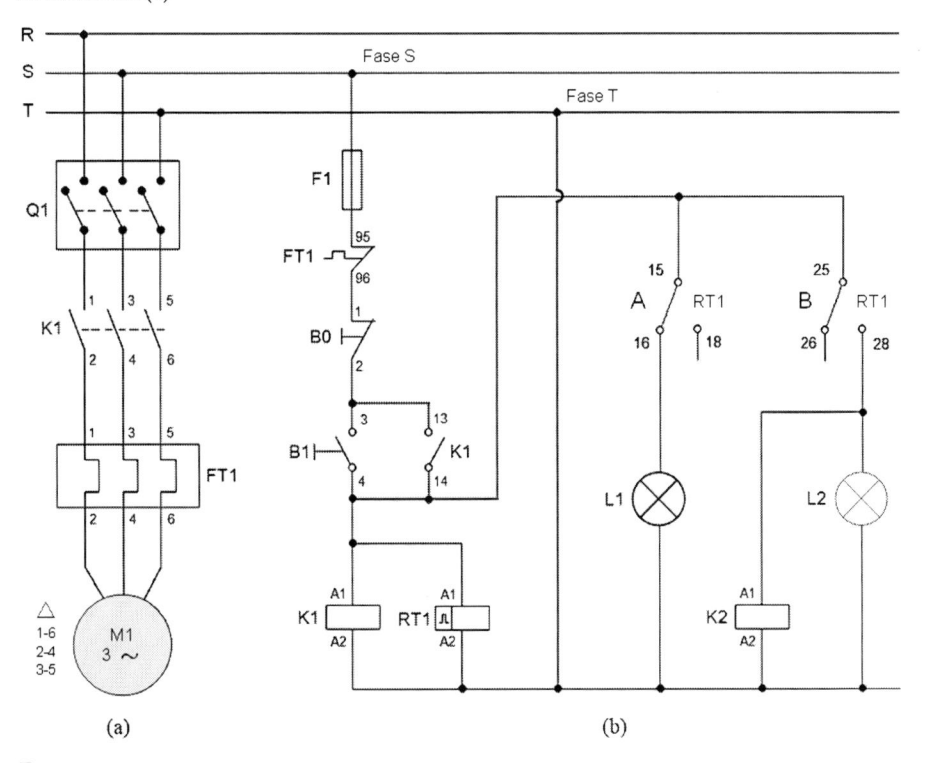

(a)   (b)

Fonte: o autor

Na Figura 7.2, são apresentadas as formas de onda das saídas A e B. No relé cíclico são definidos os seguintes controles de tempo, para os intervalos t_{on} e t_{off}:

1. Dial superior: determina o tempo t_{ON} em que os contatos das saídas A e B permanecem acionados;

2. Dial inferior: determina o tempo em que os contatos de A e B permanecem desacionados (intervalo t_{off}).

Figura 7.2 – Tempos de atuação de um relé eletrônico cíclico

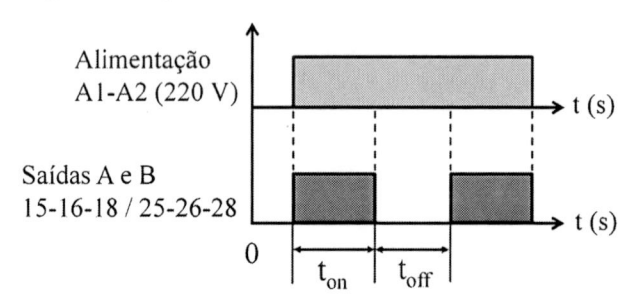

Fonte: o autor

Montagem

a. Montar primeiramente o diagrama de comando, redesenhado na Figura 7.3.

b. Conferir as ligações com o professor e energizar a bancada.

c. Ajustar o dial superior para 6 segundos e o inferior para 3 segundos. As lâmpadas L_1 e L_2 acendem juntas? Justifique.

d. Seria possível utilizar as chaves A e B do relé cíclico para comandar um processo de reversão de rotação no MIT? Justifique, além da explicação, mostrando esta possibilidade com o desenho de um novo diagrama de carga.

Figura 7.3 – Circuito de comando, com destaque para os contatos do relé cíclico

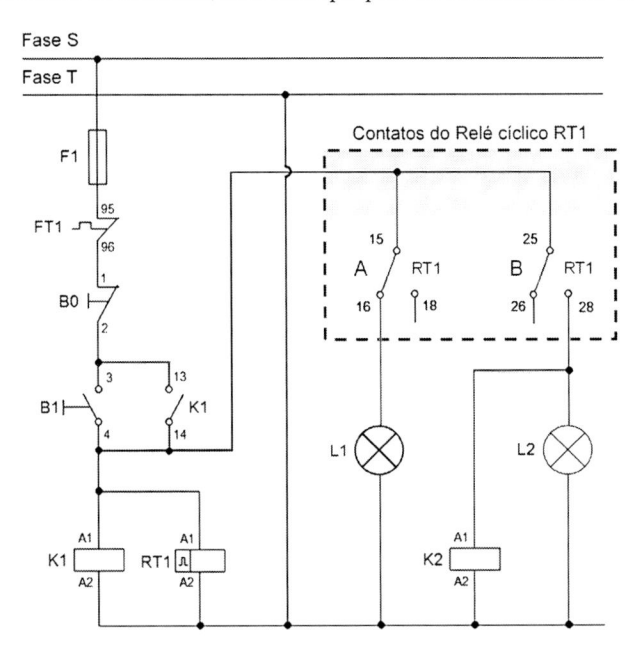

Fonte: o autor

CHAVE DE PARTIDA ESTRELA-TRIÂNGULO SEMIAUTOMÁTICA

8.1 Montagem

a. Montar, inicialmente, o diagrama da Figura 8.1 (diagrama de comando). Ajustar para o relé de tempo o cursor em 5 (cinco) segundos.

b. Verificar junto ao professor se as conexões estão corretas e, em seguida, energizar a bancada.

Figura 8.1 – Partida Y-D semiautomática. Diagrama de comando

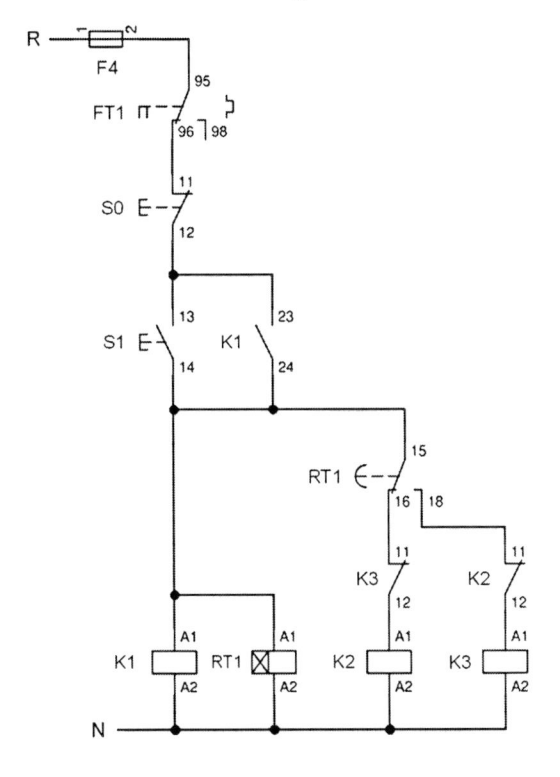

Fonte: o autor

c. Complete as frases abaixo:

Ao apertar a botoeira S_1, o contator ____ é energizado inicial-mente, juntamente com o contator ____. O motor parte ligado inicialmente em _____.

d. Decorridos aproximadamente 5 segundos (tempo ajustado para o relé RT1), o que ocorre?

e. Após a verificação do diagrama de comando, montar o diagrama de CARGA (Figura 8.2).

f. <u>Verificar atentamente</u> a numeração dos contatos de K_1, K_2 e K_3, bem como dos terminais do MIT. E

g. Energizar a bancada e observar a partida do motor e a conversão estrela para triângulo.

Figura 8.2 – Partida estrela-triângulo semiautomática. Diagrama de carga

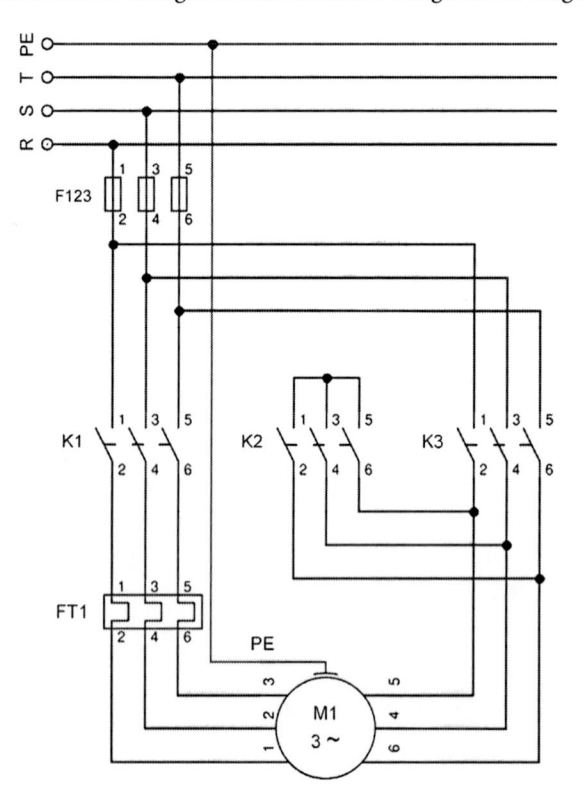

Fonte: o autor

8.2 Medição das tensões e correntes

Após a montagem e verificação, utilizar nas conexões em estrela e em triângulo um voltímetro, para medir a tensão em uma das bobinas do MIT, e um amperímetro alicate, para medição da corrente de linha, seguindo o roteiro:

a. Medição da tensão em uma das bobinas do MIT

Por meio dessa medição, comprova-se a correta conversão da ligação estrela para triângulo nas bobinas do MIT (veja as Figuras 8.2 e 8.3a).

Figura 8.3 – Motor de 6 terminais: formação das conexões em estrela (a) e em triângulo (b)

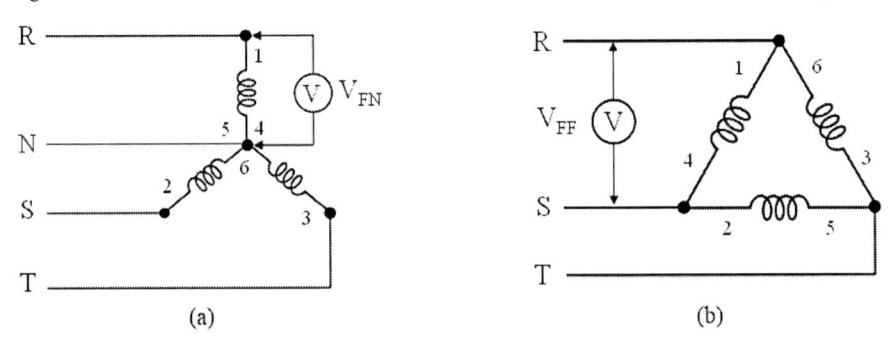

Fonte: o autor

A tensão fase-neutro (V_{FN}) pode ser medida em qualquer ramo da conexão Y, como mostra a Figura 8.3a (medida da tensão na bobina de terminais 1 e 4). Um terminal do multímetro é conectado em um dos pontos de entrada da conexão Y (terminais 1, 2 ou 3, nos quais chegam as fases) e o outro no "ponto de neutro" (terminais 4, 5 ou 6).

Para a medida de tensão, ajustar a chave do multímetro para leitura de TENSÃO CA, no maior calibre (recomenda-se maior que 300 V).

Quando da mudança de conexão de estrela para triângulo, a bobina 1-4 recebe a tensão de linha (fases R e S conectadas, ver a Figura 8.3b). Nessa conexão, o voltímetro mede tensão de linha, V_{FF}. Anotar abaixo os valores medidos para as tensões de fase e de linha.

Medições de tensão	$V_{14(Y)} = V_{FN}$ (partida em Y):	_____V
	$V_{14(D)} = V_{FF} = V_L$ (conexão em D):	_____V

b. Medição das correntes nas conexões estrela e triângulo

Para medir as correntes na conexão Y, temos duas opções de instrumento: um multímetro e um amperímetro alicate.

Se for utilizado um multímetro, ele deve ser configurado na função amperímetro e inserido em série com o elemento onde circula a corrente, por exemplo, entre a fase R e o terminal 1 da bobina 1-4 do motor (ver novamente a Figura 8.3a).

Para o uso de um amperímetro alicate, configure-o corretamente para medir CORRENTE CA. A corrente de partida na conexão Y circula nos contatores K_1 e K_2 (veja as Figuras 8.4 e 8.5).

De posse da medida da corrente, basta anotar abaixo.

$$I_{K1} \text{ (partida em estrela)} = I_{linha} = I_{fase} = _____ \text{ A.}$$

Figura 8.4 – Correntes nos contatores, para partida do motor elétrico em Y

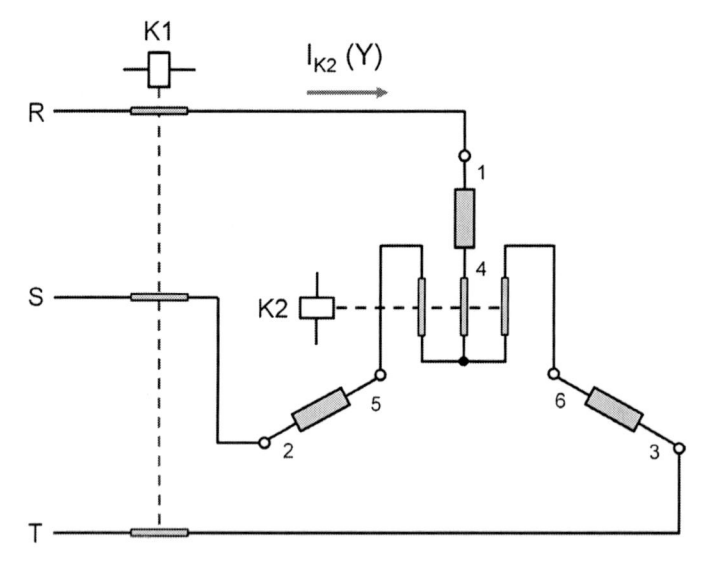

Fonte: o autor

Conexão em Triângulo

Nesta conexão, estão acionados somente os contatores K_1 e K_3. As bobinas do MIT estão conectadas como mostra o esquema da Figura 8.6. As medidas de corrente devem ser anotadas no quadro a seguir:

| Medições de corrente (Conexão em Triângulo) | $I_{Linha} =$ _____ A |
| | $I_{Fase} = I_{K1} =$ _____ A |

Figura 8.5 – Amperímetro alicate na leitura das correntes do MIT nas conexões em estrela e em triângulo

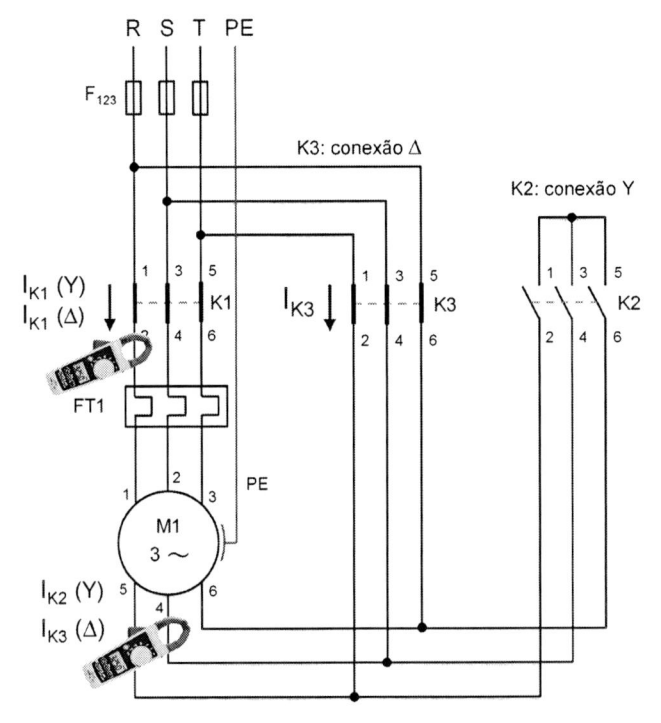

Fonte: o autor

Figura 8.6 – Conexão das bobinas do MIT em triângulo

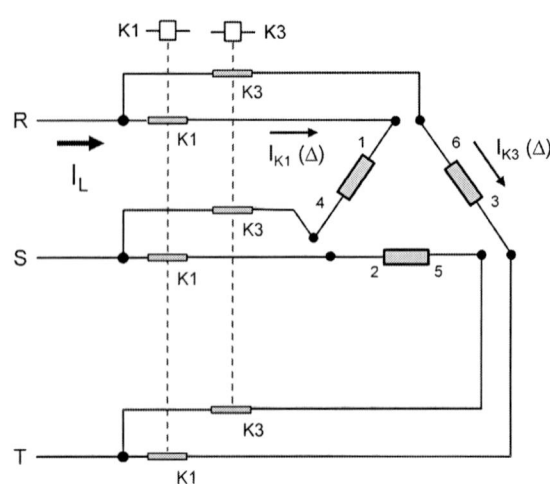

8.3 Questões

a. Verificar e comparar (por escrito) as relações entre as tensões e correntes do MIT nas conexões estrela e triângulo. Utilizar os dados das medidas efetuadas.

b. Anotar os seguintes dados de placa do MIT utilizado:

Tensão de linha, em volts	
Potência mecânica em CV	
Rendimento do motor	
Fator de potência (cos f)	

c. Utilizar a equação a seguir para encontrar $I_{L\,nominal}$, em função dos parâmetros do motor. Calcular as correntes dos contatores K_1, K_2 e K_3.

$$I_n = \frac{CV \times 736}{\sqrt{3} \times V_L \times \cos \phi \times \eta}$$

d. Qual é a relação I_p/I_n no MIT utilizado nesta aula prática?

CHAVE DE PARTIDA PARA O COMANDO DE UM PORTÃO DE GARAGEM

9.1 Introdução

Nesta aula, será montado um *comando com duplo sentido de rotação com inversão direta e temporizada*, aplicada ao acionamento de um portão de garagem.

A Figura 9.1 mostra um circuito de acionamento (chave de partida) de um motor CA trifásico, com reversão realizada pelo contator K2.

Figura 9.1 – Diagrama de acionamento para um MIT com reversão de rotação temporizada

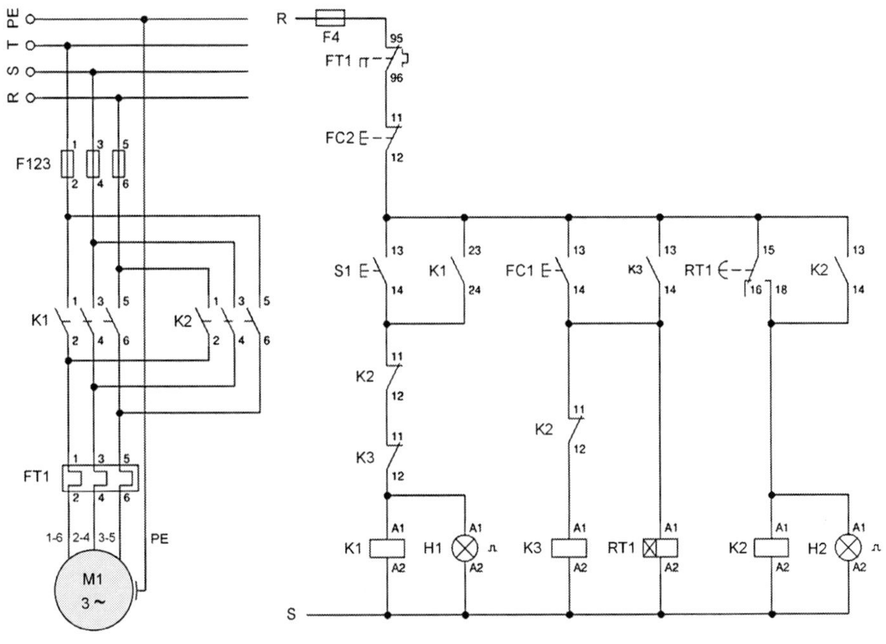

Fonte: o autor

9.1.1 Partida e reversão de rotação

Complete as frases a seguir, que descrevem o acionamento desse circuito aplicado a um "portão de garagem com comando semiautomático":

1. A partida do motor M1 (abertura do portão) ocorre com o acionamento da botoeira _____, que energiza o contator _____.

2. Com este contator energizado, o portão é movimentado até atingir a chave de fim-de-curso _____, que _____ (liga/desliga) o contator _____.

3. Com _____ energizado, o seu selo K3 (13-14) se fecha e o seu contato NF K3 (11-12) no ramo de _____ se abre, o que _____ (liga/desliga) o motor, pois todos os contatos de K1 se abrem (selo e contatos de força).

4. O relé de tempo RT1, em paralelo com K3, temporiza quanto tempo o motor fica desligado, por exemplo, 30 segundos.

5. Decorrido o tempo ajustado em RT1, o seu contato NF 15-16 comuta para _____, energizando o contator _____. Com isso, o seu contato NF no ramo de K1 se abre e os seus contatos de força no diagrama de carga se fecham, _____ (ligando/desligando) o motor M1.

6. Com o contator K2 energizado, o motor reverte a sua rotação e o portão então se fecha, de volta à sua posição de repouso. Quando passa pelo sensor _____, o circuito de comando é _____ (ligado/desligado), bem como o motor M1. Final do processo: portão fechado.

9.2 Montagem

a. Realizar as ligações desse circuito (inicialmente o diagrama de comando) e conferir com o professor. Verificar a sua operação e confirmar as etapas de operação descritas no item 9.1.1.

b. Qual é a função das chaves de fim-de-curso no diagrama de comando?

c. Qual botoeira está faltando neste diagrama? Justifique.

CHAVE DE PARTIDA COMPENSADORA

10.1 Montagem e verificação do acionamento

a. Montar, inicialmente, o diagrama da Figura 10.1a (diagrama de comando).

b. Ajustar para o relé de tempo um intervalo de 5 segundos.

c. Selecionar um TAP no autotransformador para a redução da tensão de partida do motor, por exemplo, K = 65%.

d. Verificar se as conexões estão corretas e, em seguida, energizar a bancada.

Figura 10.1 – Partida com Chave Compensadora. (a) Diagrama de carga. (b) Diagrama de comando

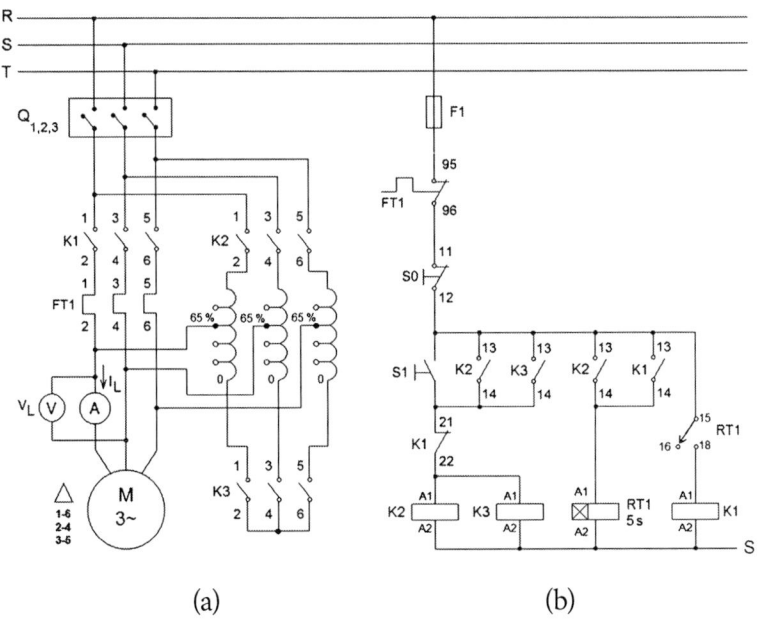

(a)   (b)

Fonte: o autor

e. Anotar na Tabela 10.1 as medições da tensão e da corrente de linha, para as etapas:

1. partida compensadora, com K2 e K3 energizados;

2. operação com tensão nominal (somente o contator K1 atuando).

Tabela 10.1 – Medidas das tensões e corrente de linha: chave de partida compensadora

Tipo de operação	V_L (V)	I_L (A)
Operação compensada (K2 e K3)		
Operação com tensão nominal (K1)		

Fonte: o autor

f. Para a relação I_p/I_n do MIT utilizado nesta prática, <u>determinar a sua corrente de partida</u> em função do fator de redução K do auto-transformador, igual a 65%, por exemplo. Para calcular a corrente nominal, utilizar a relação de rendimento do MIT abaixo.

- Rendimento (h) do motor em %:

$$\eta = \frac{P_{Saida}}{P_{Entrada}} = \frac{P_o}{P_i} = \frac{736 \times P(CV)}{\sqrt{3}\, V_L I_L \cos\theta} = \frac{1000 \times P(kW)}{\sqrt{3} \cdot V_L \cdot I_L \cdot \cos\theta}$$

Cálculo da corrente de partida com K = 0,65: utilizar $I_p = \left(\frac{I_p}{I_n} \times I_n\right) \times K^2$

10.2 Simulação

a. Efetuar a simulação do acionamento da Figura 10.1. Descrever a sequência de acionamento dos contatores K1, K2 e K3.

b. Após realizar as simulações com esse sistema, pergunte-se: é interessante colocar outro contato de selo de K1 em paralelo com a chave do relé de tempo RT1? Justifique.